KB238305

신도시개발과 장소만들기

NEW TOWN DEVELOPEMENT AND PLACE MAKING

신도시개발과 장소만들기

최강림 지음

한국학술정보(주)

　'지속가능한 도시발전'과 '삶의 질'이라는 개념이 시대적인 화두로 대두되고 있는 오늘날, 환경설계분야에 있어서의 '장소'에 대한 중요성은 더욱 강조되고 있다. 기능이라는 기본적인 조건에 더하여 사람과 환경과의 관계가 주요 고려사항이 된 것이다.

　장소는 환경과 사람의 결합이다. 사람들의 활동에 의한 기억과 의미를 가진 장소가 많을수록 그 도시의 지속가능성과 삶의 질은 증진된다고 할 수 있다. 근대의 건축과 도시에서 발생한 문제를 해결하기 위해서 출발한 도시설계의 가장 주요한 관심사가 '장소만들기'인 것은 바로 이러한 연유에서 기인한다고 할 수 있다.

　장소는 비단 도시설계·건축·조경·도시계획 등의 환경설계분야뿐 아니라, 지리학·경영학 등의 분야에서도 주요 관심사로 등장하고 있다. 이는 장소에 기반을 둔 지역경제 활성화에 대한 관심이며 '장소만들기'의 비물리적 부문 및 사업적 측면을 담당하는 '장소마케팅'을 통해서 구체화된다.

　장소가 형성되는 데는 일정기간의 시간이 소요되므로 대부분의 '장소만들기'는 기성시가지에서 이루어진다. 그래서 흔히들 신도시는 '장소만들기'의 대상이 아니라고 생각하기 쉽다. 그러나 신도시는 아무것도 없는 것에서 새로 시작해야 한다는 약점을 극복하기 위해서라도 기성시가지보다 더 '장소만들기'가 필요하다고 할 수 있다. 신도시에서 장소가 더 빨리 형성될 수 있도록 촉매역할을 하는 요소는, 새로 조성되는 환경에 사람들이 더 빨리 정착할 수 있게끔 도와주기 때문이다.

　최근 세계적으로 추진되고 있는 뉴어바니즘(new urbanism), 어반빌리지

(urban village), 컴팩트 시티(compact city) 등의 주요 내용을 살펴보면 '장소만들기'가 주요한 비중을 차지하고 있다. 특히, 타운센터(town center)·메인 스트리트(main street)·어반 빌리지 (urban village)등을 중심으로 하는 뉴어바니즘의 경우 신도시를 중심으로 확산되어 기성시가지로 이어지고 있는 것은 이를 반영한 것이라 할 수 있다. 이러한 요소들은 도시 어메니티(amenity)와 긴밀한 관계를 맺고 있으며, 우리나라에서는 신도시의 중앙공원과 중심상업가로를 대표적인 예로 들 수 있다.

과거 수도권 5대 신도시를 비롯한 우리나라의 신도시 개발은 주택의 양적 공급을 목표로 이에 대한 최소한의 공간 및 시설에 국한되어, '장소만들기'에 대한 고려는 거의 없었다고 볼 수 있다. 그럼에도 불구하고 주목할 점은 도시설계의 작성을 통해서 이와 같은 문제점을 해결하려는 노력을 시도하였다는 것이다.

이 책은 수도권 5대 신도시 중 최근 도시이미지 개선에 노력하고 있는 평촌신도시를 대상으로 하였다. 평촌신도시의 대표적 장소로 계획된 '평촌중앙공원'과 '평촌1번가 문화의 거리'를 사례로 하여 초기의 개발방향과 지침에 의한 내용이 현재 어떻게 반영되었는가와 그 개발과정에서의 계획요소의 변화 및 주체의 역할 등을 '장소만들기' 관점에서 분석하고 향후 '장소만들기'를 위한 시사점을 제시하였다.

공원 및 가로 등 도시의 대표적인 장소가 활성화됨으로써 도시환경의 질은 증진되므로 신도시개발뿐 아니라, 최근 대두되고 있는 도시재생사업도 장소를 기반으로 이루어져야 한다. 이와 더불어 장소를 만들고, 지키고, 쇠퇴시키는 주체는 결국 사람이므로 좋은 장소를 만들기 위해서는 '장소만들기' 과정에서 공급자와 이용자가 함께 참여하는 열린 과정이 전제되어야 한다.

현재 많은 도시들이 명품도시·살고 싶은 도시·살기 좋은 도시·문화도시·창조도시 등 저마다 목표를 정하고 더 나은 도시가 되고자 열심히 노력하고 있다. 이러한 목표에 도달하기 위해서는 삶의 질을 증진하고, 지역경제를 활성화하는 도시경쟁력을 길러야 한다. 도시경쟁력을 강화하기 위한 대표적인 방법이 좋은 도시이미지를 조성하여 도시브랜드의 가치를 높이는 것이며, 이를 위해서는 도시정체성을 기반으로 하는 '장소만들기'가 바탕이 되어야 한다.

이 책을 내면서 감사드려야 할 분들이 계신다. 20여 년 가까운 세월을 부족한 제자에게 학문의 길을 열어주신 은사 황기원 교수님, 김기호 교수님, 박사학위논문을 지도하여 주신 최막중 교수님, 김도년 교수님, 이석환 교수님, 부족한 논문을 책으로 출간될 수 있도록 제안해 주신 한국학술정보의 채종준 사장님·김상희 님·박주선 님을 비롯한 모두에게 감사드린다.

언제나 힘이 되어 주는 소중한 가족들, 누나·자형·조카 솔이, 여동생 지현·수민아빠·조카 수민과 정민, 남동생 명원에게 감사와 사랑을 보내며, 큰아들을 위해 평생을 바치시고 믿어주신 어머님과, 세상을 위한 바른 길을 걸어갈 수 있도록 몸소 가르쳐 주고가신 아버님께, 존경과 감사와 사랑을 담아 이 책을 바친다.

| 목 차 |

제5장 결 론   *261*

제1장

서 론

제1절 연구의 배경 및 목적

오늘날의 시대는 도시, 문화, 환경의 시대라고 할 수 있으며, '지속가능한 발전'이 시대적 패러다임으로 자리잡고 있다.

이를 풀이하면 대다수의 사람들이 거주하는 도시에는 그들의 삶인 문화와 이를 담을 수 있는 그릇인 장소가 존재해야 하고, 기본적인 생활을 지원하는 기능적인 수준을 뛰어넘어 인간의 삶을 풍요롭게 할 수 있어야 하며, 생태적인 안정성 속에서 인간과 환경의 공존이 전제되어야 한다는 것을 의미한다.

지난 1970년대 이후 장소의 중요성과 장소의 상실에 대한 문제점이 대두되었고, 탈산업화시대를 맞으면서 장소에 대한 중요성이 더욱 강조되고 있으며, 지리학 분야와 도시설계, 건축, 조경, 도시계획 등의 환경설계 제 분야에서 장소를 대상으로 한 논의가 활발해졌다.[1]

장소란 사람들의 활동을 통한 어떤 의미와 기억, 즉 경험에 의한 이야기가 담겨 있는 공간이므로 사람들의 삶을 담는 그릇으로서의 중요한 역할을 차지한다. 그러므로 도시의 '삶의 질'을 높이기 위해서는 그 도시를 느끼고 다양한 문화를 체험할 수 있는 장소[2]가 제공되어야 한다.

---

1) 한편 장소에 관한 논의가 활발해지면서, 환경설계 분야와 더불어 경영학 분야를 중심으로 한 '장소마케팅' 분야가 도시화, 지방화 시대의 새로운 도시활성화 방안으로 제시되며 도시개발, 관광 등 여러 분야에서 그 역할을 증대하고 있다.

2) 이러한 예로 '걷고 싶은 가로', '문화의 거리', '명소' 등을 들 수 있는데, 이는 '관광 부문'과도 연계가 된다.

이러한 패러다임의 전환은 과거 산업시대의 가치기준이 기능을 중심으로 한 양적인 공간의 공급에 있던 것에 비하여, 탈산업시대의 가치기준은 문화·환경 등을 중심으로 하여 장소를 만들어가는 삶의 질적인 발전에 있다고 할 수 있다.

도시의 무한경쟁시대에 있어서 지방화·세계화는 시대적인 요구이며, 우리나라의 도시들도 지방자치제 실시와 지방분권시대를 맞아 각 지방자치단체별로 새로운 생존전략 마련에 고심하고 있다. 이러한 배경에서 도시의 재정확보와 도시경쟁력을 강화하기 위해서 노력하고 있으며, 이를 위해서는 지금까지와는 전혀 다른 새로운 도시개발 기법과 도시활성화전략[3]이 요구되고 있다.

도시활성화[4]의 가장 중요한 목적은 도시경제의 활성화이며, 가장 대표적인 방법으로는 1980년대 후반부터 대두되어 현재 주목받고 있는 장소마케팅을 들 수 있다. 지역경제의 활성화에 부가하여 장소정체성과 지역문화의 활성화가 함께 대두되는 것이 장소마케팅의 최근 경향이라고 할 수 있는데, 이는 도시의 삶의 질 향상을 통한 도시활성화의 시도로 볼 수 있다.

본 연구의 주요 주제인 '장소만들기'는 인간의 환경설계와 그 시간을 같이 해 왔다고 볼 수 있다. 최근에는 미국의 뉴어바니즘(New Urbanism)을 중심으로 교외주거지의 커뮤니티를 살려보자는 의도에서 활발히 진행되고 있으며, 이는 신도시의 '장소만들기'를 통한 도시활성화 기법의 예로 볼 수 있다.

---

3) 많은 지방자치단체들이 장소를 통한 지역의 활성화에 노력하고 있으며, 수많은 유형으로 장소마케팅의 시도가 진행되고 있다. 그러나 장소 정체성에 기반을 두지 않은 장소이미지를 도입함으로써 다른 지역과 차별화시키지 못하고 있으며, 이식된 이미지를 통해 장소의 진정성이 없으므로 지속가능한 장소가 되지 못하고 있다. 그러므로 장소의 정체성과 진정성이 기반이 된 장소성과 장소이미지를 통한 '장소만들기'가 되어야 한다.

4) 도시활성화를 위해서는 도시가 사람들에 의해 활발히 이용되어야 하며, 이를 위한 도시환경의 지속적인 조성과 형성이 필요하다. 그 대안으로서 장소에 기초한(place-based) 도시개발 및 정비와 관리가 제시되고 있다.

'장소만들기'는 기성시가지 관리 및 정비방법으로서뿐만 아니라, 신시가지나 신도시 등 신개발에서 지금까지의 방식으로는 해결하지 못했던 문제점을 해결하기 위한 새로운 대안이 될 수 있다. 특히 신도시 개발과정으로서의 '장소만들기'를 통해서 지금까지의 신도시계획 및 설계방법의 한계를 극복할 수 있다고 할 수 있다.

최근 수도권 2기 신도시를 필두로 다시금 진행되는 신도시 개발에 관한 논의에서는, 종래의 개발일변도에서 탈피하여 지금까지 살아왔던 사람들과 앞으로 살아나갈 사람들의 기억과 가치를 장소를 기반으로 한 발전적인 방향에서 담아내야 한다. 이를 통해서 기성시가지가 된 후에도 장소의 유지·강화를 통해서 지속가능한 도시발전[5]을 이룩하도록 하여야 한다.

본 연구는 신도시 개발에 있어서 지금까지 도출된 문제점들을 해결해 나갈 수 있는 새로운 방법을 도출하기 위해서 시작되었으며, '장소만들기'를 도입한 기초연구 수행에 그 목적을 두고 있다.

이를 위해서 현행의 신도시 개발과정을 장소의 관점에서 검토하고, 이를 통하여 새로운 계획 및 설계방법론을 위한 시사점을 제시하고자 한다.

본 연구의 기대효과는 일차적으로는 신도시 및 신시가지의 계획 및 설계에 기여할 수 있고, 이차적으로는 신도시 조성 이후의 '장소만들기' 과정의 검토를 통한 지속적인 관리방안에 도움이 될 수 있으며, 나아가서는 기성시가지의 관리 및 정비에 기여할 수 있다는 것이라 할 수 있다.

이와 더불어 장소의 가능성을 고려해 볼 때, ①향후 지속가능한 삶의 질 향상 및 도시활성화에 있어서의 기초연구, ②도시장소의 형성 및 조성방법론에 대한 기초자료로서의 활용, ③도시활성화와 관련된 관광 분야 등 타 분야 연구에의 기여 등을 기대할 수 있다.

---

5) 한편 지속가능한 장소가 되기 위해서는 장소진정성이 기반이 되어야 한다. 장소진정성은 그 장소의 변하지 않는 가치를 보여주는 척도이므로, 시간이 지나고 공간이 변하고 이용자가 달라져도 지속적으로 그 장소임을 느끼게 해주는 요소이다.

제2절 연구의 범위

본 연구의 범위를 이론연구와 사례연구로 나누어 살펴보면 다음과 같다.

이론연구의 범위는 ①선행연구의 검토, ②'장소만들기' 관련 이론, ③신도시 개발과정에서의 '장소만들기'로 구성된다.

'선행연구의 검토'에서는 ①장소 관련 연구, ②'장소만들기' 및 장소마케팅 관련 연구, ③신도시 개발 관련 연구에 대해 고찰한다.

''장소만들기' 관련 이론'에서는 ①장소 관련 개념, ②'장소만들기', ③'장소만들기'의 동향 및 새로운 방향에 대해서 살펴봄으로써 장소·장소성 등 관련 개념에 대한 이해와 '장소만들기' 및 장소마케팅 등 기본적인 사고를 정립한다.

'신도시 개발과정에서의 '장소만들기''에서는 ①기존 신도시 개발의 문제점, ②신도시 개발에서 '장소만들기'의 필요성, ③'장소만들기'를 통한 신도시 개발 방향 등 지금까지 진행되어온 연구동향 등을 정리함으로써 본 연구의 출발점을 제시한다.

사례연구의 물리적 범위는 안양 평촌신도시의 '평촌중앙공원'과 '평촌1번가 문화의 거리'를 구체적인 대상으로 한다. 주요 내용적 범위는 ①사례분석의 개요, ②'평촌중앙공원' 및 '평촌1번가 문화의 거리'에 대한 분석으로 구성된다.

먼저 '사례분석의 개요'에서는 ①사례대상 선정, ②분석의 틀, ③평촌신도시 개요에 대해서 살펴보고, ''평촌중앙공원' 및 '평촌1번가 문화의 거리'에 대한 분석'에서는 ①계획내용, ②현황, ③'장소만들기' 과정의 관점에서 각각 분석한다.

세부적으로 '계획내용'에서는 택지개발 및 도시설계, 도시설계 작성기준에 관한 연구, 재정비 계획에서 제시된 '평촌중앙공원'과 '평촌1번가 문화의 거리'의 계획내용에 대해서 살펴본다.

'현황'에서는 현재 상태의 '평촌중앙공원'과 '평촌1번가 문화의 거리'에 대한 성격, 공간 구성 및 연계성, 공원시설 및 거리시설, 건축물 및 옥외광고물, 이용행태, 설문조사분석 결과에 대해서 분석한다.

'장소만들기 과정'에서는 배경, 요소, 과정, 주체에 대해서 분석한다.

제3절 연구의 방법

본 연구는 신도시의 개발과정을 중심으로 한 통시적인 분석이 시행되며, 이론연구와 사례연구를 방법으로 진행된다.

이론연구는 문헌자료조사에 의해서 진행되며, 이를 통하여 이론적 배경 및 기존 신도시의 문제점을 '장소만들기' 관점에서 고찰한다. 이와 더불어 Intellectual Map을 통하여 '장소만들기' 과정을 구체적으로 정리한다.

'문헌자료조사'는 ①국내·외 단행본, 학술지 논문 등의 수집, 조사, 분석, ②관련 연구동향 분석, ③관련 이론 정리, ④문제점 도출 및 필요성 제시 등으로 진행된다.

'Intellectual Map을 통한 '장소만들기' 과정의 정리'는 ①장소 관련 주요 개념의 설정, ②각 개념 간의 관계 및 관련성 분석 및 정리, ③'장소만들기' 및 장소마케팅의 관계 설정, ④'장소만들기' 과정의 정리에 의해 진행된다.

사례연구는 ①문헌연구, ②인터뷰, ③현장관찰조사 및 사진촬영, ④설문조사 등에 의하여 진행되며, 이를 통해서 계획내용의 분석과 현황분석을 시행한다.

'문헌연구'는 '사례대상 관련 자료의 수집, 조사, 분석'을 통해 진행되는데, 사례대상과 관련된 단행본, 학술지 논문, 지도자료, 사진 등이 문헌자료에 해당된다.

'인터뷰'는 안양시 공무원을 대상으로 진행된다. '평촌중앙공원 재정비사업'과 '평촌1번가 문화의 거리 조성사업'에 관한 배경 및 목적과 사업내용에 대해서 담당공무원을 대상으로 인터뷰를 실시한다. 이를 통해서 상세한 내용 및 문제점 등에 관해서 조사한다.

'현장관찰조사 및 사진촬영'은 '평촌중앙공원'과 '평촌1번가 문화의 거리'를 대상으로 평일과 휴일, 낮 시간대와 밤 시간대로 구분하여 진행된다.

'설문조사'는 '평촌중앙공원'과 '평촌1번가 문화의 거리'의 이용자를 대상으로 하여 인터넷을 이용한 설문지조사와 직접 현장에서 일대일 면접방식의 설문지를 통한 조사를 진행한다.

1장
2장
3장
4장
5장
신도시 개발
장소만들기
이론적 고찰
문제점 도출
분석의 틀
성격·구성·시설
개발방향
계획내용
택지개발계획
도시설계
도시설계작성지침
재정비계획
현 황
설문조사
관찰조사
문헌조사
계획 평가
현황평가
시사점
결 론
계획내용
개발과정
평촌중앙공원
평촌1번가
문화의 거리
문제제기
이론연구
사례연구
논 의
결 론

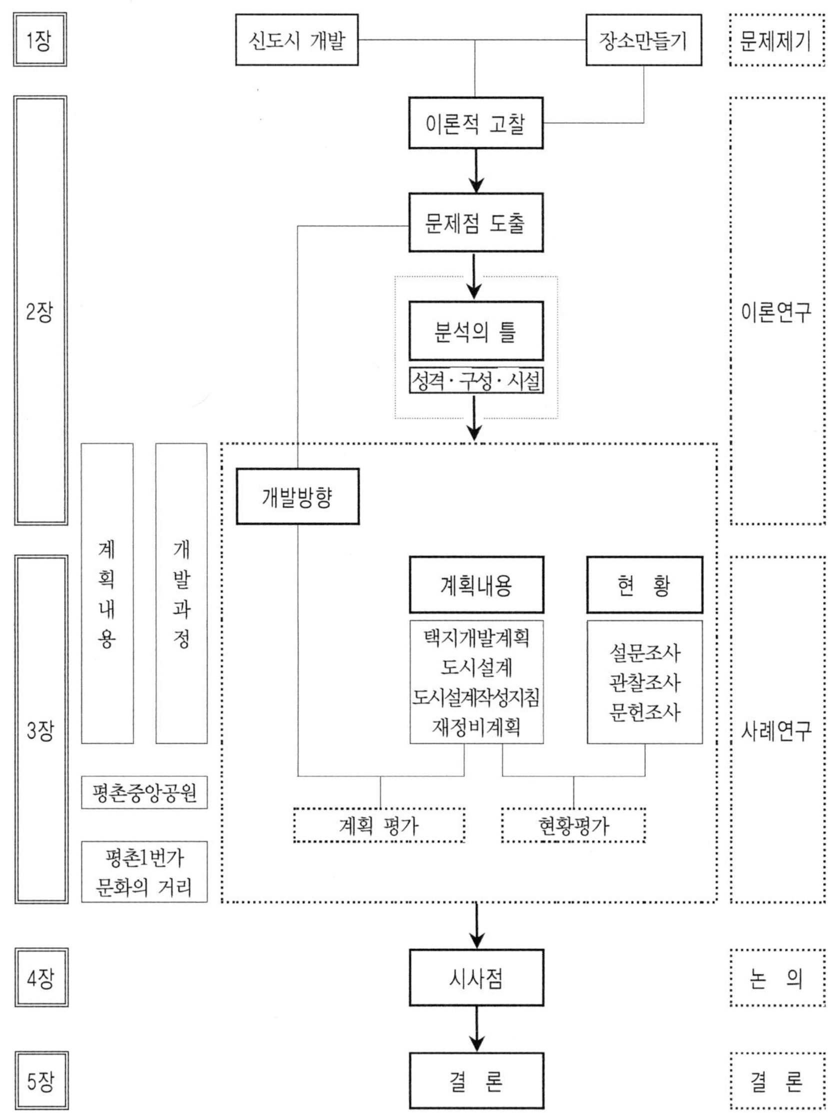

〈그림 1-1〉 연구의 과정

제 2 장

이론적 고찰

제1절 선행연구의 검토

1. '장소(場所 place)' 관련 연구

국내에서 이루어진 장소에 관한 연구는 크게 두 가지로 구분할 수 있다. 즉 장소에 대한 연구와 장소성에 관한 연구로 구분할 수 있다.

이를 구체적으로 살펴보면 다음과 같다.

장소에 대한 연구는 여섯 가지로 세분할 수 있다. ①장소의 개념, ②장소에 대한 평가 분석, ③장소의 의미, ④현상학적 장소 연구, ⑤장소의 특성 및 성격, ⑥장소의 특성 결정요인 관련 연구가 이에 해당한다.

주요 연구를 살펴보면, ①장소의 개념에 관한 연구로는 김광현(1977), 김영우(1979), 이규목(1980, 1986, 1988, 1995), 손세관(1989, 1990), 조희철(1990), 임승빈(1991) 등의 연구, ②장소에 대한 평가 분석에 관한 연구로는 이종식(1985), 장성주(1986), 하재명(1988, 1992), 신용재(1991), 심기철(1993) 등의 연구, ③장소의 의미에 관한 연구로는 김정호 외(2001), 진양교 외(2002) 등의 연구, ④현상학적 장소 연구에 관한 연구로는 김광현(1997), 황재훈 외(1998), 김영철(1991), 손세관(1990), 이규목(1988, 1998) 등의 연구, ⑤장소의 특성 및 성격에 관한 연구로는 신용재(1991), 장동수(1994), 조희철(1992) 등의 연구, ⑥장소의 특성 결정요인에 관한 연구로는 안건혁 외(2002) 등의 연구가 있다.

장소성 관련 연구는 네 가지로 세분할 수 있다. ①장소성, ②장소성 형성 요인, ③장소성 상실, ④관광지의 장소성 관련 연구의 네 가지가 해당한다.

주요 연구를 살펴보면, ①장소성과 관련해서는 이석환·황기원(1997), 이석환(1998) 등의 연구, ②장소성 형성요인 관련 연구로는 최막중(2001) 의 연구, ③장소성 상실에 관한 연구로는 최병두(2001)의 연구, ④관광지 의 장소성에 관한 연구로는 한상일(2002)의 연구가 있다.

장소에 관한 국외 연구는 크게 '이론지향적 연구' 및 '사례기술적 연구' 와 '분석·평가적 실증연구'로 구분할 수 있다.

'이론지향적 및 사례기술적 연구'에는 Tuan(1974, 1977, 1986), Norberg −Schulz(1975, 1980), E. Relph(1976), F. Steele(1981), Gibson(1981), Seamon(1982), V. C. Zaro(1988), E. Beckwith(1989), Jordon(1991), Ryden(1991), Flynn(1992), Stobie(1993), Bray(1993), Huang, Chang− Shan(1995), Casey(1997) 등의 연구가 있다.

'분석·평가적 실증연구'에는 Hamilton(1980), Patterson(1992), Thornquist (1992), R. B. Hull Ⅳ, M. Lam, G. Vigo(1994) 등의 연구가 있다.

그 외에도 장소성에 관한 연구가 있다. 장소성 부재에 관한 Arefi(1999) 의 연구, 장소인식을 통한 장소성에 관한 Golledge(1992)의 연구, 장소성 과 관련한 Jiven et al.(2003) 등의 연구가 이에 해당한다.

이상을 살펴보았을 때, 국외 특히 북미와 유럽의 경우 장소감(sense of place)에 대한 연구가 도시 및 지역사회 규모에서 현장연구 및 이론연구 ―실존주의로부터 포스트모더니즘에 이르는― 등 다양한 접근방법을 통 해 이루어지고 있으며 학문 분야도 지리학, 도시 및 지역계획, 건축, 조경,

미술, 문학, 철학 등 다양(이석환, 1998: 15)함을 알 수 있다.

국내에 있어서의 장소에 관한 이론연구는 주로 실존주의적 현상학 입장에서 머물러 있는 수준이며 사례연구의 경우 주제의 대상이 주로 점(point)-벽, 소공원-혹은 선(line)-골목, 가로의 일부-등 소규모의 물리적 환경이 대부분으로서 좀 더 넓은 범위를 포괄하는 연구가 이루어지고 있지 못하다. 또한 사례연구 중 일부는 자료의 모집·평가방법으로서 의미분별척도법(SD분석법)을 이용하여 장소성 평가를 시도하고 있으나 의미분별의 타당성 검토과정이 미약하게 이루어지고(이석환, 1998: 15) 있었으며, 최근에 와서는 장소의 의미, 특성에 대한 연구와 통합적인 방법에 의한 장소성 연구6)가 활발히 이루어지고 있다.

2. '장소만들기' 및 '장소마케팅' 관련 연구

1) '장소만들기(place making)' 관련 연구

'장소만들기'에 관한 국내연구로는 장성주(1986)의 장소체험에 관한 연구, 이규목(1995, 2002)과 이석환(1997, 2002)의 '장소만들기'를 제안하는 연구, 최막중(2001)의 장소의 경제적 가치에 관한 연구, 이영민(2001)의 장소를 통한 구도심 활성화에 관한 연구 등이 있다.

'장소만들기'에 관한 국외연구로는 Aravot(2002)의 현상학적 '장소만들기'에 관한 연구, Ben-Ari(1995)의 정체성을 통한 '장소만들기'에 관한 연구, Dunn et al.(1995)의 '장소만들기' 사례연구, Heng et al.(2000)의 도시 공공공간 만들기 사례연구, Lepofsky et al.(2003)의 커뮤니티 형성을 통한 '장소만들기', Bramwell et al.(1996)의 광장을 통한 도시재활성화 사례에 관한 연구, Karimi(2000)의 공간정신을 살리는 도시보전에 관한 연

---

6) 장소성 형성 요인, 장소성 상실 등에 관한 연구가 해당된다.

구, Selby(1996)의 장소이미지 재정립 사례연구 등이 있다.

2) '장소마케팅(place marketing)' 관련 연구

'장소마케팅'에 관한 국내 연구는 지리학, 도시계획학, 경영학 등에서 주로 이루어졌다. 지리학 분야의 주요 연구로는 도시 내부 장소마케팅의 지역파급효과, 참여 주체 간 갈등관계, 지역이미지와 경제활성에 끼친 영향, 장소마케팅 추진현황, 인터넷마케팅 등이 있다. 도시계획학 분야의 주요 연구로는 장소마케팅 전략유형 및 형성과정, 지역 파급효과, 마케팅 전략 수립, 장소마케팅 추진현황, 장소 특성, 장소정체성 운동 등이 있다. 경영학 분야의 주요 연구로는 전략적 지역마케팅을 통한 벤처기업 유치, 인터넷마케팅, 민관파트너십을 통한 테크시티 조성, 관광활성화 전략 등이 있다.

한편 장소정체성의 필요성에 관한 연구로는 이무용(2003)와 조명래(1996) 등이 있다. 기성시가지를 대상지로 한 사례연구로는 석사학위논문으로 성주인(2000), 이소영(1999), 문희정(1998) 등이 있으며, 학술지에 게재된 공자원(2001)이 있다.

'장소마케팅'에 관한 국외 연구는 Kearns & Philo(1993)와 Ward & Gold(1997)의 구체적 장소마케팅 사례 및 종합적 시각에서 분석한 연구, Ashworth & Voogd(1990), Kotler(1985), Kotler et al.(1993)의 공공부문 도시계획에 대한 마케팅기법과 적용 방안의 체계적 정리, Bianchini & Parkinson(1993), Smyth(194), Hall & Hubbard(1998)의 도시재생전략의 차원에서의 문화정책 및 장소마케팅 사례분석, Kearns & Philo(1993), Bird(1993), Bianchini et al.(1992)의 장소마케팅에 대한 비판적 논의, Sadler(1993), Paddison(1993), Dicken & Thickell(1991)의 장소마케팅의 특성에 관한 논의, Basset(1993), Holcomb(1993), Goodwin(1993)의 영국·미국·유럽 도시들의 장소마케팅 사례분석에 대한 논의 등이 있다. 한편,

Neill(2001)의 도시적 경험을 통한 마케팅 사례연구, Bramwell(1996)의 공업도시 관광이미지 마케팅, Kenny(1995)의 문화·도시이미지·장소정책을 통한 장소마케팅, Page(1996)의 타운센터관리(town center management)를 통한 장소마케팅 등이 있다.

현재 국내의 경우 '장소만들기'에 관한 연구는 거의 없는 실정인 데 반하여 국외의 경우는 실제 설계된 공원이나 도시의 오픈스페이스에 대하여 '장소만들기'의 원리나 '장소만들기'의 필수적인 요소들을 논증하려는 노력들이 이루어져 왔다(이석환, 1998: 15). 최근의 경향은 미국을 중심으로 하는 국외의 경우 교외주거화의 문제점에 대한 해결책으로서의 '장소만들기'에 국한되고 있음을 알 수 있다. 한편, 국내의 경우에는 최근 도시장소의 중요성과 도시활성화와 연계된 장소의 활용에 바탕을 둔 '장소만들기'에 대한 연구의 필요성이 대두되고 있다.

현재 장소마케팅 연구 분야는 국외에서는 장소정체성과 지역문화를 활성화하기 위한 장소마케팅 전략에 대해서는 많은 사례들이 연구되고 있긴 하지만, 구체적인 방법론이나 모델에 대한 논의는 거의 이루어지고 있지 않으며(이무용, 2003: 58), 국내의 경우는 장소의 공간적 성격을 분석에 통합시키지 못하고, 장소를 마케팅 상품 구성의 한 요소로 대상화시킴에 따라, 장소가 지니는 포괄적이고 문화적인 성격을 간과하는 경향(이무용, 2003: 59)이 있다.

국내의 장소마케팅 연구에서 필요한 점으로는 국외의 경우와 마찬가지로 '지역문화 활성화 지역경제 활성화 간의 관계', '장소마케팅 전략의 다양한 유형화', '지역문화 활성화를 위한 대안적 장소마케팅 모델 수립'(이무용, 2003: 58) 등을 들 수 있다.

3. '신도시 개발' 관련 연구

'장소만들기'에 관한 연구가 미미한 현실에서. 지금까지의 신도시 개발에서 나타난 문제를 해결하기 위한 새로운 방법으로서의 '장소만들기'에 관한 연구는 거의 이루어지지 않고 있다고 할 수 있다.

최근까지 이루어진 신도시 개발 관련 연구는 주로 수도권 5대 신도시를 대상으로 하는 사례연구로서. 이는 주로 개발기법 및 방식에 관한 연구들이라 할 수 있다.

주요 연구사례를 살펴보면 다음과 같다.

권경득 외(2004)는 기존 신도시 개발의 문제점을 제시하였는데. 특히 개발과정에 있어서의 주민참여방법의 현황을 분석하여 향후의 활성화 방안을 제시하였다.

김영환(1994)은 ESSD 관점에서 기존 신도시 개발의 문제점을 제시하고. 향후 방향에 대해서 논하였다.

정석희(2001)는 기존 신도시 개발에 대한 내용을 설명하고 그 문제점을 제시한 후 향후 개선 방향 설정에 대해서 연구하였다.

이 외에도 이상문 외(2004)는 기존 신도시의 문제점을 제2기 수도권 신도시 개발을 중심으로 지속가능성 측면에서 분석한 후. 제3기 신도시에 대한 개발 방향과 과제를 제시하였다.

이들 연구의 주요 내용은 지금까지의 신도시 개발의 문제점에 대해서 논의하고 있는데. 특히 수도권 제2기 신도시 개발을 중심으로 그 문제점을 분석하고 있다. 이와 더불어 이러한 문제점을 해결하기 위한 새로운 접근방식이 필요하다는 주장과 ESSD 및 지속가능성 측면에서 그 해결방향을 제시하고 있다. 이는 '장소만들기'의 필요성 및 가능성으로 해석할 수 있을 것이다.

장소를 대상으로 한 연구는 물론 구체적인 '장소만들기'에 관한 논의가 전무한 실정이지만. 장소를 기반으로 하여 '장소만들기'와 '장소마케팅'을 고려한 신도시 개발이 대두되고 있는 현시점에서 이에 대한 이론의 정리 및 사례를 통한 기초연구가 필요하다고 본다.

제2절 '장소만들기' 관련 이론

1. 장소 관련 개념

1) 장소(場所 place)

가. 장 소

장소(場所 place)라는 말은 다의적인 의미로 사용되고 있으며, 그 개념에 관한 연구는 지리학[7]을 중심으로 하여 국내·외에서 여러 학자들에 의해 이루어져 왔다.

지리학 분야와 더불어 도시설계, 건축, 조경, 도시계획 등의 환경설계 분야[8]에서도 장소에 대한 연구가 근대건축 및 도시계획의 인간성 상실이라는 문제를 극복하기 위한 대안으로 시작되었다.

장소는 '평평하게 한정된 공간 단위'라는 물리적 측면과 '특정한 목적이

---

7) Lukermann(1964)은 장소가 물리적 실체와 정서적 측면을 가진 특정한 영역으로 공간적 상호 작용과 시간의 흐름에 따라 의미를 형성해간다는 종합적 시각을 가지고 있었고, May(1970)는 지각적 측면에서 통일성을 갖춘 공간, 즉 우리가 어떤 주어진 환경을 경험하고 그것을 독특한 실재라고 구분하여 생각하게 되는 공간을 장소라고 하였으며, Entrikin(1991)은 장소가 사건(events), 사물(objects), 행위(actions)의 영역적 맥락(areal context)을 의미한다고 하여, 자연적인 요소와 인간에 의한 물질적, 이념적 구성을 모두 포함시켰다.

8) Jane Jacobs(1961)의 인간을 위한 도시의 필요성에 대한 문제제기 후, Norberg -Schulz(1975, 1980)는 장소의 개념을 환경설계 분야에 도입되었다.

나 사건의 발생'이라는 활동적 국면 그리고 '편안함, 신성함, 중심성, 혹은 인공성'이라는 상징적 국면을 함께 지니는 복합개념[9]으로서, 물리적인 환경을 기반으로 특정한 활동을 수용하는 기반이며, 어떤 특정한 활동을 수용하기 위하여 물적 측면에서 일정하게 한정된 공간적 범위를 평탄하게 만든 가치가 부여된 중심이라 할 수 있다. 장소는 때로는 인간에게 안전과 편안함을 제공하는 역할을 한다(이석환·황기원, 1997: 181). 즉 최근 도시설계, 건축, 조경, 도시계획 등 환경설계 분야에서 중요성이 대두되고 있는 장소라는 개념은 공간, 인간, 시간과의 관계에서 형성된 물리적, 비물리적 대상이라 할 수 있다. 다시 말해서 과거나 현재 혹은 미래에 어떤 용도나 활동을 수용하는 그릇인 동시에 특정한 지점을 지칭(이석환, 2002: 204)한다. 활동을 담는 평범한 그릇, 또는 그 활동의 배경이라는 역할을 수행할 뿐인 공간이 장소로 전환되자면 인간에 의해서 의미(意味 meaning)가 주어져야 하며, 그 의미는 체험(體驗 experience)[10]과 참여로부터 연유한다.

일반적으로 장소라고 할 때에는 [표 2-1]과 같이 네 가지 정의[11]가 존재하며(유병림·황기원, 1992: 30), 장소는 국가(countries), 지역(regions), 경관(landscapes), 정주지(settlements) 그리고 건물(buildings)로 알려져 있다.(최강림 외, 2001: 22)

---

9) 장소와 place의 어의적 특성을 물리적 환경과 활동·상징으로 구분하였다.(이석환·황기원, 1997: 173)

10) 체험의 조건으로 그 장소의 ①위치(位置 location), ②외관(外觀 appearance), ③시간(時間 time), ④공동생활(共同生活 community), ⑤시간의 추이를 들 수 있다.(이석환, 2002: 204)

11) '장소만들기'에서의 장소는 네 가지 정의 중 "특별하고 특정한 공간단위 및 그 공간을 점유할 수 있는 사물: 거주 장소를 특정한 건물로 생각하거나, 예배장소 또는 위락장소를 논할 때 적용되는 개념"에 해당된다면, 장소마케팅에서의 장소는 "공간의 한 단위"에 해당된다고 볼 수 있다.

[표 2-1] 장소의 네 가지 정의

구 분	내 용
지구의 전체 표면	지구는 인간의 장소라고 할 때 사용되는 뜻.
공간의 한 단위	도시, 도, 국가처럼 공간의 한 단위를 가리키며, 지역(region)과 별 차이가 없음.
특별하고 특정한 공간단위 및 그 공간을 점유할 수 있는 사물	거주 장소를 특정한 건물로 생각하거나, 예배장소 또는 위락장소를 논할 때 적용되는 개념.
위 치	위치는 장소보다 더 특정한 것이지만, 정확한 자리(position)라는 뜻에서 위치를 가리키며, 이때 장소는 "특정하게 위치할 수 있는 많은 사물로써 구성됨."

나. 장소의 구조

장소의 구조는 성격과 공간의 측면을 포함하고 있는 환경적 총체로서 명확하게 나타나며, 고정되고 영원히 지속되는 양상을 띠는 것은 아니다. 일반적으로 장소는 규칙적으로 변화하거나, 때로는 아주 급격하게 변하기도 한다.(최강림 외, 2001: 22, 25).

공간(空間 space)은 장소를 형성하는 3차원적인 조직이며, 성격(性格 character)은 어떤 장소가 가지는 가장 포괄적인 성질이라고 할 수 있는 일반적인 분위기를 의미한다. 성격은 공간보다 더 일반적이고 구체적인 개념(최강림 외, 2001: 18)이라고 할 수 있다.

다. 장소의 구성인자

장소를 구성하는 인자로는 공간(空間 space), 인간(人間 human), 시간(時間 time)을 들 수 있다.

먼저 공간은 장소의 구조에서 살펴보았듯이 장소를 형성하는 3차원적인 조직으로서 물리적인 기반이며, 인간의 활동을 담는 그릇으로서 역할을 한다.

다음으로 인간은 장소를 만드는 주체로서의 역할을 담당한다. 공간이라
는 물리적인 기반 위에 인간의 활동이 이루어져 기억으로 남게 되면 장소
가 형성된다.

마지막으로 시간이 인간과 공간과의 관계에 개입하게 된다. 하나의 장
소는 과거, 현재, 미래라는 시간의 틀 속에 존재하게 되며, 지속가능한 장
소가 되기 위해서는 그 시간의 틀 속에서 지속적인 인간의 활동과 의미가
담겨야 한다.

라. 장소의 요소

장소는 일정한 공간 내에 위치하는 사람들의 사회적, 경제적 관계를 형
성하면서 공유된 가치 · 신념 · 상징을 보유하고 있는 곳으로서 국가경쟁력
요소 및 도시의 경쟁력 요소를 고려한 장소의 구성요소를 살펴보면 [표 2
-2]와 같으며(김태선, 1998: 21-24: 이진희, 2003: 29-30), 이러한 다
섯 가지 요소들이 어떻게 연결 · 결합되느냐에 따라 장소는 지속적으로 성
장 · 발전 · 쇠퇴가 결정된다.(이진희, 2003: 30)

[표 2-2] 장소의 구성요소 및 성격

구성요소	성 격	세부항목
자연적 요소	공간으로서의 장소	토지, 기후, 자연, 경관, 지리적 위치
인적 요소	사람의 사회적 · 경제적 관계 형성	인적자본수준, 시민의식, 기업가 · 행정가 · 기술자의 보유
삶의 질 요소	최대의 만족감을 주는 재화나 서비스 제공	생활환경, 교육 · 사회복지, 안전, 문화여건, 휴식 공간 및 교통 혼잡
경영환경요소		비즈니스 인프라, 시장잠재력, 금융환경, 교통 · 정보화수준, 경제수준, 고용조건
문화적 요소	유사한 가치 · 이념 및 목적 공유 장소에 대한 일체감	국제적 문화자원, 이벤트 · 시장 · 운동경기, 문화수용성

장소의 구성요소는 물리적 환경, 행위, 의미이며 장소는 이들 간의 관계로서 이해하여야 한다.(Relph, 1976) 물리적 환경은 공간을 기반으로 하며, 행위는 인간에 의해 이루어지고, 이러한 행위 및 직·간접적 경험이 쌓이면서 의미를 가지게 된다.

마. 장소의 형태

장소의 형태는 ①점적인 요소, ②선적인 요소, ③면적인 요소로 구분할 수 있다.

먼저 점적 요소의 장소로는 공원, 녹지, 랜드마크 성격을 지닌 주요 건축물 등을 들 수 있다. 산업혁명 이후 도시민들의 휴식처로 출발한 공원은 오늘날 도시 어메니티 요소로서 중요한 역할을 차지하고 있으며, 최근의 택지개발사업에서도 녹지와 연계되어 고려되는 요소이다. 녹지는 경관적인 측면과 완충기능적인 측면을 갖는다.

랜드마크적인 성격을 지닌 주요 건축물의 경우 경관적 측면과 더불어 사람들에게 오래 기억되는 장소로 남아 있다.

다음으로 선적 요소의 장소로는 쇼핑몰, 보행가로 등 도시가로 요소를 들 수 있다. 쇼핑몰, 보행가로 등은 도시에서 사람들의 활동이 가장 활발한 요소로서 도시설계의 주요한 관심대상이 되어왔다.

마지막으로 면적 요소의 장소로는 도시 내의 특정한 구역 및 단지와 문화지구[12] 등의 지구를 대표적인 사례로 들 수 있다.

이렇게 점·선·면의 형태로 나타나는 장소는 개별적으로 존재해서는 그 기능과 효과를 충분히 발휘하지 못하며, 서로 연계될 때 더 큰 장소로서 역할을 할 수 있다.[13]

한편 장소는 규모에 따라 구역, 지구, 도시, 지역으로 구분할 수 있다.

---

12) 서울시에서 지정한 대학로, 인사동과 같은 구역이 이에 해당된다.

13) 이에 관한 구체적인 논의는 사례연구 중 평촌중앙공원의 공간구성에서 다루기로 한다.

바. 장소의 가치[14]

장소는 인간의 존재 조건 중 하나이다. 인간은 어떠한 방식으로든 장소를 필요로 하며 추구하게 된다.[15] 삶의 질과 도시활성화에 있어서 장소는 반드시 필요한 요소이며, 이처럼 장소가 인간의 존재 조건 중 하나라면 도시의 전문 영역에서 또한 보다 적극적인 방식으로 장소를 제공할 수 있는 방안이 필요하다.

도시의 '삶의 질'을 높이기 위해서는 다양한 문화를 체험할 수 있는 장소가 제공되어야 하며, 주민들이 안전하게 생활할 수 있는 도시의 안정성도 제고되어야 한다. 이러한 예로는 '걷고 싶은 가로', '문화의 거리', '명소' 등을 들 수 있으며, 이는 '관광산업'과도 깊은 연계를 가진다.

도시의 활성화와 안정성 확보를 위해서는 도시가 사람들에 의해 활발히 이용되어야 하고, 이를 위해서는 지속적인 조성과 형성이 필요하다. 이를 위한 대안으로서 장소가 제시되고 있다.

도시는 시장, 광장, 거리, 건물 등 다양한 공간(space)들과 대상(objective) 들로 이루어져 있으며, 그 공간들이 담고 있는 활동(activity)들도 각기 다르다. 이러한 공간이 오랜 기간 이용되고 기억되어 유명해지면서 이용자 자신의 환경으로 수용됨으로써 진정한 의미의 장소(place)가 된다.(이석환, 2002: 221)

코틀러(Kotler, 1993: 6-7)는 〈그림 2-1〉을 통해서 도시의 성장과 쇠퇴의 과정을 설명하였다. 도시가 지속가능하게 발전하려면 매력적인 장소가 기반이 되어야 한다는 것이며, 장소는 이러한 가치를 갖는다.

---

14) 장소의 의미와 필요성을 말한다.

15) 장소는 피난처의 의미를 가지며, 이는 건축의 본질에 해당한다. 최근 건축 분야에서 공간을 떠나 장소에 관심을 갖는 이유도 이것과 관련이 있다고 볼 수 있다. 한편 도시설계 분야는 인간과 환경과의 관계 속에서 인간을 위한 환경의 조성에 관심을 가지고 있으며, 특히 도시환경 속에서의 인간의 상실이라는 문제를 해결하는 방법으로 장소를 강조하고 있다.

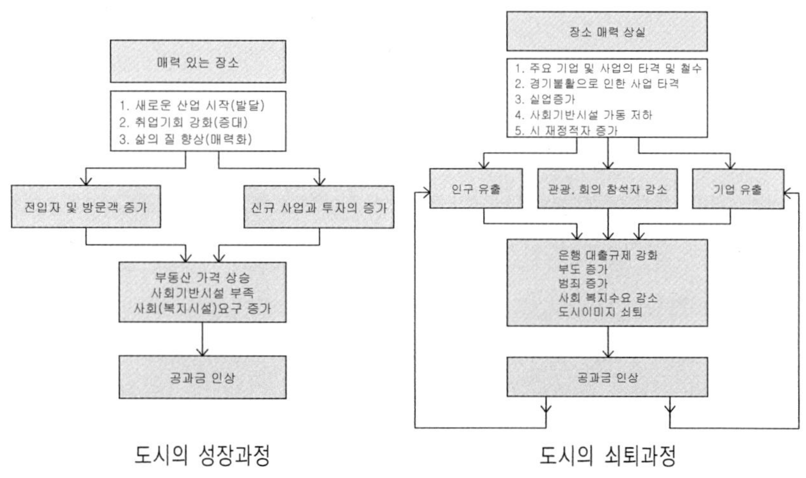

〈그림 2-1〉 도시의 성장과 쇠퇴과정

2) 장소성(場所性 sense of place/placeness)

장소와 관련한 개념으로는 '장소감', '장소성', '장소의 혼' 등이 있다. 장소감은 장소에 대해 느끼는 개인적인 차원의 것이라 할 수 있고, 이러한 장소감을 여러 사람이 공유하게 되면 장소성의 차원으로 확장하게 되며, 이러한 장소성이 더 오랫동안 지속하게 되면 장소의 혼으로 발전하게 된다.

장소감, 장소성, 장소의 혼에 대해서 관련 연구를 중심으로 구체적으로 살펴보면 다음과 같다.

가. 장소감(場所感 sense of place)[16]

사람들이 장소를 경험하고 회상할 때 느끼는 관련감이나 연계감은 장소

---

16) 많은 연구에서 장소감(sense of place)을 장소성(placeness)과 구분하지 않고 사용하고 있으나, 이석환·황기원(1997)에 의하면 장소감과 장소의 혼(장소정신)을 포괄한 개념으로 '장소성'을 사용할 때에는 장소감·장소성·장소의 혼(장소정신)을 분리할 필요가 있다고 한다.

감의 한 요체이다. 따라서 사람과 장소를 묶어주는 강력한 요소들인 나무, 공원, 정원, 역사적 사건과 관계있는 지역, 역사적 분위기를 가지는 지역, 오래된 건축물 등을 찾아내고 이들의 상호 관계를 파악하는 작업은 중요하다. 어떤 장소에 대한 느낌이 풍부할 경우 장소감이 풍부하다고 말한다.(Rapoport, 1982: 26)

장소정신[17]이 시간적으로 길고 개인을 포함한 일단의 무리에 작용한다고 볼 수 있는 반면 장소감은 시간적으로 짧고 개인적인 국면에 주로 작용한다(이석환·황기원, 1997: 177)고 한다.

나. 장소성(場所性 placeness)

장소성(場所性 sense of place)은 인간화된 공간인 장소의 성질이라고 할 수 있다.

즉 인간에 의해 일정 기간 체험됨으로 해서 가치와 의미가 붙여진 특정 공간을 보통 장소라 부르고 있으며, 이러한 장소에 대한 성질 즉 인간적 의미를 갖는 공간의 성질을 의미한다.[18]

장소성, 정체성 그리고 지역적 독특함은 장소경쟁에서의 성공에 있어서 가장 중요한 특징(Chris Murray, 2001: 6)이며, 이 중 장소성은 장소의 고유한 특성으로서 장소만들기에 있어서 가장 중요한 요소이다. 즉 어떤 공간에 장소성이 구현됨으로써 비로소 장소로 형성되었다고 할 수 있다.

장소만들기의 바람직한 결과인 장소성은 잘사는 것(well being) 그리고 소외감으로부터의 안전, 보안, 정위(orientation), 구제에 대한 느낌을 갖게 하는 데에 있어서 필수적인 인간의 요구로 여겨졌다.(Iris Aravot, 2002: 202)

---

17) 장소정신은 '장소의 혼'이라고 쓰기도 한다.
18) '나의 살던 고향'이라든가 '그녀와 걷던 길' 등은 물리적 공간 이상의 가치를 가지며, 주관적 체험에 의해 각별한 의미가 붙여지고 그들의 삶이 반영된 특별한 장소들이다.(김한배, 1998: 26)

어느 장소에 대한 우리의 감정은 상당기간 지속적이고 일상적인 접촉에 의해 형성되고, 그러한 복합적인 장소의 체험을 통해 장소성이 부각되므로, 진솔한 장소만들기는 이러한 체험을 바탕으로 추구되어야 할 것이다. (이규목, 2002: 178)

도시가 장소성을 지니기 위해서는, 시민들로 하여금 자부심과 애착을 유발시켜야 하며, 시간과 인간의 때가 묻은 도시의 자원을 발견하고 재인(再認)하여 재생(再生)시켜야 하며, 문화를 고려한 도시의 활기와 편안함이 있어야 하며, 머물 수 있도록 만든 공간이 있어야 하며, 장소들이 연계되어 도시로 하여금 다양한 체험을 유발(이석환, 2002: 210-220)해야 한다고 한다.

결국 장소성이란 장소의 인지된 특성으로, 이는 인간이 체험을 통해 애착을 느끼게 되고, 한 장소에 고유하면서 동시에 다른 장소와는 차별적인 특성을 일컫는 것이다.(백선혜, 2004: 890)

다. 장소의 혼(場所魂 genius loci)

장소의 혼[19]은 고대 로마시대로부터 비롯된 개념이다. 고대 로마인의 믿음에 따르면 '독립적으로' 존재하는 모든 존재는 그 자신의 혼, 즉 그 자체를 지키는 정신을 가지고 있다. 이 정신은 사람과 장소에 생명을 주고 태어나서 죽을 때까지 그들과 함께하며 그들의 성격 또는 본질을 결정한다.(최강림 외, 2001: 27)

슐츠(최강림 외, 2001)에 의하면 장소의 혼은 정위(orientation)와 정체화(identification)로 구성된다[20]고 한다.

장소감에서 살펴보았듯이, 장소의 혼은 시간적으로 길고 개인을 포함한 일단의 무리에 작용한다고 볼 수 있다.(이석환·황기원, 1997: 177 재구성)

---

19) 장소의 혼은 '장소정신'이란 용어로 쓰이기도 한다.

20) 정위는 어디에 존재하는지에 관한 것이고, 정체화는 어떻게 존재하는지에 관한 것이다.

3) 장소정체성 및 장소이미지

가. 장소정체성(場所正體性 place identity)

장소정체성은 '장소만들기'는 물론 장소마케팅에 있어서도 가장 근본적인 기반[21]이라고 할 수 있다.

정체성(正體性 identity)[22]이란 우리 인간 환경 속에 존재하는 개체 또는 집단이 본디 모습을 가지고 있는 성향을 의미한다. 이는 영어로 identity라고 번역할 수 있는데 그 어원은 라틴어 identitas, identicus이며 idem 즉 '동일하다'는 뜻에서 기원한다.(유병림·황기원, 1992: 18)

정체성은 크게 두 가지 국면을 가지고 있으니, 하나는 동일성(同一性 sameness)이고 또 하나는 개별성(個別性 individuality, oneness)으로 풀이된다. 이때 동일성은 다시 변화에 대한 연속성(連續性) 및 동일화(同一化)라는 국면을, 개별성은 특이성(特異性) 및 수월성(秀越性)이라는 국면을 가지고 있는 것으로 정의된다.[23]

이러한 정체성이란 개념은 최근에 전 세계적으로 도시계획 및 도시경관 분야에서 새로운 중심 개념으로 떠오르고 있으며,[24] 장소와 함께 그 중요성이 강조되고 있다.

장소정체성에 관한 주요 개념을 정리하면 다음과 같다.

---

21) 그 장소의 정체성을 통해 장소성과 장소이미지가 형성되고, 이를 통해서 '장소만들기'와 장소마케팅이 가능하기 때문이다.

22) 원래 정체성이라는 개념은 심리학의 자아이론(自我理論)에서 나온 것으로 한 개체 또는 사회적 집단이 다른 것과 구별되는 특성이다.

23) 동일성은 "……와 같은 정체성"(identity with)이라는 뜻을, 개별성은 "……의 정체성"(identity of)라는 뜻을 가진 정체성으로 구분된다.(유병림·황기원, 1992: 23-26)

24) 한국에 있어서도 최근 역사성과 자연성의 측면보다 총체적 개념인 도시정체성 측면으로 그 초점이 확대, 이동되고 있다.(김한배, 1998: 3-4)

장소정체성은 한 장소가 다른 장소와 구별되는 것으로서 독특함 (distinctiveness)으로도 설명될 수 있는데, 오직 장소의 특별한 모습 (features) 또는 성격(character)에서 발생한다.(Chris Murray, 2001: 10) 이러한 정체성은 과거에만 기반을 두는 것이 아니라, 발전하는 과정이라고 할 수 있다.(Chris Murray, 2001: 7)

Pronshansky(1983)에 따르면 환경에 대한 믿음·선호·감정·가치·목적·행태적 성향이 물리적 환경에 대한 관계를 자아 차원으로 발전시키는 것이 장소정체성이다. 즉 장소정체성은 장소의 상징적 중요성을 강조하는 뜻으로서 장소와 관련된 특별한 경험의 직접적인 결과는 아니지만 시간이 지남에 따라 자연발생적으로 발전된다고 본다.(Giuliani & Feldman, 1993; 최열, 2005)

인간과 장소와의 관계에 관한 이석환(1998: 42)의 연구에 의하면 장소는 인간으로부터 장소 자체의 정체성을 얻으며, 인간은 장소로부터 자신의 정체성을 얻는다고 한다.

즉 장소정체성은 장소에 대한 사람의 감정적 측면의 상징적 중요성을 강조하고 구성원들에게 삶의 목적과 의미를 부여하는 관계를 일컫는다.(Williams & Roggenbuck, 1989; Shamai, 1991; Giuliani & Feldman, 1993; 최열, 2005)

도시정체성[25]을 설명할 때는 〈그림 2-2〉 유병림·황기원(1992)의 연구가 도움이 되며, 이는 장소정체성에도 그대로 적용될 수 있다.

---

25) 이미지가 도시정체성을 표현하는 내용이라면, 그것을 표현하는 매체(媒體)는 도시를 구성하는 장소(場所)가 된다.(유병림·황기원, 1992: 23; 황기원, 1995: 5(재정리))

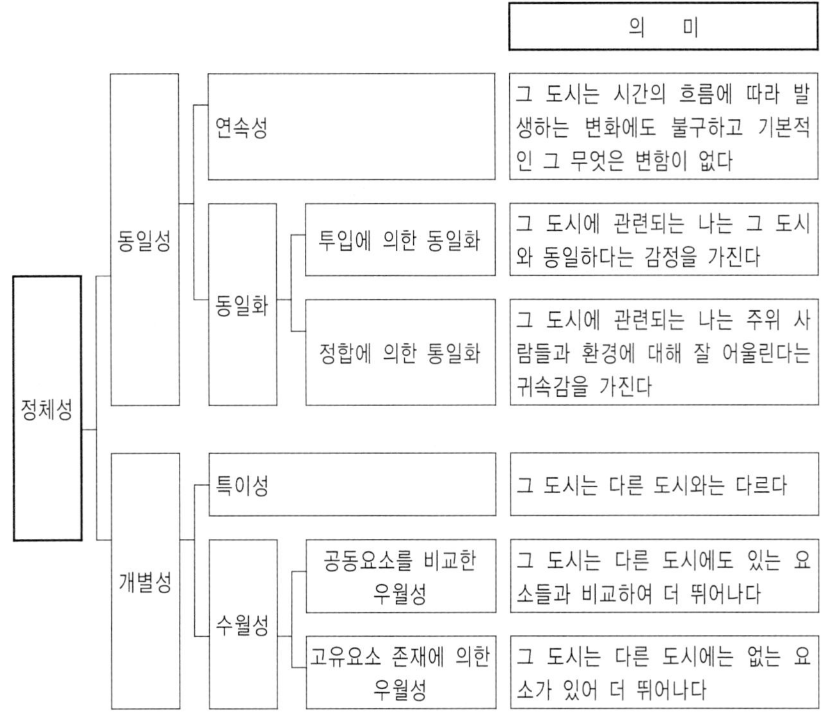

〈그림 2-2〉 도시정체성의 개념 구분 및 의미

장소정체성과 장소성의 관계에 관한 연구(이석환·황기원, 1997: 179)에서 장소정체성은 장소감의 중요한 구성개념이라고 하는데, 그 이유는 장소정체성이 원인이 되어 인간에게 불가결한 다음의 세 가지 조건이 인간과 연계되어 있기 때문이라고 한다.

이 세 가지 조건을 구체적으로 살펴보면 다음과 같다.

첫째, 장소정체성은 '결합되어 있다는 느낌'에 영향을 미칠 수 있으며, 장소, 타인 그리고 궁극적으로는 자기 자신에게 부여된 의미에 영향을 줌으로써 사람들의 정신적 건강에도 영향을 미칠 수 있다.

둘째, 장소정체성은 '지역감'을 향상시킬 수 있다. 지역사회는 공통성을 기반으로 성립된다. 이러한 공통성은 사람들로 하여금 그들에게 공통된 역사를 상기시키거나 확인시켜 주는 물적 환경을 통해 표현될 수 있다.

셋째, 장소정체성이 사람들로 하여금 장소와 연계되고 관련짓는 데 영향을 미친다는 점에서 볼 때, 장소정체성은 장소감의 부분일 수 있다. 한 장소가 지니는 지형이나 지세 등을 포함한 특성은 장소정체성에 기여할 수 있는, 그리하여 자아정체성의 형성에도 기여할 수 있는 상징물이나 도상의 역할을 한다.

이상을 정리해 보면 장소정체성은 그 장소의 고유한 성격으로서 '실체'에 해당된다고 할 수 있다.

이는 도시이미지를 '심상'이라는 '현상'이라고 설정할 때, 이와 대비되는 개념이라고 할 수 있다.

장소성과 장소이미지가 지속적이기 위해서는 진정성을 가져야 하며, 이를 위해서는 이러한 진정성을 반영한 장소정체성이 바탕이 되어야 한다.

만일 진정성을 갖춘 장소정체성을 바탕으로 하지 않을 경우, 장소성과 장소이미지는 허상에 불과하여 지속가능하지 못하게 된다. 이는 결국 지속가능한 장소를 유지하지 못하는 결과를 초래하게 된다.

현재 국내·외 거의 모든 도시에서 최대의 관심사가 되고 있는 지역경제의 활성화와 이를 추구하는 장소마케팅 등이 성공적으로 추진되기 위해서는 좋은 장소가 많을수록 더 유리하다고 할 수 있다.

이러한 좋은 장소는 결국 장소정체성이 기반이 되어야 지속적으로 유지될 수 있다.

나. 장소이미지(場所像 place image)

장소이미지는 장소마케팅에 있어서 가장 중요한 요소[26]라고 할 수 있

---

26) 장소마케팅은 장소의 이미지를 통한 장소의 활성화를 목표로 한다.

다. 장소정체성을 장소가 가진 고유한 실체(實體)라고 할 때, 장소이미지는 장소에 대해 사람들이 갖게 되는 심상(心象)[27]이라고 할 수 있다.

　장소정체성은 그 장소만의 고유한 것이지만, 장소이미지는 사람에 따라 달리 인식될 수도 있다. 즉 환경의 이미지를 창조하는 것은 관찰자와 관찰되는 물체 사이의 상호 작용이다. 관찰자가 본 것은 그것의 외부 형태에 기초를 두고 있지만, 그것을 어떻게 조합하고 해석하는 것과 어디에 그의 관심을 두는가는 그가 본 것에 영향을 주는 것이다. 인간이라는 유기체는 매우 좋은 적응력과 유연성을 가지고 있어서 똑같은 외부 현실을 보더라도 보는 사람에 따라 전혀 다른 이미지를 만들어낼 수 있는 것이다.(Kevin Lynch, 1960: 131)

　장소이미지의 기본이 되는 환경이미지에 대한 연구는 케빈 린치(Kevin Lynch, 1960)에 의해 시작되었으며, 환경이미지는 그냥 생겨나는 것이거나 또는 관찰자가 환경에 대해 일방적으로 보유하게 되는 것이 아니다. 그것은 관찰자와 그의 환경 사이에 성립되는 쌍방적 과정(유병림 · 황기원, 1992: 32-34)이라고 할 수 있다.

　린치(Kevin Lynch, 1960: 8)에 의하면, 하나의 환경적 이미지는 ①정체성, ②구조, ③의미의 세 가지로 분석될 수 있다고 한다. 이를 구체적으로 살펴보면, 실제로 사용할 수 있는 이미지는 먼저 물체가 다른 물체와 구별될 수 있고 독립된 실체로서 확인되어야 한다. 이것을 정체성이라 하며 물체에 대한 공통점이 아닌 유일하고 개인적인 의미인 것이다. 이러한 이미지는 그 물체와 관찰자 및 다른 물체와의 공간적이고 패턴적인 관계인 구조를 포함하고 있어야 한다. 그리고 이 물체는 관찰자에게 실질적이며 감성적인 어떠한 의미를 가지고 있어야 한다.

　이미지를 외계의 자극이 없이 "재생적으로" 마음에 떠오르는 상이라고

---

27) 현상학에서의 '실체'와 '현상'의 관계로 본다면, 장소정체성을 '실체'로 장소이미지를 '현상'으로 설정할 수 있다.

할 때, 여기에서 재생이라고 함은 과거에 경험 또는 기명한 일들이 시간이 지나간 뒤 상기하거나, 이전에 학습한 반응을 반복하는 것이다. 이 점이 도시의 정체성을 의도적으로 고양하고자 하는 접근방법의 근거를 이루며, 이와 같이 정체성이 외향적인 "이미지"라는 매체로써 추구하게 되면, 홍보나 교육 등과 같은 의도적 노력에 의해 강화되기는 쉽지만, 한편으로는 다분히 왜곡되거나 굴절될 가능성이 있다는 한계를 잠재하게 된다.(유병림 · 황기원, 1992: 29-30)

장소의 정체성을 기반으로 하지 않은 장소마케팅의 경우가 바로 이러한 과오를 범하고 있다고 볼 수 있다. 장소정체성과 장소이미지는 반드시 일치하지는 않는다. 그러나 장소정체성에 기반을 두지 않은 장소이미지는 사람들이 그 장소의 정체성을 알게 되는 순간 깨어져버리게 되며, 왜곡된 장소이미지에 대해 불신하게 된다.

장소이미지와 장소정체성의 일치는 물리적인 장소와 개인의 자기 이미지가 들어맞는 상태를 말한다. 이미지의 일치는 장소정체성 및 장소애착에 강력한 영향을 준다.(Hull, 1992: 189: 이석환, 1997. 179-180)

다. 경관(景觀 landscape)

장소와 경관의 관계는 '내부에 있는' 것과 '조망하는' 것의 관계로 대비된다. 즉 "경관은 자연적이건, 인공적이건 바라다보이는 '배경'의 의미를 갖는 경우가 많은 데 비해서, 장소는 '중심' 혹은 '점'의 의미를 함축한다."(임승빈, 1991: 179)

이처럼 중심이나 점으로서의 장소는 정치적으로나 문화적으로 가치가 부여되어 우리의 시선이 집중된 곳이며 이러한 곳은 어떤 모습으로든 바탕(ground)보다는 그림(figure)으로 작동하게 된다. 한편 장소는 물리적 시각적 형태인 경관을 가지고 있다. 분명 외관은, 그것이 건물의 외관이든 혹은 자연의 지형이든, 장소의 가장 분명한 속성이다. 그러나 모든 장소

체험을 경관 체험으로서 이해하는 것은 거의 불가능하다. 사우어는 지리학적 경관을 "개별 장면들에 대한 관찰로부터 추론하여 일반화한 것"이라고 정의하였다. 따라서 그가 언급한 지리학적 경관은 어떤 환경의 평균적인 그리고 가장 시각적인 경관을 의미한다. 경관은 우리가 움직임에 따라 경관도 움직인다. 경관은 우리의 눈에는 보이지만 우리가 거기에 도달할 수 없는 그런 것이다.(이석환·황기원, 1997: 175)

최근 경관의 중요성이 대두되고 있으며, 경관계획에 있어서 장소에 관한 요소도 다수 포함되고 있으나, 엄격하게 정리해 보면 장소는 체험적인 요소, 경관은 시각적인 요소로 이해할 수 있다. 그러나 이 둘은 분리된 것이 아니라 서로 연관된 것이므로 함께 조화를 이루어야 한다.

라. 장소애착(場所愛着 place attachment/topophilia)

각 장소에는 장소를 이용하는 구성원들의 장소에 대한 인식 정도와 긍정적인 정서적 유대감을 나타내는 장소애착이 존재한다.(Altman & Low, 1992: 최열, 2005)

장소애착은 사람들이 어떤 장소에 대해 느끼는 애정, 친밀도, 중요성 등을 바탕으로 하므로 '장소만들기'에 있어서 장소애착의 정도는 그 장소가 차지하는 비중에 커다란 영향을 미칠 수 있다.

Giuliani는 장소의 애착을 두 가지로 정의하였다. 현실적으로 존재하며 가까이 있고 접근할 수 있어서 심리적으로 편안하게 경험되는 상태가 하나이고, 역으로 대상의 부재와 이격이나 접근 불가에 의해서 생겨나는 불안하고 갈망하는 상태가 다른 하나이다.(Giuliani, 1991: 134: 이석환·황기원, 1997: 179)

장소애착은 어떤 대상이나 소환경에 대한 애착을 의미하는 것으로서 사람과 사람들 간의 관계 및 사람과 물리적 환경과의 관계에 의해서 강한 영향을 받는다. 물리적 환경이 장소애착의 충분조건은 아니더라도 필요조

건으로서 대상물을 장소의 이미지에 대한 일치를 가져오기도 한다.(이석환, 1997: 179)

햄톤(Hamton, 1970: 115)은 장소에 대한 애착은 개인과 다른 사람들과의 상호 작용에 큰 영향을 미친다고 하였으며, 토플러(Toffler, 1970: 91-94)는 오늘날 서양의 많은 사람들은 그들이 존재하는 특정한 장소와 상관없이 비슷한 관심사를 가진 사람들과 함께하는 곳이라면 어디에서나 편안함을 느낀다고 말한 바 있다.

기존의 연구에서는 장소애착을 장소정체성(place identity)과 장소의존성(place dependence)의 이분법적으로 나누었으나, 최근에는 장소착근성(place rootedness)까지를 포함하여 세 가지 관점에서(최열, 2005) 다루고 있다.

먼저 장소정체성은 앞서 살펴본 바와 같으며, 장소의존성은 거주자들의 장소성에 관한 요소 중 기능적 애착으로 목표지향적 행동을 위한 여건을 바탕으로 한 사람과 특별한 장소 간의 인지된 결합이다.(Stokos & Shumaker, 1981; Williams & Roggenbuck, 1989; McCool & Martin, 1994; 최열, 2005)

마지막으로 장소착근성은 한 장소에 오랜 기간 거주할 경우 자연발생적으로 발생하는 뿌리의식을 말하는 것으로 문화적 소속감, 조상이나 고향에 대한 애착 등을 포함한다.(Shumaker & Tayor, 1983; 최열, 2005)

마. 진정성(眞正性 authenticity)

진정성의 사전적 의미는 "참되고 올바른 성질"로서, 어떤 대상이 그것으로서 갖추어야 할 고유의 성격인 진정성을 유지하느냐 하는 문제는 지속가능성에 밀접하게 관련되어 있다고 할 수 있다.

실존의 한 형태로서 진정성은 자기 존재에 대한 책임을 완전하게 인식하고 받아들이는 것이다. 하지만 장소 경험과 '장소만들기'의 측면에서 보면, 진정성은 그러한 순수한 형태로 나타나지 않고, 비연속이고 다양한 강도로 나타난다. 다양한 강도의 진정성으로 장소를 경험할 수 있듯이, 장소는 다양한 정도의 진정성을 가지고 만들어질 수 있으며(Relph, 1976; 김덕현 외, 2005: 172-173), 그러한 진정성을 유지할 때 장소는 지속가능할 수 있다.[28]

최근 장소마케팅에서는 장소의 매력성을 증가시키기 위한 요소의 하나로 역사문화환경을 활용하자는 움직임에 대하여 찬반 양측의 의견이 서로 대립[29]되기도 하는데, 이 역시 진정성의 차원에서 접근해야 한다고 볼 수 있다.

바. 쾌적성(快適性 amenity)

도시 어메니티 요소[30]로서 쾌적성은 도시의 삶의 질을 증진하는 데 크게 기여한다.

좋은 장소를 통해서 사람들은 쾌적함을 느끼게 되고, 이러한 쾌적함은 더 많은 사람들이 그 장소를 자주 찾게 함으로써 더욱 활성화된 장소가 되게끔 만든다. 이와 반대로 어떤 장소에서 쾌적함을 느끼지 못할 때 사람들의 이용은 줄어들게 되고, 그 장소는 쇠퇴하게 된다.

한편 장소의 쾌적성과 관련해서 장소의 매력성을 언급하자면, 장소의 매력성은 많은 사람들이 그 장소를 찾게끔 유도함으로써 장소가 형성되도

---

28) 장소의 진정성이 왜곡되면, 장소정체성은 상실되고 이로 인해 지속가능하게 유지되지 못한다.

29) 대표적인 사례로서 근대건축물을 복원하여 관광자원으로 활용하자는 쪽의 의견과 문화재적인 차원에서의 역사적인 자료에 근거한 검토도 없이 단순히 지역경제 활성화의 차원에서 다시 건축한다는 것은 바람직하지 않다는 의견의 대립을 들 수 있다.

30) 도시 어메니티 요소의 대표적인 것으로는 공원, 가로 등의 외부 공간과 문화센터, 도서관, 박물관 등의 문화시설이 있다.

록 하는 중요한 요소이다. 이러한 매력성이 유지될 때 장소도 지속가능할 수 있으므로, 장소마케팅에서는 도시개선 전략으로 장소의 매력성을 주요 요소[31]로 제시하고 있다.

4) 장소의 상품화

장소는 오랜 시간 사람들의 이용에 의해 기억된 문화로서 해석되어야 한다. 그러나 최근 장소를 경제적인 가치로만 환산하는 경향이 나타나고 있어 많은 문제를 야기하고 있다. 문화상품의 경우 경제적인 가치를 주지만, 문화가 상품의 가치로만 평가되는 순간 중요한 본질은 사라지게 되고 허상[32]만 남게 된다.

'장소만들기'의 지나친 상업화에 대한 경계는 장소의 진정성과도 관련되며, 다음과 같은 두 가지 측면에서 살펴볼 수 있다.

먼저 '장소만들기'의 기본적인 바탕은 공공성에 있다. 특히 도시 내에서의 공공장소의 질이 그 도시의 삶의 질을 좌우하며, 중요한 장소자산이 된다는 것이다.

최근 경제적인 가치에 대한 관심과 비중이 커지면서 장소들이 지나치게 상업적인 측면으로 흐르는 경향이 있는데, 이는 도시장소의 공공성 측면에서 볼 때 경계해야 할 일이다. 즉 상업화된 시설은 그만한 금전적인 대가를 지불한 사람만이 이용할 수 있는 곳이므로, 불특정 다수의 삶의 질을 추구하는 도시장소의 성격에 맞지 않다. 즉 공공을 대상으로 하지 않

---

31) 도시가 매력성을 갖기 위해서는 자연의 미와 특성, 역사와 유명한 인물, 시장, 문화적 매력, 레크리에이션과 오락, 운동경기장, 이벤트 및 행사, 건축물·기념비·조각품, 기타 매력자원 등을 갖추어야 한다(이종영·구종모: 1997. pp.139-157)고 한다.

32) '문화상품'과 '문화를 상품으로만 여기는 것'은 서로 다른 개념이다. 문화라는 매력적인 측면이 있기에 문화상품이라는 형태로 판매되는 것이지, 문화의 본질을 잃게 된다면 더 이상의 경쟁력과 지속성을 갖지 못하게 된다.

음으로 인하여 공공성이 사라지게 된다.

다음으로 지나친 상업화는 그 대상의 원래의 성격을 왜곡시키는 경향이 있다. 즉 경제적인 가치로만 환산될 수 있는 것만을 강조하고, 양적으로는 측정할 수 없는 가치에 대한 측면이 배제되는 등의 왜곡된 형태로 나타나기도 한다.

이러한 우려에 대한 해결방안의 하나로 문화상품으로서의 장소의 가치에 대한 의견을 제시하고자 한다.

즉 더 많은 사람들이 경제적인 부담을 가지지 않고 자유롭게 장소를 향유할 수 있는 공공성과, 장소를 통해 도시 및 지역의 활성화를 기할 수 있는 경제성을 충족시킬 수 있는 적절한 결합으로서의 '장소의 문화상품화'를 제시하고자 한다. 이를 통해서 장소에 더 많은 투자를 유치하여 질을 높일 수 있고, 더 많은 사람이 이용하는 장소의 상승효과를 기대할 수 있다.

2. '장소만들기'(place making)

1) '장소만들기'의 정의

'장소만들기'를 정의하기 위해서는 먼저 '장소만들기'의 배경 및 목적에 관한 관련 이론을 살펴본 후, 그 정의에 접근하는 것이 효과적인 방법이라 할 수 있다.

인간에 의해 행해지는 활동은 그것이 의식적이든 무의식적이든 근본적으로 '장소만들기'와 밀접한 관계를 가지고 있다. 라깡(Jacques Lacan)은 모태로부터 분리된 인간이 원초적으로 체험하는 결여와 불안과 욕구, 언어와 문화의 세계에 진입하면서 나타나는 욕망과 요구는 인간의 보편적 조건이다(Lemaire, 1996: 236-255: 이석환, 1997: 215-216)라고 하였다. 이러한 인간적 조건은 회귀불가한 모태의 상태인 장소를 끊임없이 재생산하도록 만든다. 특히 물리적 환경에 조작을 가함으로써 쾌적한 환경을 제공하는 것을 목표로 하는 도시계획 및 도시설계, 조경, 건축 등과 같은 전문 분야에서 이루어지는 작업도 결국 그 결과가 장소로서 제 역할을 다하도록 하려는 일련의 과정이다.(이석환, 1997: 216)

'장소만들기'라는 용어가 출현한 것은 1760년경 브라운이 자신의 직업에 관한 명칭을 경관조원가가 아니라, 장소조성가라고 불렀던 것이 시작이다. 브라운의 특기는 신속하게 개념을 찾아 실천력이 있는 설계를 제시하는 것이었는데, 예민하고 경험이 풍부하며 영감이 있는 안목으로써 장소의 능력, 즉 잠재력을 금방 찾아내는 재능을 가지고 있었다.(이석환, 1998: 51-52)

'장소만들기'는 어떤 대상에 대하여 의도적으로 변화를 가하고자 할 경우 그 변화대상에 내재된 긍정적인 장소성을 유지·보전·강화할 수 있도록 혹은 그 변화대상에 새로이 긍정적인 장소성을 삽입·창출할 수 있도록 하고자 할 때 그리고 그 장소의 거주자와 이용자들이 장소로부터 소외되지 않도록 하고자 할 때,[33] 그래서 그 장소의 지속가능성을 확보하고자 할 때 시행하게 된다.

'장소만들기'는 도시설계, 건축, 조경, 도시계획 등 주로 '환경설계' 분야의 주요 관심사이며, 도시 내의 '특정한 장소'를 대상으로 하여 물리적인 공간에 사람들의 의미와 경험을 부여할 수 있는 장소로 조성하는 것이며 인간적인 도시환경의 제공을 통한 삶의 질 증진을 목적으로 주로 장소 구성요소 중 물리적인 측면을 중심으로 하여 물리적·비물리적 양 측면을 담당하는 분야[34]라고 할 수 있다.

'장소만들기'는 인간과 그들이 거주하는 환경과의 관계에 대한 것일 뿐만 아니라, 그곳에 있는 사람들 사이의 관계를 창출하는 것이며(이석환, 1997:

---

33) 그 장소의 가치와 의미를 이해하고 소중히 생각하도록 할 때를 말한다.
34) 환경설계 분야에서 장소를 공간과 비교할 때, 공간이 물리적인 차원에 중점을 둔다고 전제하고, 장소는 이러한 공간적인 측면과 더불어 비물리적인 측면을 함께 다룬다고 보고 있다.

217), '장소만들기'의 실천은 변형·변화·변용·보존[35] 등의 모든 개입행위(Schneekloth & Shibley, 1995: 10; 이진희, 2003: 39)라고 한다.

'장소만들기'의 노력은 후기자본주의 도시문제[36]를 해결하기 위한 수단으로 해석될 수 있으며, 1970년대와 1980년대의 도시설계의 논의 단계에서 '장소만들기'를 단순화 또는 정당화하는 것으로 보일 수 있으며(Iris Aravot, 2002: 204), 근대 이전의 도시구조에 대해 재개된 관심과 같이, 요구로부터 개발까지가 한꺼번에 대두되는 탈산업시대의 기성시가지(inner cities)에 대한 재조직, 특히 관광산업에 도움이 되는 모든 가능한 지방자산을 동원하는 것이 장소만들기[37](Iris Aravot, 2002: 205)라는 견해도 있다.

도시설계는 '장소만들기'를 지향하며(Iris Aravot, 2002: 201), 이러한 현상학적 '장소만들기'로의 회귀는 근대 이전의 도시의 장소성과 특성에 의미를 두며 이를 중요시하는 접근이라고 할 수 있다.

'장소만들기'는 [표 2-3]과 같이 ①기존 환경이나 어떤 대상을 이용하는 활동을 통해서 그곳을 하나의 장소로 만드는 행위, ②기존의 환경 및 대상에 대하여 물리적 환경을 새로이 변화시킴으로써 장소를 만드는 행위, ③주어진 환경을 인식하고 이해하는 행위, ④새로운 장소를 만들기 위하여 의도적으로 계획하고 설계하는 행위로 구분해 볼 수 있다.

'장소만들기'의 역할은 계획·설계·개발을 수행할 때, 그 지역사회 구성원 모두를 위한 미래의 환경을 조성할 수 있도록 하는 것이다.

---

35) ①변형은 장소의 형태적인 측면, ②변화는 장소의 성질, ③변용은 장소의 용도적인 활용 측면, ④보존은 장소의 기존 요소 및 성격의 유지와 관련된다고 할 수 있다.

36) 탈산업시대에 접어듦에 따라 근대의 기능주의와 산업시대의 속성에서 벗어나면서 도시 내에서 발생하게 된 문제들을 말한다. 주요한 주제로는 다양한 문화수용의 필요성, 양보다는 질에 대한 추구, 삶의 질에 대한 추구, 지방화·세계화의 연계에 따른 도시경쟁력의 강화 등을 들 수 있다.

37) 이러한 관점은 '장소만들기+장소마케팅'의 개념으로서 기존의 '장소만들기'와 장소마케팅을 통합한 것이라 할 수 있으며, 본 연구의 기본적인 바탕을 이룬다.

[표 2-3] 장소만들기의 유형38)

구 분	내 용
기존 환경이나 어떤 대상을 이용하는 활동을 통해 그곳을 하나의 장소로 만드는 행위	• 모든 인간에게 공통적으로 해당함. 장소만들기에 이용되었던 소환경은 그 목적이 달성된 이후에는 대개 원래의 환경으로 복귀되어 다음의 활동을 기다리는 공간으로 변화함.
기존의 환경 및 대상에 대하여 물리적 환경을 새로이 변화시킴으로써 장소를 만드는 행위	• 장기간에 걸쳐 물리적 환경을 변화시키는 행위(자연스러운 형성과정에서 장소를 만드는 경우) 비교적 짧은 기간에 의도적으로 물리적 환경을 변화시키는 행위(의도적이고 계획적으로 환경을 변화시키는 행위)
	• 인간이 자신을 발견하고 안주할 수 있는 상태로 어떤 대상을 변형시키는 실천행위로서 건축물의 축조, 토지의 경작과 재배, 실내 공간의 청소와 재배치 등
주어진 환경을 인식하고 이해하는 행위	• 사람들은 이러한 행위를 통해 자신의 심리적 정위를 확보하게 됨. 도시를 포함한 기존의 환경은 읽히기를 기다리는 텍스트와 같으므로 사람들은 자신이 속한 문화 및 언어 공동체의 시각으로 환경을 읽고 이해하면서 자신과의 동일성을 확보하게 됨.
새로운 장소를 만들기 위하여 의도적으로 계획하고 설계하는 행위	• 환경계획 및 설계의 전문 분야에서 전문적인 장소조성가가 담당하는 행위 과정

이를 위해서는 그 과정에 지역사회 구성원들이 참여할 수 있는 가장 효과적·효율적 장치나 수단을 사용함으로써 조성될 미래의 환경이 긍정적인 장소가 될 수 있도록 일련의 행위·과정을 수행해야 한다.

한편 '장소만들기'를 하기 위해서는 [표 2-4]와 같이 '장소만들기'의 전제조건을 확인한 후 수단들의 선정 및 통합이 전제되어야 한다.

---

38) [이석환, 1997: 217-218]의 내용을 정리하였다.

[표 2-4] '장소만들기'를 위한 전제조건

구 분		내 용
'장소 만들기'의 전제조건 확인	장소의 속성[39] 이해	• 특정 전문영역 분야[40]를 넘어선 다양한 가치와 활동들이 체계적으로 상호 연계된 복합체 • 의사결정을 지원할 수 있는 다양한 수단을 사용함으로써 그 장소와 그 장소의 자원[41]을 효과적으로 보여주어 그 장소의 복합적인 상호 관계를 직접 눈으로 확인하여 이해할 수 있도록 함.
	표현수단의 활용	• 종합적으로 표현할 수 있는 수단의 활용
	커뮤니케이션 장치	• 공공의 참여과정이 개방적이면서도 명료하도록 함.
	시각화 방안	• 계획 및 설계의 초기과정부터 시각화할 수 있는 방안을 만들 필요가 있음.
	개발영향 분석수단	• 개발의 영향이 어떠할지를 보여줄 수 있는 분석수단[42]이 필요함.
수단들의 선정과 통합	목적의 분명화	• 계획·설계·개발의 목적, 계획과정, 계획이 적용을 분명히 함. • 계획의 적용을 점검하기 위한 수단들을 분명히 함.
	공유되는 가치(원칙)의 창출	• 전체 계획 과정 내내 거기에 담긴[43] 가치(원칙)들을 규정하고 유지함.
	올바른 수단이 선정 또는 선정된 수단들의 통합	• 그 장소나 지역사회의 자원 및 현재 이용 가능한 계획 수단들이라는 측면에서 요구되는 것들과 기술, 자료 등에 대한 평가를 포함함.

---

39) 장소의 복합성과 역동성을 의미한다.

40) 교통, 토지이용, 경제개발, 사회정의, 환경 등의 각 분야가 해당된다.

41) 그 지역의 주민이 가치 있게 여기는 장소 안의 장소들, 사람들, 시설, 제도 등을 말한다.

42) 이해 당사자들의 참여 수단, 자원지도화, 미래 환경의 시각화, 결과가 가져다 줄 영향에 대한 분석, 시나리오 분석, 실천에 기초한 기준들을 확정하는 과정, 예측 모형 등이 해당된다.

43) 공통적으로 지니고 있다는 것을 의미한다.

2) '장소만들기'의 요소

'장소만들기'의 요소는 ①장소적 측면, ②시간·공간·인간적 측면, ③계획 및 설계적 측면, ④공간 및 시설(하드웨어)과 용도 및 운영체계(소프트웨어) 측면의 네 가지 측면에서 살펴볼 수 있으며, 이를 구체적으로 살펴보면 다음과 같다.

가. 장소적 측면

장소적 측면이란 장소성, 장소정체성, 장소진정성과 같이 장소가 가지는 성질과 관련된 요소라고 할 수 있다. 특히, 도시 차원의 '장소만들기'에 있어서는 그 도시가 갖는 도시정체성과 연계된 각 단위 대상의 장소적 측면들이 고려되어야 한다.

장소정체성의 경우 그 장소만의 고유한 장소성을 형성하는 기반이 되며, 장소진정성의 경우 그 장소의 참되고 올바른 가치척도의 기준이 됨으로써 지속가능한 장소의 바탕이 된다.

한편, 신시가지와 신도시를 더욱 구별되게 만들기 위해서는 자연적 요소와 랜드마크가 더욱 강화되고 통합되어야 한다. 이러한 독특한 모습과 랜드마크는 주민들에게 장소성, 역사성, 지속성을 줄 수 있다.(URA, 2001: 44)

나. 시간·공간·인간적 측면

'장소만들기'의 요소는 ①시간, ②공간, ③인간적 측면에서도 살펴볼 수 있다.

먼저 시간적 측면은 '장소만들기'의 과정, 지속가능성, 기존 장소에 대한 고려와 긴밀한 관계를 가지고 있다.

'장소만들기'의 과정은 기존 도시개발의 과정이 일시적이고 전면적인 것이었던 것에 반하여, 앞으로는 시차를 두고 장소에 대한 고려장치를 먼저 시행한 후 점진적인 개발과정을 거쳐야 하는 것을 말한다.

오랜 시간을 거치면서 그 장소의 장소성은 비록 변화될 수 있지만, 지속적으로 사람들의 활동이 일어나고 기억되어야 한다는 것이 지속가능성 측면이다. 이를 위해서는 그 장소의 장소진정성을 잘 살린 장소정체성을 유지하는 것이 필요하다.

기존 장소는 사라지기도 하고, 유지되기도 한다. 하나의 장소가 조성되기에는 많은 시간이 소요됨을 고려할 때, 기존 장소에 대한 고려는 특히 기존의 물리적 환경이 전면적으로 파괴되는 신개발에 있어서는 특별히 중요한 부분이라고 할 수 있다.

다음으로 공간적 요소는 장소의 물리적 구성요소가 되는 공간의 구성요소와 장소가 될 수 있는 주요 공간대상에 대한 측면이다.

공간의 구성요소는 신도시 개발에서 주로 시행되는 택지개발사업이나 도시개발사업 등에서 토지이용·동선·오픈스페이스체계·자족시설 등의 부문별 계획에서 다루어져야 하며, 주요 공간대상인 도시의 거점공간 특히 거주공간의 커뮤니티 요소에 대해서 논의되어야 한다.

마지막으로 인간적 요소는 공급자와 이용자에 관한 것으로서, 공급자[44]인 개발자·계획가·설계가의 역할과 이용자인 주민, 일반 이용자 및 시민단체 등의 역할에 대한 논의가 필요하다고 할 수 있다.

다. 계획 및 설계 측면

계획 및 설계 측면은 개발방식과 계획논리의 두 가지 측면에서 논의될 수 있다.

개발방식의 경우 우리나라의 신도시 개발을 주도한 기존 택지개발사업에 있어서는 전면수용방식에 의해 추진되어 많은 문제를 일으키기도 하였다. 장소를 고려한 개발의 입장에서 볼 때 환지방식 또는 혼용방식에 대

---

44) 공공과 민간 모두 공급자가 될 수 있으며, 이들의 역할분담이 매우 중요하다.

한 고려가 필요하다. 물론 이 경우 공공시설 확보의 용이성이라는 것이 문제점으로 발생하는데 이를 해결하기 위해서는 토지소유자와 사업시행자 간의 더 많은 협의와 과정이 전제되어야 한다.

계획논리의 경우, 시대가 바뀌고 사람들의 삶의 방식과 추구하는 가치가 달라짐에 따라, 이러한 문화적 변화를 수용할 수 있는 계획 및 설계의 보완과 변화가 필요하다.[45] 그 대표적인 변화가 양적인 것에서 질적인 추구로의 변화라고 할 수 있다.

라. 공간 및 시설(하드웨어)과 용도 및 운영체계(소프트웨어) 측면

'장소만들기'가 이루어지기 위해서는 시간의 경과, 점진적인 진행, 자생적인 과정 그리고 사람의 행위가 필요하다고 한다.

이러한 '장소만들기'에 있어서 미리 고려해야 할 사항으로는 ①'공간 및 시설 측면'의 물리적인 기반의 설치와 ②'용도 및 운영체계 측면'의 성격 부여를 들 수 있으며, 이러한 내용들이 선행되어야 한다.

먼저, 공간 및 시설은 하드웨어 측면에 해당되며, 물리적 장치물로서 장소가능태의 성격을 갖는다. 장소가능태의 조건이 좋을수록 그만큼 더 좋은 장소현실태가 형성될 수 있다. 즉 기존 시설이 잘 설치되어 있으면 장소형성이 훨씬 더 수월하다고 할 수 있다.

신도시의 경우[46] 장소에 있어서의 아무 기반도 없는 상태에서 '장소만

---

45) 대표적인 것으로는 근린주구이론을 들 수 있다. 페리의 근린주구에서의 중심은 학교였으나, 최근의 뉴어바니즘(New Urbanism) 등에서는 학교, 문화시설, 교통시설, 상업시설이 연계된 커뮤니티센터가 근린주의의 중심으로 제안되고 있다.

46) 일산신도시 마두역의 '라페스타'와 같은 쇼핑몰의 경우 공연과 문화행사 등을 개최함으로써 더 활성화된 장소가 되었으며, '평촌1번가 문화의 거리'의 경우에도 분수, 바닥포장, 가로수 식재 등을 통하여 쇼핑몰의 물리적 환경을 정비하고 범계전철역으로부터 접근성 강화와 문화적 요소의 도입을 시도하고 있지만, 간판 및 업종 등 민간의 협조에 많은 한계를 지니고 있다.
한편, 기성시가지의 경우, 서울시 노유거리는 주민들과 서울시가 공동으로 상

들기'를 시작해야 하며, 장소를 과연 단기간 내에 속성으로 만들 수 있을까 하는 근본적인 의문을 가지고 시작하게 된다. 그럼에도 불구하고 '장소만들기'를 해야 하는 필요성은 좀 더 나은 장소가능태를 만들기 위해서이고, 그 이유는 앞서 논의된 바와 같이 장소가능태의 조건이 더 좋을수록 사람들의 발길을 더 찾게 만들어 장소가 형성되는 시간이 단축될 수 있고, 이후에도 지속적으로 장소가 유지될 수 있기 때문이다.

다음으로, 용도 및 운영체계는 소프트웨어 측면에 해당되며, 시간과 사람의 결합으로서의 인간의 활동, 기억, 체험과 밀접한 관계를 맺는다. 장소성이 형성되려면 '장소만들기'의 조건들이 그곳을 이용한 사람들의 체험과 기억에 오래 유지되어 지속가능한 장소가 될 수 있어야 한다. 즉 더 많은 인간의 활동을 유도하고 더 좋은 기억을 남길 수 있도록 해야 하는데, 이를 위해서는 이러한 방향으로 유도할 수 있는 공간이나 시설의 용도 및 이를 운영하는 체계가 기본적으로 갖추어져야 한다.

3) '장소만들기'의 과정

가. 이론적 배경

'장소만들기'의 이론적 배경은 '장소만들기'의 의미적인 측면과 내용적인 측면을 통해서 살펴볼 수 있다.

먼저 '장소만들기'의 의미에 대해서 살펴보면 다음과 같다.

사람들은 환경이 지닌 가능태 즉 잠재력을 찾아 그것을 사용화(私用化)함으로써 새로운 환경으로 현실화시킨다. 이러한 '장소만들기'는 가능태와 현실의 변증법적인 과정을 계속한다. '장소만들기'는 '장소로 생성될 수 있는 어떤

업가로의 물리적 환경을 정비함으로써 장소형성에 큰 기여를 하였으며, 대학로의 경우도 마로니에 공원과 '대학로·율곡로 도시설계'라는 가로환경도시설계가 물리적인 기반요소가 되었다.

대상이 지닌 잠재력을 찾아 그 요체들을 조합하거나 혹은 그 잠재력을 발현시키는 일련의 정신적·물질적 활동'(이석환, 1997: 218)이라고 할 수 있다.

다음으로 '장소만들기'의 내용은 다음과 같이 정리될 수 있다.

'장소만들기'는 물리적·심리적으로 정위라고 하고, 중심을 설정하고 한정하며 그 내부를 순치하는 것이며(이석환, 2002: 209), 이러한 일련의 과정은 그 위계가 더할수록 반복된다.

즉 '장소만들기'에 나타나는 공통된 방식은 [표 2-5]와 같이 정위(定位 orientation), 중심(中心 center) 설정, 한정(限定 definition), 순치(馴致 domestication)라고 할 수 있으며, 이것은 물리적인 국면과 비물리적인 국면에서 나타난다.47) (이석환, 2002: 207)

[표 2-5] 장소만들기에 나타나는 공통된 방식48)

구 분	내 용
정위 (定位 orientation)	인간이 사물의 위치와 방위를 결정하는 것임과 더불어 인간이 시간적·공간적으로 자신의 소재를 인식하는 것으로, 가능태로서의 정위와 현실태로서의 정위 두 가지 측면으로 구분됨.
중심(中心 center) 설정	각 개인은 중심의 근간이 되며, 자신의 신체와 자신의 마음이 중심이 되며, 인간은 장소를 만드는 과정에서 상징적, 심리적, 혹은 기능적 중심을 설정하거나, 기존 환경이 지닌 중심의 가능태를 발견·이해하여 내·외적인 중심을 설정하는 것.
한정 (限定 definition)	내부와 외부의 관계에서 이루어지며 나아가 입구의 존재로 이루어지며, 입구는 인간으로 하여금 자유의 세계와 안정의 세계로의 진출입을 알려주며, 울타리와 문은 안과 밖을 구분해서 상호 간의 의미 있는 관계를 창출함.
순치 (馴致 domestication)	가치가 부여되어 집중된 곳에 대한 외부와의 구별 짓기 위한 실천과정으로서 한 개인이나 그 문화집단의 가치관에 맞도록 길들이는 일.

---

47) 이것은 장소를 추구할 수밖에 없고, 인간조건으로서의 '장소만들기'에 나타난 고유한 방식이다.

48) [이석환, 2002: 207-209]의 내용을 정리하였다.

나. '장소만들기' 과정

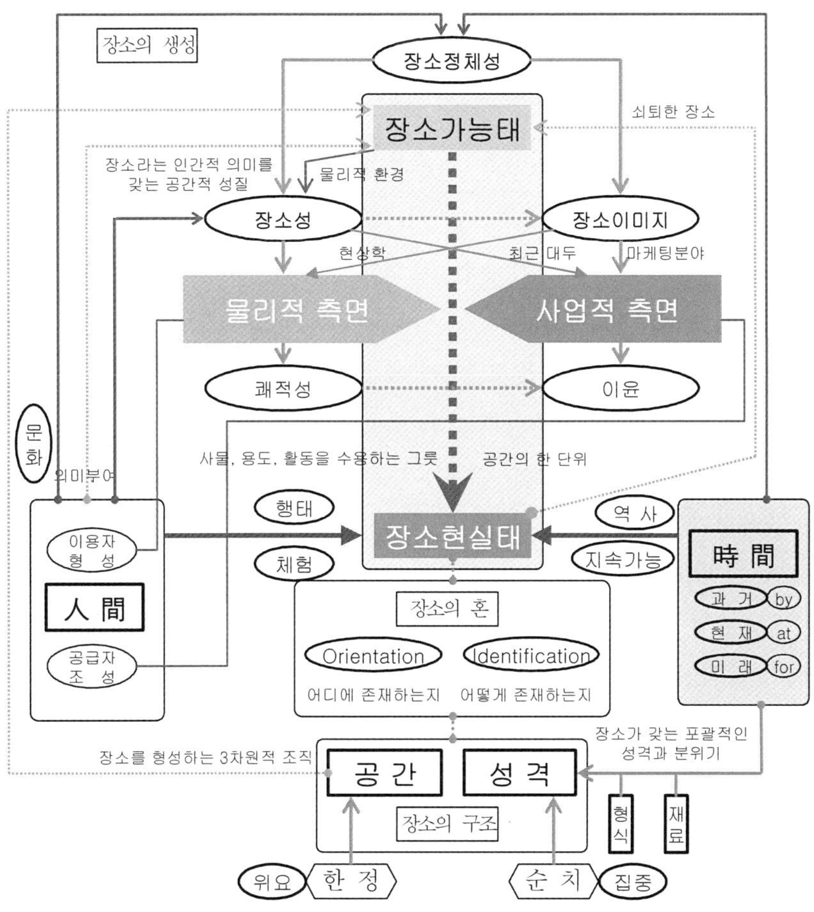

〈그림 2-3〉 '장소만들기' 과정도

〈그림 2-3〉의 '장소만들기' 과정을 살펴보면 다음과 같다.

'장소만들기' 과정에서 장소는 ①장소가능태와 ②장소현실태로 구분된다.

먼저 '장소가능태'는 장소가 될 수 있는 가능성을 지닌 공간 또는 장소

라고 할 수 있다. 즉 새로 만들어지거나 기존에 장소성이 형성되지 못했

던 공간이나 장소성이 더 강화되어야 할 필요가 있는 장소 및 쇠퇴한 장소가 이에 해당된다.

다음으로 '장소현실태'는 현재 장소라고 할 수 있는 장소성을 지닌 대상을 의미하며, 여기에는 시간적인 요소와 인간적인 요소가 필요하다. 시간적인 요소란 시간이 경과함에 따라 물리적 또는 비물리적으로 변화되는 것을 의미하며, 인간적인 요소란 인간의 활동을 의미한다.

장소가능태에 시간적 요소와 인간적 요소가 결합되어 장소성이 형성되면 비로소 장소가능태에서 장소현실태로 전환된다.

이때 중요한 것이 장소성과 장소이미지라고 할 수 있다. 장소성은 주로 기존의 환경설계 분야의 '장소만들기'에 있어서의 필수적인 기본조건으로서 물리적 측면에 주로 작용하며, 장소이미지는 장소마케팅 분야의 장소이미지를 통한 장소마케팅에 있어서의 기본조건으로서 사업적 측면에 주로 작용한다.

장소성과 장소이미지는 장소정체성에서 기인하며, 그렇지 않을 경우 진정성을 갖지 못함으로 인해 그 장소는 지속가능하지 못하게 된다.

최근 장소마케팅 분야[49]에서도 장소성에 기인한 장소마케팅 전략을 수립해야 한다는 주장이 대두되고 있으며, 이는 장소정체성을 기반으로 한 장소이미지를 강조한다.

'장소만들기' 과정에서 '인간', '시간', '공간'은 '장소'를 만드는 중요한 역할을 하게 된다. 이를 자세히 살펴보기 위해서 인간, 시간, 공간과 장소와의 관계를 ①'인간-장소', ②'시간-장소', ③'공간-장소' 간의 관계로 나

---

49) 환경설계 분야를 중심으로 하는 '장소만들기'의 경우는 장소가능태에 장소정체성을 기반으로 한 장소성이 형성됨으로써 장소가 되고, 그 목적은 도시민의 삶의 질과 어메니티 등이라고 할 수 있다. 이에 비하여 경영학 분야가 중심인 '장소마케팅'의 경우 장소가능태에 장소정체성을 기반으로 한 장소이미지가 형성됨으로써 장소가 되고, 그 추구하는 바는 지역고유의 이미지개선을 통한 지역정체성 확보와 문화·관광상품개발 등의 경제적인 측면이라고 할 수 있다.

누어 보기로 하겠다.

먼저, '인간-장소' 간의 관계는 '장소만들기'의 주체인 인간이 이용자 또는 공급자로서 장소와 관계를 형성하는 것이다. 장소가능태는 인간의 활동을 담게 될 때 비로소 장소현실태가 된다.

이용자로서의 인간은 장소가 될 수 있는 장소가능태에 인간의 활동을 통해서 행태와 체험을 갖게 되며 이를 기억하게 됨으로써 장소를 형성하는 역할을 담당하게 되는데, 그 장소를 이용하는 모든 사람이라고 할 수 있다.

공급자로서의 인간은 장소가 될 수 있는 장소가능태를 주로 공급하여 장소를 조성하는 역할을 한다. 특히, 새로 개발되는 신시가지나 신도시의 경우에는 단시간 내에 장소가 만들어질 수 있도록 하는 역할을 담당하게 된다. 공급자의 역할은 공공과 민간이 담당[50]할 수 있으며 도시장소의 경우 주로 공공이 그 역할을 담당한다.

다음으로, '시간-장소' 간의 관계는 과거를 통해서 그 장소에 남게 된 역사라는 이야기를 현재까지 잘 활용하여 이를 미래까지 잘 유지할 수 있도록 함으로써 그 장소가 지속가능하도록 하는 것이다. 시간은 장소의 구조 중 성격에 영향을 줌으로써 그 시대의 형식과 재료가 장소에 반영되도록 한다.

마지막으로, '공간-장소' 간의 관계에 대해서 살펴보면, 공간은 성격과 더불어 장소의 구조를 이루는 부분이며 장소를 형성하는 3차원적 조직의 형태로서 장소가능태로 존재한다. 환경이 한정되면 공간이 되고 이 공간이 위요와 집중에 의해 순치되면 장소가 되는 것이다.

한편 '장소만들기' 대상으로는 크게 신시가지 조성과 기성시가지 정비 및 관리를 들 수 있다.

---

50) 특히 역할 분담이 중요하다. 공공은 공공시설 설치에 대한 지침을 마련하고, 민간은 지침준수를 통한 매력적인 장소의 조성에 적극 협조한다.

이상을 통해서 '장소만들기' 과정의 배경, '장소만들기' 주체의 역할, '장소만들기' 내용 등의 주요 분석 측면을 추출할 수 있다.

먼저 '장소만들기' 과정의 배경이란 현실태가 가능태가 되고, 가능태가 다시 현실태가 됨으로써 '장소만들기'는 그 과정을 지속적으로 반복한다는 것이다. 다음으로 '장소만들기' 주체의 역할이란 인간과 장소의 관계를 통해서 주체의 역할을 살펴본다는 것이다. 마지막으로 '장소만들기'의 내용이란 장소만들기 과정에서의 각종 계획 및 지침을 통해서 그 내용을 분석하는 것이다.

4) '장소만들기'의 주체

가. '장소만들기'에 있어서의 의사결정 주체 참여방법

'장소만들기'는 '장소에 기반을 둔 계획 및 설계' 또는 '장소 혹은 지역사회에 기반을 둔 개발'로 이루어져야 한다.

이를 위해서는 적절한 의사결정 지원체계를 가져야 하며, 지역사회에 기초한 의사결정 수단들이 있어야 한다.

이는 구체적으로 ①의사결정 지원 시스템(Decision Support System) 측면, ②지역사회에 기초한 의사결정 수단(Place-based Decision-making Tools) 측면, ③장소 혹은 지역사회에 기반을 둔 계획 및 설계[51]의 측면에서 살펴볼 수 있다.

먼저, 의사결정 지원 시스템이란 다양한 정보 및 효과적으로 시각화할 수 있는 다양한 수단을 사용함으로써, 의사결정의 결과에 관련된 모든 사람들이 해당 정책이나 계획이 끼치게 될 여러 가지 영향이나 시사하는 바를 포괄적으로 볼 수 있도록 하여 좀 더 많은 정보가 제공된 상태에서 의

---

51) 이를 원어로는 "Place-based Planning & Design 또는 Community-based Development"라고 한다.

사결정을 할 수 있도록 하는 것을 말한다.

다음으로, 지역사회에 기초한 의사결정 수단이란, 시민, 계획 및 설계가, 공무원들이 미래의 환경에 여러 가지 대안이 될 수 있는 시나리오들을 작성하는 데 도움이 되는 수단들을 말한다. 이는 최근에 대두되는 거버넌스 방식에 의한 협의체 구성이 대표적인 예라고 할 수 있다.

마지막으로, 장소에 기초한 혹은 지역사회에 기초한 계획·설계·개발은 한 장소의 특정한 조건들의 맥락이나 체계 속에서 이루어지는 계획 및 설계과정이다.

이는 일반적인 해결안이나 사례를 사용하는 것이 아니라 계획가·설계가 혹은 의사결정의 결과에 관련된 모든 사람들이 그 장소의 특수한 조건들이나 요구되는 것들 그리고 장소의 주민이나 이용자들을 고려하여 계획 및 설계를 결정하거나 계획 및 설계 시나리오를 개발하는 것이며, 특정한 장소의 제반 국면들을 유지·관리하고 회복·발전시키기 위한 공적인 계획 및 설계과정이다.

특히 지역사회 기반형 개발(Community-based Development)은 그 지역사회 구성원들이 참여하는 계획이라고 할 수 있다.

나. 의사결정주체 참여의 개선방향

'장소만들기'에 있어서 의사결정 주체의 참여에 대한 개선방향으로는 ① '장소만들기'의 주체에 대한 개선방향 측면. ②계획단계의 주민참여 확대 측면. ③재정비단계의 주민참여 확대 측면의 세 가지를 제시할 수 있다.

먼저, '장소만들기'의 주체에 대한 개선방향 측면이다.

'장소만들기'의 주체는 크게 두 부류로 나눌 수 있다. 하나는 목전에서 직접 그곳에 거주하면서 그곳을 체험하거나 이용하는 거주 및 이용자로서의 장소 조성자가 한 부류이고, 다음은 환경계획 및 설계 분야의 종사자 즉 도시계획 및 도시설계가, 건축가, 조경가, 인테리어 디자이너 등 장소를 만드는 것과 관련된 업무를 분담하고 있는 전문적인 장소 조성가들이 다른 한 부류이다.(이석환, 1997: 218)

일반인의 '장소만들기'는 전문 분야의 장소 조성가가 환경을 올바르게 계획하고 설계하는 데 유용한 단서를 제공할 수도 있다. 환경계획 및 설계 분야에서 이루어지는 작업은, 실제 거주자 및 이용자들의 '장소만들기' 행위를 보다 진지하고 세심하게 관찰하고 이해함으로써, 장소로 전환될 수 있는 환경의 잠재력 혹은 가능태를 찾아 이들 간의 관계를 올바르게 설정해주는 과정이라 할 수 있으므로(이석환, 1997: 218), 이들의 의견을 적극적으로 참고할 필요가 있다.

다음으로, 계획단계의 주민참여 확대 측면이다.

최근 환경설계 분야에서 대두되고 있는 '주민참여'의 과제는 '장소만들기'에도 그대로 적용된다. 특히 그 장소를 이용하는 사람들의 끊임없는 의견을 통한 과정으로서 진행되어야 하는 '장소만들기'의 경우, '주민참여'의 중요성은 더욱 크다고 할 수 있다. 택지개발사업 및 도시개발사업 과정에서의 공람·공고 및 공청회에 국한된 현재의 주민참여를 개선하여 계획 초기부터 사업시행자, 주민, 공공의 협의체52)에 의한 의사결정 과정에서의 참여가 필요하다고 본다. 이는 지구단위계획 단계에서도 마찬가지라고 할 수 있다.

마지막으로, 재정비단계의 주민참여 확대 측면이다.

재정비의 경우에는 그 장소를 이용하는 사람들이 이미 형성되어 있으므로 새로 장소를 조성하는 과정보다는 더 수월하다고 할 수 있다. 재정비 단계에서는 지속적인 모니터링을 통한 '이용 후 평가'가 중요한 역할을 할 수 있다.

---

52) 대표적인 사례로서 현재 경기도 화성시에서 진행되고 있는 대규모 개발사업인 '시화호' 일대를 대상으로 수자원공사에서 시행하고 있는 '송산그린시티'의 경우 '화성시 공무원 및 의회의원-주민대표-환경단체-전문가'로 구성된 '지속 가능위원회'가 계획 초기부터 이용자로서의 의견 제시 등의 참여를 하고 있다.

인터넷을 통한 방법은 택지개발사업 과정[53]에서부터 도입되어, 향후 장소가 조성된 후에도 지속적인 모니터링이 가능한 효과적인 방법이라고 할 수 있다.

이상의 계획단계와 재정비단계에 있어서 주민참여의 방법으로는 직접적인 참여와 간접적인 참여로 나눌 수 있다.

직접적인 참여의 경우 협의회의 개최 및 워크숍의 개최 등을 들 수 있다. 간접적인 참여의 경우 대표적인 형태가 인터넷 등을 통한 의견제시라든지, 설문조사, 온라인(on-line)상에서 운영하는 사이버 커뮤니티 등을 들 수 있다.

다. 의사결정 주체의 참여방법

의사결정 주체는 공급자와 이용자가 함께하는 형식이 되어야 한다.

이를 위해서는 협의체를 구성하여 참여하는 데 있어서의 다양한 참여방법에 대해서 고려해야 한다.

협의체는 공급자와 이용자로 구성된다. 공급자 측은 지방자치단체와 전문가로 구성되며, 이용자 측은 일반 이용자와 민간단체 등으로 구성된다. 이러한 협의체[54]를 구성하여 지속적으로 '장소만들기' 과정에 참여하는 것이 필요하다.

---

53) 인터넷을 통한 가상커뮤니티의 경우, 현재 '화성동탄 택지개발사업' 등의 경우 주민들이 인터넷 등의 모임을 결성하여 입주 전부터 공원녹지시설이나 문화체육시설 등에 대한 의견을 제시하고 사업시행자가 반영해 줄 것을 요구하고 있으며, 해당 지방자치단체의 경우도 공공시설을 주민커뮤니티의 근간요소로 인식하여 이에 대한 의견을 사업시행자에게 제안하고 있다.

54) 요즘 유행하는 거버넌스의 형태라고 할 수 있다. 거버넌스(governance)는 '정부', '시민사회'의 경계 영역을 가로질러 다양한 주체들이 '참여'와 '연대', '소통'과정을 통해 서로의 '경험'과 '지식'을 공유하고 신뢰를 형성함으로써 공동의 문제를 함께 해결하고 발전방향을 모색해 나가는 대안적인 통치체계 또는 협력적 관리체제라 할 수 있다.

특히 본 연구의 사례대상지인 '평촌1번가 문화의 거리'의 경우 상인협의회[55]가 함께 참여하는 것이 필수적이라 할 수 있다.

3. '장소만들기'의 동향 및 새로운 방향

1) '장소만들기'의 동향

가. 국내·외 동향

'장소만들기'의 동향은 국내·외적인 측면에서 살펴볼 수 있다.

'장소만들기'의 세계적인 동향[56]은 ①도시재활성화, ②신도시 '장소만들기', ③타운센터 관리의 세 가지로 크게 구분할 수 있다.

먼저 도시재활성화(urban regeneration)는 기성시가지에서 이루어지는 '장소만들기'라고 할 수 있다. 주요 대상으로는 광장 및 가로의 활성화를 중심으로 한 도시재생을 들 수 있다. 다음으로 미국을 중심으로 신도시 및 신시가지의 주거단지 건설에서 이루어지는 '장소만들기'라고 할 수 있다. 주요 대상으로는 근린주구의 중심 요소인 커뮤니티 센터의 조성 등을 통해서 주거환경의 커뮤니티를 높이고 주거단지의 경쟁력을 높이는 것 등이 있다. 마지막으로 영국을 중심으로 하는 타운센터 관리로서, 이는 타운센터를 통해서 커뮤니티를 강화하는 것을 주요 대상으로 하고 있다.

이상과 같이 '장소만들기'는 기존의 물리적 환경만을 제공하는 것에서 벗어나 인간을 중심으로 한 비물리적인 측면까지 함께 다루고 있다.

---

55) 일본의 '마찌쯔구리'의 형태라고 할 수 있다. 마찌쯔구리는 마을만들기로서, 주민협약을 주요 내용으로 하고 있으며 상점가활성화 등에서도 활용되고 있다. 주민 스스로 만드는 협정 및 공공과의 협정 체결이 있다.

56) 장소만들기는 다음의 형태로 나타난다고 할 수 있다.
: town centre, urban village(영국), new urbanism: town center, main street, urban village(미국), community center, 걷고 싶은 가로 조성 등(한국)

한편 최근의 세계적인 동향 및 전망을 살펴보면 주로 주거단지를 중심으로 하고 있다. 미국의 '뉴어바니즘(new urbanism)' 등에서의 타운센터(town center), 메인스트리트(main street), 어반 빌리지(urban village)의 조성[57]과 일본 주거단지에서의 '장소만들기' 연구(Ben - Ari, Eyal.: 1995. pp.203 - 218) 등이 이에 해당하며, '장소정체성'을 기반으로 한 장소의 조성에 주요 관심을 가지고 있다.

한편, 국내에서의 '장소만들기'는 크게 ①기성시가지와 ②신도시로 구분할 수 있으며, 또 성격에 따라서 구분해 볼 수 있다.

먼저 기성시가지에서의 '장소만들기'는 도시재활성화 차원에서 공공장소[58] 조성을 통한 재활성화와 역사·문화환경 정비를 통한 삶의 질 향상 등이 있다. 다음으로 신도시에서의 '장소만들기'는 신도시 계획에서부터 장소로 조성할 대상[59]을 설정하고, 이를 도시설계 등의 '장소만들기' 과정을 통해서 조성해 나가는 것이다.

성격적인 측면에서 볼 때, 국내의 '장소만들기'는 도시 및 지역의 활성화를 목적으로 하며, 여러 형태로 나타나고 있다.[60]

이상과 같은 국내외 '장소만들기'의 동향을 정리해 보면 ①장소성 및 장소정체성의 대두, ②장소를 기반으로 한 물리적 환경의 조성, ③'장소만들기'의 역할 증대 등이라 할 수 있다.

먼저 '장소성 및 장소정체성의 대두'에서는 장소성의 형성(making sense of place)과 장소정체성이 장소마케팅의 새로운 접근방법으로서 반드시 고

---

57) Bohl, Chales C. 2002. Place making: Developing town centers, main streets, and urban villages(Washington D.C.: ULI - the Urban land institute)에서 이론적 배경 및 사례를 소개하고 있다.
58) 대표적인 것으로는 '걷고 싶은 거리', '문화의 거리', '문화지구' 등이 있다.
59) 주로 도시 어메니티 요소인 공원, 보행자전용도로 및 쇼핑몰 등이 해당된다.
60) 구체적인 내용은 제3장 사례연구의 개요에서 '장소만들기' 유형분류에서 다루기로 한다.

려되어야 할 사항으로 제시되고 있다. 다음으로 '장소를 기반으로 한 물리적 환경의 조성'에서는 장소를 기반(place based)으로 한 물리적(physical) 환경의 조성에 대한 필요성이 대두되고 있다. 마지막으로 '장소만들기의 역할 증대'에서는 이상과 같이 장소성, 장소정체성 및 장소를 기반으로 한 물리적 환경의 조성에 대한 필요성이 대두됨에 따라 '장소만들기'의 역할이 더욱 증대되고 있다.

나. 시사점

국내의 '장소만들기'에 있어서의 문제점은 전반적으로 '장소만들기'가 제 역할을 충분히 수행하지 못하고, 장소마케팅과도 서로 보완적인 역할을 하지 못한다는 것에서 출발한다. 가장 주요한 과제는 공공성과 경제성의 조화라는 문제를 어떻게 풀어나가는가 하는 것이다.

'장소만들기'의 경우, 신도시 개발 및 기성시가지 활성화 등에서 시행되고 있으나, '장소성', '장소정체성'에 대한 기본적인 고려가 이루어지지 않는 상태에서의 물리적인 요소에만 관심으로 두고[61] 환경을 조성하였다. 이로 인해 공간(space)은 있으나 장소(place)는 없는[62] 수준이며, 경제적인 측면[63]에 대해서는 둔감했다고 볼 수 있다.

'장소마케팅'의 경우는, 지방자치단체에서 시행하는 도시차원의 투자유치, 축제 등 주로 비물리적 성격을 가지고 있으나, 그 장소 고유의 '정체성'이 아닌 이식된 '장소이미지'로 인해 쉽게 모방되고 추월당하는 등 지속가능성을 갖추지 못하고 있으며, 상업적인 측면의 강조에 의해서 공공

---

61) 용도, 운영 및 관리 측면(software) 및 마케팅 측면(marketing sector)의 중요성을 간과하였으므로, 향후 비물리적 요소에 대한 이해가 필요하다.

62) 물리적인 계획 및 설계의 결과물로서의 공간에만 관심을 가짐으로써 향후 장소로 형성될 것인가에 대해서는 무관심하였다.

63) 장소의 상업적인 측면을 고려하지 않음으로 인해서, 장소의 활성화가 이루어지지 않았다.

성 등의 가치가 부족한 경우가 많다.

이를 좀 더 구체적으로 살펴보면 장소 고유의 정체성 부족과 상업적 측면의 적절한 활용이라는 측면으로 구분해 볼 수 있다.

먼저 장소 고유의 정체성 부족 측면에서 살펴보면, 그 장소만의 독특한 성격 및 분위기에 기초한 장소정체성에서 출발하여 '장소성'과 '장소이미지'를 창출해야 하는데 그러하지 못하고, 다른 장소의 것을 그대로 이식함으로써 장소로서의 경쟁력을 갖지 못하고 쉽게 모방 또는 추월당하게 되어 결국 장소로서 실패하게 된다.

'장소만들기'의 경우 그 장소의 장소성에 기반을 두지 않은 공간의 조성은 사람들에게 외면당하게 된다. 이러한 사례로는 영화나 드라마의 세트장이 처음에는 각광을 받다가 시간이 지남에 따라 쇠퇴하는 경우와 도시 내의 장소 조성에서 역사성을 비롯한 그 장소만의 특성을 살리지 못해서 실패한 가로조성계획 등을 들 수 있다.

장소마케팅의 경우 그 장소의 정체성에 기반을 두지 않은 이식된 이미지로 인해 장소 내부의 독특한 고유 가치를 갖지 못하고, 어디에서나 볼 수 있는 경쟁력 없는 대상으로 전락하게 된다. 이러한 사례로는 전국에서 개최되는 비슷한 성격의 축제와 풍물마당 등의 이벤트 행사 등을 들 수 있다.

한편 '장소만들기'에 있어서는 상업적 활용과 공공성의 조화가 필요하다.

경제적 측면은 도시활성화의 중요한 목적이다. 그러나 상업적인 측면[64] 이 너무 강조되면 장소의 공공성이 위협을 받게 되며, 반대로 상업적인 측면을 적절히 도입하지 않을 경우에는 사람들의 발길이 멀어져 장소가 활성화되지 못하는 경우가 발생한다.

'장소만들기'에 있어서 사람들을 끌어들이는 매력성이 없을 경우 공공성

---

64) 문화의 지나친 상업화흐름과 같이 장소의 지나친 상업화에 대한 문제를 경계해야 한다.

은 있으나 활용이 지극히 낮다는 문제점을 가질 수 있으며, 이러한 사례는 공공에서 조성한 도시 내의 가로나 공공장소들이 시민들에게 외면당하고 있는 경우에서 쉽게 찾을 수 있다.

한편 장소마케팅의 경우 상업적인 측면만을 지나치게 강조할 경우, 그 장소가 공공에 개방되지 못하고 소비자에 해당하는 사람들에게만 제공된다는 부정적인 면이 발생하게 된다.[65] 장소의 지나친 상업화에 대한 우려는 장소정체성 운동[66]을 통해 전개되고 있으나 아직 많은 문제점이 남아 있다고 할 수 있으며, 이는 장소마케팅을 '장소만들기'의 한 과정[67]으로 인식함으로써 해결할 수 있다.

장소의 활성화에 있어서 경제적인 이윤은 부가적인 것이다. 두 마리 토끼를 잡는다는 것은 장소를 통한 삶의 질 향상을 통해 경제적인 효과까지 기대할 수 있으며, 이에 대한 재투자가 다시 장소의 질을 높임으로써 선순환을 유도하는 것이다.

2) '장소만들기'와 '장소마케팅'의 관계

가. '장소마케팅'(Place Marketing)의 이론적 개요

'장소마케팅'은 장소이미지를 통한 지역경제 활성화를 그 목적으로 한다. 주로 경영학, 지리학 등의 분야[68]에서 도시활성화를 주요 내용으로

---

[65] 이러한 사례에는 돈이 없으면 이용할 수 없는 도시 내의 쇼핑몰 등이 해당된다. 이러한 측면이 지나칠 경우 사람들의 발길이 줄어들게 되고, 결국 장소의 쇠퇴를 가져올 수 있다.

[66] 최근 장소마케팅 분야에서 활발하게 논의되고 있으며, 이는 장소성을 고려하여 장소마케팅을 추진해야 한다는 것이다.

[67] '장소만들기'를 통해서 장소가 활성화되고 이를 통해서 장소이미지가 개선됨으로써 장소마케팅에 도움이 될 수는 있어도, 장소마케팅을 위해서 '장소만들기'를 하겠다는 것은 장소가 형성되는 과정에 대한 기본적인 이해가 부족해서라고 할 수 있다.

연구되어 왔다.

경제학이나 심리학은 장소의 공간적인 성격을 연구에 통합시키지 못하고, 도시가 장소라는 기본적 속성이 간과되는 경우가 많았다. 지리학은 공간적인 성격에 관심이 많았지만, 시장에 대한 체계적이고 종합적인 분석을 결합시키지 못했다. 즉 지리학에서는 공간활동과 시장의 관계를 연구하였지만, 장소마케팅이라는 용어에 함축된 도시와 시장 사이의 포괄적인 관계를 분석하려는 시도는 거의 없었다.(Ashworth & Voogd, 1990: 22-23: 이진희, 2003: 49)

장소마케팅은 "장소를 관리하는 개인이나 조직에 의해 추구되는 일련의 경제·사회적 활동을 포함하고 함축하는 현상으로, 공적·사적 주체들(주로 지방정부와 지방기업가)이 기업가와 관광객 그리고 그 장소의 주민들에게 매력적인 곳이 되도록 하기 위해, 지리적으로 규정된 특정한 장소의 이미지를 판매하기 위한 다양한 방식의 노력들"이라고 정의할 수 있다.(서울시정개발연구원, 2000: 9) 장소마케팅 전략은 ①도시활성화의 수단, ②지역이미지와 정체성의 확립, ③지역개발의 경제적 수단, ④주민참여의 내발적 지역개발전략, ⑤지역불균형 해소 전략이라는 다섯 가지 측면에서 그 의의(서울시정개발연구원, 2000: 10)를 지니고 있다.

그러나 장소를 단순한 물리적 실체가 아니라, 역사적 문화적 중요성을 지닌 것으로 차별적이고 패키지화된 상품으로 포장하는 데(계기석·천현숙, 2001: 9, 14) 있어서, 상품성에만 치중하다 보니 대상의 실체인 정체성에 기반을 두지 않고 현상인 이미지만을 조성하는 바람직하지 못한 경향이 있다.[69]

장소마케팅의 정의는 그 나라의 시대적, 사회경제적 배경에 따라 다소

---

68) '지역·도시차원의 장소'를 주요 대상으로 한다.

69) 이는 장소의 지나친 상품화에 관한 문제점 및 장소정체성의 중요성과 관련된 것이다.

상이하지만, [표 2-6]에서처럼 크게 세 가지로 나누어 볼 수 있다.(계기
석 · 천현숙, 2001: 7-9)

[표 2-6] 장소마케팅의 국가별 구분에 의한 정의

구 분	영미식 정의	네덜란드식 정의	한국식 정의
배 경	경제재구조화	복지국가의 구현	세계화 · 지방화
주요 지역	구산업 지역	전 지역	주요 시 · 군
주요 목적	지역이미지개선을 통한 지역경제 활성화	지역사회의 복지구현	지역정체성 확보를 통한 지역경제 활성화
주요 주체	민관 파트너십	공공당국	공공당국

이 중, 한국식 정의는 아직 분명하게 정립되어 있지는 않지만, 특정 지
역이 자기 지역의 특성을 살리는 정책을 펴고, 그 이미지를 부각하여 홍
보함으로써 고객(관광산업 및 인구, 관광객)을 유치하는 전략을 말한다.
즉 특정 장소의 문화역사적 독특성을 활용하는 전략 일반을 장소마케팅으
로 이해한다.

한편, 장소마케팅에서는 도시의 삶을 향상시키고자 하는 노력[70]을 하고
있는데, 이는 '장소만들기' 측면에서의 접근으로 해석할 수 있다.

나. 장소마케팅의 동향 및 '장소만들기'와의 관계

장소마케팅의 세계적인 동향은 장소정체성에 기초한 장소성의 강화에
관한 것이며, 국내의 동향은 장소마케팅 전략 수립[71]에 관한 것이 중심을

---

70) 지역도시계획위원회의 경험을 통하여 심미적이거나 혹은 인간적인 가치를 프
    로젝트 평가에 통합시키는 측면의 중요성을 인식하게 되었는데, 인간적 가치
    에는 문화유산의 보존, 자연 환경, '훌륭한 설계'라 정의되어 있는 사업들을
    포함하고 있다.(이종영 · 구종모, 1997: 115)
71) 축제, 이벤트 요소 등을 주요 다루고 있다.

이루고 있다.

이상을 종합해 보면 ①도시·환경설계 분야의 새로운 패러다임으로서의 대두,[72] ②부동산적 접근에 대한 필요성 강조,[73] ③신도시 활성화,[74] ④ 경제적 요인에 대한 고려의 필요[75] 등을 장소마케팅의 동향으로 들 수 있다.

'장소만들기'와 장소마케팅을 굳이 구분해서 설명해 보면 [표 2-7]과 같다. 그러나 엄밀하게 얘기하면 ①'장소만들기' 중심과 ②장소마케팅 중심으로 구분하는 것이 더 타당하다고 할 수 있다.

장소마케팅이 도시의 경제적인 측면에 주요 관심이 있다면, '장소만들기'는 도시환경의 질적 고양에 주된 관심을 가지고 있다.

장소에 대한 이해 없이 장소마케팅 전략을 수립한다는 것은 그 장소만의 가치를 추출할 수 없고, 결국 경쟁에서 지게 된다. 이식된 이미지의 조성은 그 장소만의 정체성을 기반으로 하지 않으므로 진정성이 결여되어 지속가능할 수 없다.

장소마케팅 입장에서의 '장소만들기'는 장소마케팅의 한 요소 또는 수단으로서 인식되고 있으나, '장소만들기'의 입장에서 볼 때 '장소만들기'는 장소마케팅까지를 포함하는 것으로 인식된다. 그간 비물리적 프로그램이 주류를 이루던 장소마케팅 분야에서 최근에는 기반요소로서의 '장소만들기'에 대한 필요성이 증대되고 있으며, 장소마케팅 전략 수립에 있어서 장

---

72) 공간은 있으나, 사람이 없는 것에 대한 반성으로 환경과 문화에 대한 시대적 필요성과 장소(공간＋사람)의 활성화 및 이를 통한 지역경제의 활성화달성에 관한 것으로, 장소마케팅 분야에 대한 '장소만들기'의 역할과 필요성의 증대를 의미한다.

73) 미국 교외 주거단지를 중심으로 town center, main street 등의 조성을 통한 부동산적 성공유도를 들 수 있다.

74) 쇼핑몰 조성 등 도시 어메니티 공간의 활성화를 통해 삶의 질을 증진하려는 시도를 들 수 있다.

75) '장소만들기'를 위한 장소마케팅의 유형을 볼 수 있다.

소성의 확보가 필요하다는 연구가 많이 발표되고 있다.

이상을 통해서 볼 때, '장소만들기'와 장소마케팅을 굳이 구분하여 시행한다는 것은 효과적이지 못하며, 하나의 장소가 형성 또는 조성되는 과정에서 장소정체성을 기반으로 하여 '장소만들기'와 장소마케팅은 각각 물리적인 측면과 사업적인 측면을 담당해야 한다. 이를 통해서 장소성과 장소이미지라는 각자의 매체를 생성하며, 서로 보완하여 장소가 더욱 활성화될 수 있도록 그 역할을 수행할 수 있다.

본 연구에서는 '장소만들기'를 장소를 조성하고 형성하는 모든 노력으로 파악하여, 기존의 '장소만들기'와 장소마케팅에서 이루어지는 모든 노력을 통합한 개념으로 설정한다.

다. '장소만들기'와 장소마케팅의 과정

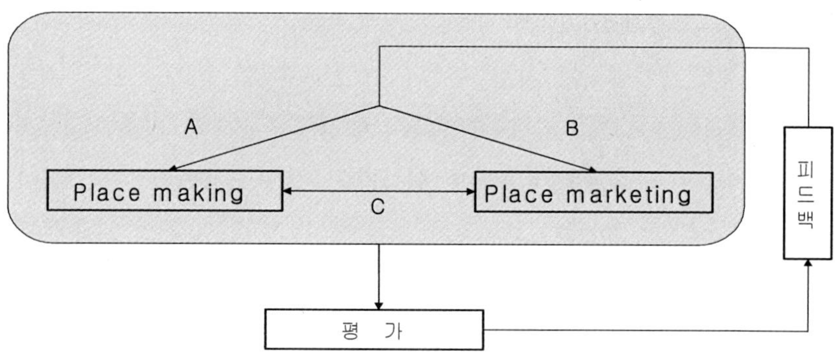

〈그림 2-4〉 '장소만들기'와 장소마케팅의 관계
(자료: 김현호(2003)를 바탕으로 보완)

앞서 '장소만들기'와 장소마케팅의 관계에서 살펴보았듯이, '장소만들기'와 장소마케팅은 장소를 만드는 주요한 방법이지만, 근본적인 차이점을 가지고 있다. 이를 과정적인 측면에서 다시 한 번 살펴보면 〈그림 2-4〉

와 같다.

장소마케팅과 관련된 기존 연구에서는 '장소만들기'를 장소마케팅의 한 과정으로 인식하고 있다. 즉 '장소만들기'는 장소마케팅의 대상인 장소를 매력적으로 만드는 장소자산의 형성과정이므로 장소마케팅의 일부라는 것이다.

그러나 '장소만들기'의 입장에서는 장소마케팅을 '장소만들기' 과정의 일부로 보고 있다. 즉 장소마케팅은 장소를 대상으로 하여 비물리적인 측면의 작업을 통하여 장소를 활성화하는 것이므로, 광의의 '장소만들기'의 일부로 해석할 수 있는 것이다.

이를 바탕으로 '장소만들기'와 장소마케팅의 관계를 〈그림 2-4〉와 같이 재구성하여 장소가 만들어지는 과정을 정리하면, '장소만들기'와 장소마케팅은 별개의 과정이 아니라,[76] 서로 유기적인 관계를 가지고 장소가 만들어지는 과정에 관여하게 된다.

이러한 과정은 보다 포괄적인 의미의 또는 통합적 성격을 가진 '장소만들기' 과정이라 할 수 있다.

---

76) 어떤 장소는 '장소만들기'에 의해 형성되고 어떤 장소는 장소마케팅에 의해 조성되는 것이 아니라, 하나의 장소에 이 두 분야가 함께 역할을 한다고 보아야 한다.

[표 2-7] 기존의 '장소만들기'와 장소마케팅의 비교

	장소만들기 (place making)	장소마케팅 (place marketing)
목 적	• 신도시 활성화 및 도시 재생 • 주거환경 개선	• 도심재활성화 • 도시경쟁력 강화
목 표	• Community 형성 • 사람을 모으는 장소의 형성	• Revitalization • 지역경제의 활성화
요 소	• 계획성	• 역사성
방 법	• 장소의 조성	• 장소의 형성
주요지표	• 장소성(sense of place, palceness)	• 장소이미지(place image)
성 격	• Main Street, Town Center 조성	• 가로, 광장 Renovation
대 상	• 사람들이 많이 이용하는 장소	• 도심지 내 의미 있는 장소
형 태	• 가로, 공원 조성 등 Hardware	• 축제, 이벤트 등 Software
Project	• 장소만들기 Based Projects	• 장소마케팅 Based Projects
수 단	• 정체성을 통한 '장소성' 형성	• 정체성을 통한 '이미지' 재정립
관련분야	• 환경설계 분야 　: 도시설계, 건축, 조경 등	• 경영학 • 지리학 • 도시계획학
출 발	• 미국 교외주거단지 활성화	• 미국, 영국 구산업도시 재활성화
주요이론	• New Urbanism/Urban Village/ Compact City	• Urban Regeneration
국내 사례대상	• 신도시 및 신시가지	• (구)도심 및 기성 시가지
문제점	• 이용이 활발하지 못함 • 경제적 지속가능성 부재 • 장소의 매력성 부재	• 장소성 및 장소정체성 부재 • 경제적 이익에만 치중하는 경향 • 획일화된 장소이미지
시사점	• 장소마케팅 기법의 적용이 필요함 • 시간적 요소가 부족하므로 장소이미지를 통한 장소정체성 형성이 필요함.	• 장소만들기 기법의 적용이 필요함. • 시간에 의해 형성된 장소정체성을 기반으로 한 장소성이 나타나야 함.
최근동향	• 사업적인 측면이 부각됨(마케팅적 요소가 필요함). • 기성시가지 도시재생으로 확산됨.	• 장소정체성과 문화적인 요소에 대한 필요성이 대두됨.

3) '장소만들기'의 분류

가. 성격에 의한 '장소만들기' 분류

성격에 의해 '장소만들기'를 분류해 보면, [표 2-8]과 같이 ①물리적 대상을 중심으로 하는 '장소만들기'와 ②사업적 대상을 중심으로 하는 '장소만들기'의 두 가지로 구분할 수 있다.

이러한 구분의 배경에는 앞서 논의한 기존의 '장소만들기'와 장소마케팅의 개념이 바탕을 이룬다. 이 두 분야는 출발점이 다르고 각자의 영역을 형성하였지만, 서로 영향을 주고받아 왔으며, 최근의 도시개발사례 등에서는 명확히 구분 지을 수 없다는[77] 것을 앞에서도 언급하였다. 그래서 이를 성격상 굳이 구분하면 '장소만들기'의 성격(making oriented)이 강한 '물리적 대상 중심(physical modify)'과 장소마케팅의 성격(marketing oriented)이 강한 '사업적 대상 중심(business modify)'으로 구분할 수 있다.

먼저 '물리적 대상 중심 유형'은 '장소만들기'의 요소 중 물리적인 환경을 주요 대상으로 하므로, 물리적 환경이 새로 만들어지는 신도시 개발 등에서 중요한 역할을 담당한다. 특히 신도시 중앙공원 및 중심상업가로 등 대표적인 장소의 공간 및 시설 등을 조성한다. 주요 지표는 '장소성'으로 나타나며, 정체성을 통한 장소성 형성을 수단으로 한다. 본 유형은 '장소만들기'에 배경을 두고 있으므로, 장소에 근거하는 것을 원칙으로 한다. 한편 신도시의 경우 시간적 요소가 부족하므로 '장소이미지' 조성을 통한 '장소정체성' 형성이 필요하며, '장소만들기'를 위한 장소마케팅[78]의 속성을 갖는다.

---

77) 대표적인 사례로는 도심 등 기성시가지에서의 '장소만들기를 통한 장소마케팅'과 신도시 중심상업가로 등에서 보이는 '장소만들기의 주요 부문으로서의 장소마케팅'을 들 수 있다.

78) 형식은 장소마케팅이지만 그 목적은 '장소만들기'이다.

이에 비해서 '사업적 대상 중심 유형'은 '장소만들기'의 요소 중 비물리적인 측면을 주요 대상으로 한다. 특히 기존의 물리적인 기반이 조성된 기성시가지의 '도심재활성'과 '도시경쟁력 강화'에서 중요한 역할을 담당하며, 신도시의 경우에는 용도, 이용 프로그램 및 계획지침의 실현화방안 등을 수립한다. 주요 지표는 '장소이미지'로 나타나며, 정체성을 통한 이미지 재정립을 수단으로 하고, 원래 있던 대상을 활용 및 강화한다. 본 유형은 장소마케팅에 배경을 두고 있으므로, 장소마케팅을 위한 '장소만들기[79]'의 속성을 갖는다.

나. 유형, 규모, 입지에 의한 분류

'장소만들기'를 유형에 의해서 분류하면 [표 2-8]과 같이 ①가로, ②구역, ③신도시 조성, ④수변개발, ⑤근대역사 환경 및 산업자원, ⑥지역활성화사업, ⑦국가 및 지방자치단체 전략사업 등으로 구분해 볼 수 있다.

먼저, 가로 유형은 '신도시 상업가로 조성'과 '기성시가지 가로 정비'로 구분할 수 있다. 신도시 상업가로 조성의 사례로는 평촌신도시를 비롯한 신도시 중심상업지역에 보행자전용도로로 조성된 쇼핑몰 형태의 중심상업가로 등이 있으며, 기성시가지 가로 정비로는 대학로, PIFF 광장, 정동길, 노유거리, 인사동 등을 들 수 있다.

두 번째, 구역 유형에는 '도심 재개발사업'과 '대규모 도시개발사업'이 해당된다. 대규모 도시개발사업의 사례로는 서울 상암신도시, 부산 센텀시티 등을 들 수 있다.

세 번째, 신도시 조성 유형[80]에서 '제1기 수도권 신도시'로는 성남분당, 고양 일산, 안양 평촌, 군포 산본, 부천 중동 등이 해당되며, '제2기 수도권 신도시'로는 화성 동탄, 성남 판교, 파주 운정, 김포, 수원 이의 등이 해당된다.

---

79) 형식은 '장소만들기'이지만 그 목적은 장소마케팅이다.
80) 이는 주로 택지개발사업에 의해서 이루어진다.

네 번째, 수변개발의 유형은 '신도시 어메니티 요소'와 '기성시가지 재활성화'로 구분할 수 있다. 신도시 어메니티 요소의 사례로는 부천시 시민의 강 조성사업 등이 있으며, 기성시가지 재활성화 사례로는 서울시 청계천 복원 사업, 호주의 달링하버(Darling Harbour in Australia), 영국의 도클랜드(Dockland in UK), 싱가폴의 마리나 베이(City center & marina bay in Singapore) 등이 있다.

다섯 번째, 근대역사 환경 및 산업자원 유형에는 근대 건축물, 근대 개항장 조계지,[81] 근대 산업시설(공장, 창고 등), 근대 항만 부두시설, 폐광지역 등이 해당된다.

여섯 번째, 지역활성화사업에는 세트장 및 촬영지, 관광지 조성사업 등이 있다. 세트장 및 촬영지의 사례에는 부정적인 사례[82]와 긍정적인 사례[83]가 있다.

관광지 조성사업에는 민속촌, 민속(전통)마을, 전통장터 복원사업 등이 있으며,[84] 지역축제는 이벤트 및 문화상품을 중심으로 개최된다.[85]

마지막으로, 국가 및 지방자치단체의 전략사업 유형 중 '소도읍 조성사

---

81) 형식 및 명칭은 조계지이지만, 성격은 조차지에 더 가깝다고 볼 수 있다.

82) 부정적인 사례는 장소에 기반을 두지 못한 한시적인 시설로서, 그 한계를 극복하지 못하고 소멸한 TV 드라마 '태조 왕건'의 세트장과 '올인'의 성당건물 및 부천 '야인시대' 세트장 등이 이에 해당한다. 이들은 드라마의 성공으로 초기 사람들이 많이 찾아서 관광지로 투자를 하였지만, 이후 지속적인 체험 프로그램 등의 보강이 없어서 사람들의 발길이 끊긴 곳이다.

83) 긍정적인 사례는 장소에 기반을 두지는 않았으나 양호한 접근성과 문화산업과 체험관광의 대상으로 성공하여 지속적으로 사람들이 이용하고 있다. 한류 열풍의 영향으로 수많은 관광객이 찾고 있는 TV 드라마 '겨울연가'의 촬영장인 '남섬'의 경우 지속적인 체험프로그램의 도입을 통한 장기운영계획 수립 등의 경영으로 대표적인 성공사례에 해당한다.

84) 민속촌은 장소를 기반으로 하지 않은 것이고, 민속(전통)마을은 장소를 기반으로 하였지만 장소마케팅과 '장소만들기'가 부족하며, 전통장터 복원사업은 '봉평 장터 복원사업' 등의 사례처럼 장소를 기반으로 하여 사람들이 많이 찾고 있다.

85) 주로 '팔도장터'에서 보여주는 획일적인 행사에 그치는 경우가 많다.

업'은 커뮤니티 및 타운센터를 통한 '장소만들기'와 지역활성화라는 장소마케팅의 양 측면을 목표로 하고 있다고 할 수 있다. '지역특구'는 '장소만들기'와 병행한 장소마케팅의 형태로 볼 수 있으며, 경제자유구역의 개발에 있어서도 '장소만들기'는 나타난다. 한편 서울시 홍대 지역 장소마케팅 전략, 서울시 이태원 지역 장소마케팅 전략, 인천시 구도심 장소마케팅 전략 등의 장소마케팅 전략 수립도 '장소만들기'의 한 형태로 볼 수 있다.

이와 더불어, '장소만들기'를 규모에 의해 분류해 보면 ①가로 규모, ②구역 및 지구 규모, ③신도시 및 신시가지 규모로 구분할 수 있으며, 입지에 의해 분류해 보면 ①기성시가지 및 도심지역 정비와 ②신도시 및 교외지역 개발로 구분할 수 있다.

이상에서 살펴본 성격, 유형, 규모, 입지유형별 '장소만들기'는 전술한 바와 같이 기성시가지, 신시가지, 비도시 지역에 대해서 각각 적용될 수 있으며, [표 2-8]에서는 그 구체적인 국내 사례를 보여주고 있다.

이러한 성격, 유형, 규모를 입지와 연계시켜 그 관계를 살펴보면 다음과 같다.

먼저 성격에 의한 분류에 있어서는 물리적 대상중심은 기성시가지에서, 사업적 대상중심은 신시가지에서 주로 나타난다.

다음으로, 유형에 의한 분류에 있어서는 가로, 구역, 수변개발, 국가 및 지자체 전략사업은 기성시가지와 신시가지 양쪽에서 나타나고, 신도시 조성은 신시가지에서만 나타나며, 근대역사 환경 및 산업자원은 기성시가지와 비도시 지역 양쪽에서, 비도시 지역 지역활성화는 기성시가지, 신시가지, 비도시 지역에서 모두 나타난다.

마지막으로, 규모에 의한 분류에 있어서는 기성시가지, 신시가지, 비도시 지역에서 모두 나타난다.

구 분		기성시가지 (inner city)	신시가지 (new town)	비도시지역
성격	물리적 대상 중심	기존의 '장소만들기' 중심		
	사업적 대상 중심		기존의 '장소마케팅' 중심	
유형	가 로	가로환경 정비 - 대학로, 인사동, 정동길, 노유거리, PIFF 광장 등	신도시 상업가로 조성 - 신도시 중심상업지역의 보행자전용도로 및 쇼핑몰	
	구 역	도심재개발사업, 강북 뉴타운 사업 등	도시개발사업 - 서울 상암신도시 등	
	신도시 조성 (택지개발사업)		수도권 제1기 신도시 - 분당, 일산, 평촌, 산본, 중동수도권 제2기 신도시 - 동탄, 판교, 운정, 김포 이의	
	수변개발	서울 청계천 복원사업, Darling Harbour, Dockland, City center & Marina bay 등	신도시 어메니티 조성 - 부천 시민의 강 등	
	근대역사환경 및 산업자원	근대건축물 및 개항장 조계지, 근대 산업시설(공장, 창고 등), 근대 항만·부두시설		폐광지역
	비도시지역 지역활성화		드라마 세트장 - 부천 야인시대 세트장	드라마 세트장 - 겨울연가 촬영장등
		국가 및 지자체 전략사업		관광지 조성사업
		지역축제		지역축제
				소도읍 육성사업
	국가 및 지자체 전략사업	지역특구	지역특구	
		경제자유구역 - 부산·진해, 광양만, 인천		
		장소마케팅 전략 - 서울 홍대·이태원, 인천구도심		
규모	가 로	가로 정비	신도시 중심상업가로 조성	
	구역 및 지구	구역 및 지구의 도시재개발	주거단지개발사업	
	신도시 차원		택지개발사업 및 도시개발사업	
입지	기성시가지	기성시가지 및 도심지역 정비		
	신시가지		신도시 및 교외지역 개발	교외지역 개발

4) '장소만들기'의 새로운 방향

가. 지속가능한 발전(Sustainable Development)

현대의 도시문제를 해결하기 위하여 사회, 경제 환경 등 각 분야의 지
속성을 얼마나 조화롭게 발전시킬 수 있느냐 하는 개념으로 지속가능한
발전[86]의 개념이 등장하였다(이규인, 2005: 72)고 할 수 있다. 이는 환경
적, 경제적, 사회적 국면에서 모두 균형을 갖춘 상태의 발전 모델이 지속
가능성의 핵심사항(박소현, 2005: 104)이며, 이를 위한 여러 가지 기준들
을 제시하고 있다.

지속가능한 도시발전의 목표는 경제개발과 환경보전을 둘 다 충족하자
는 것이며, 이는 '환경적', '경제적', '사회적' 지속가능성의 측면으로 구분할
수 있다.

각 부문에 대한 주요 내용을 살펴보면, 환경적 지속가능성은 쾌적하고
건강한 친환경적인 도시개발을, 경제적 지속가능성은 도시경제 활성화 및
자원절약을, 사회적 지속가능성은 친인간·친문화적 도시와 도시커뮤니티
의 실현을 주요 내용으로 한다.

한편 이러한 각 부문별 지속가능성은 〈그림 2-5〉와 같이 '환경친화',
'장소마케팅', '장소만들기' 분야를 통해서 구현될 수 있으며, 그 구체적인
실천방안을 살펴보면 다음과 같다.

먼저 '환경친화' 측면에서는 공원·녹지율의 제고, 대중교통중심의 도시

---

86) 국제연합(UN)은 '지속가능한 발전'의 개념을 1987년 "우리 공동의 미래(Our
Common Future)"에서 '미래세대의 필요를 충족하기 위한 잠재력을 훼손시
키지 않고 현세대의 필요를 충족시키는 발전'이라고 정의하고 있으며, 이후
국제회의들을 통해서 그 개념을 정립하였다. 즉 세대 내, 세대 간, 인간과 자
연의 관계에 있어서 형평성을 존중하는 개념이며, 사회, 경제 환경용량을 중
시하는 개념이다. 이는 미래세대를 위한 환경보전과 현재 세대를 위한 경제
개발을 동시에 추구하고 있다.

개발(TOD), 보행자·자전거 중심의 녹색 교통 네트워크, 도시설계를 통한 단지계획 및 설계 시의 환경요소에 대한 고려를 통해서 환경친화적인 도시발전을 이룰 수 있다. 다음으로 '장소마케팅'은 매력적 장소자산을 활용한 지역경제의 활성화, 도시성과 자족성의 확보, 창조계급을 위한 복합 첨단청정산업의 유치, 도시설계를 통한 도시이미지 제고를 전제로 하여 지역경제의 활성화 및 지방자치단체의 재정확보를 기할 수 있다. 마지막으로 '장소만들기'는 역사·문화·정체성에 대한 고려, 도시의 매력성·장소성·차별화된 도시 커뮤니티의 구현, 보행자를 우선하는 장소, 기존 장소에 대한 고려 및 장소활성화를 통해서 달성할 수 있다.

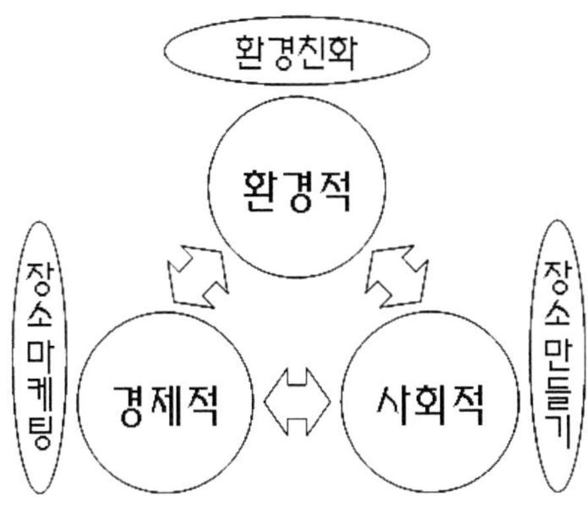

〈그림 2-5〉 지속가능한 도시발전을 위한 실천방안

현재 지속가능한 도시발전[87]을 둘러싼 여러 가지의 이슈들은 사회적, 경제적, 문화적, 지역적, 물리적(환경적) 측면들을 다양하게 포함하고 있으며, 공중보건, 안전보장, 교육과 사회적 통합, 보다 평등하면서도 다양성과 문화적 특성을 존중하는 것, 역사적, 정신적, 종교적, 문화적으로 중요한 건물과 지역의 보전, 지역의 경관과 환경을 존중하고 보살피는 것 등

---

87) 지속가능한 도시발전과 관련해서는 1992년, 1996년에 열린 해비타트(HABITAT) Ⅰ, Ⅱ에서 그 방향이 본격적으로 모색되었다.

을 포함한다.[88] (이규인, 2005: 72)

신도시와 관련된 지속가능한 발전 관련 내용으로는 '지속가능한 신도시 계획기준[89]'이 있으며, 이 중 장소와 관련된 내용으로 커뮤니티 활성화를 들 수 있다.

그 주요 내용을 살펴보면, 공동생활을 하는 도시 주민들 간의 근린적 교제는 사회적 지속성 차원에서 가장 중요한 요소이며, 이러한 주민들 간의 커뮤니티 활성화를 위한 물리적 계획요소와 주민협의회와 같은 커뮤니티 조직이 중요하다. 물리적 차원의 커뮤니티 센터[90]는 도시차원의 시민회관과 지역차원의 구민회관의 건립을 위한 용지를 확보해야 하며, 커뮤니티의 활성화를 위해서 주민들의 의견을 집결할 수 있는 주민협의체의 구성 및 시대적 상황에 걸맞게 인터넷을 통한 가상커뮤니티(virtual community)[91]

---

88) 구체적인 계획기준에 관해서는 건설교통부(2004), '지속가능한 신도시 개발을 위한 계획기준 설정에 관한 연구'와 이 연구를 기초로 2005년 4월 건설교통부 장관훈령으로 공표되어 향후 도시조성에 적용할 수 있는 '지속가능한 신도시 계획기준'을 참조할 수 있다.

89) 2005년 4월 25일부터 시행된 '지속가능한 신도시계획기준'은 녹지·대기·물벨트의 상호 연계를 주요 내용으로 하고 있는데, 이는 계획단계부터 '푸른 숲(녹지벨트, green belt)', '깨끗한 공기(대기벨트, white belt)', '맑은 물(물벨트, blue belt)'계획을 수립하여 아름답고 건강하며 쾌적한 도시조성을 목적으로 한다. 이 밖에 조화로운 커뮤니티 형성, 역사·문화적 지속성 확보, 야간 경관 개선 등을 내용으로 한다.

90) 지역의 위계에 따라서 도시 차원의 시민센터, 지역 차원의 구민센터, 동차원의 주민자치센터와 같은 커뮤니티센터를 다음과 같이 적정 규모로 계획하되, 구체적 설치방법 및 면적 등에 대해서는 해당 지방자치단체와 협의하여 정한다.(건설교통부, 2005: 3)

구 분	설치 기준	부지 규모
시민센터	시 행정단위	15,000 ~ 20,000㎡ (시청사 부지와 연계 가능)
구민센터	구 행정단위	5,000㎡ 이상 (구청사 부지와 연계 가능)
주민자치센터	동 행정단위	800㎡ 이상 (문화, 복지, 체육시설 통합)

91) 지속적인 커뮤니티의 활성화를 위해서는 계획수립 과정이나 건설과정에서부터 커뮤니티 활성화를 위해 인터넷상에 가상 커뮤니티를 구축한다.

의 구축이 필요하다.

그 밖에도 적절한 도시기반시설과 사회복지시설, 도시공원 등 오픈스페이스의 조성은 사회적 지속성의 유지에 필수불가결한 요소로 제시되고 있으며, 주민참여적인 도시개발도 새로운 과제로 등장하고 있다.

이와 함께 연령별, 소득계층별, 주택유형별로 다양한 혼합이 사회적 갈등을 완화하고 조화로운 공동체를 영위해 나가는 데 중요한 요인임이 강조되고 있다.

나. 도시설계 분야의 최근 동향과 '장소만들기'

도시설계 분야의 최근 동향으로는 뉴어바니즘(New Urbanism), 어반빌리지(Urban Village), 콤팩트 도시(Compact City) 등이 있으며, 이 외에도 스마트 성장(Smart Growth), 도시재생(Urban Regeneration), 장소발전(Place Development) 등이 시대적인 동향으로 작용하고 있다.

'장소만들기'가 시대적인 조류인 만큼 이러한 이론들에서도 '장소만들기'의 중요성과 방법론에 대해서 깊이 있게 언급하고 있다.

(1) 뉴어바니즘(New Urbanism)

'뉴어바니즘'은 1990년대 중반, 전통마을의 설계원리에 기반을 둔 근린개발기법(TND: Traditional Neighborhood Development)[92]을 주도한 건축가

---

[92] 우리는 사람들로 북적이는 커뮤니티 공간과 나무가 우거진 공원, 아이들이 안전하게 학교와 집을 오갈 수 있는 보행친화적인 환경으로 구성된 주거단지를 지향한다.
이러한 조그만 커뮤니티 단위의 주거단지가 주는 매력은 대규모 주거단지에서 탈피함으로써 찾을 수 있다. 슈퍼블록은 예전의 우리의 전통마을이 그랬던 것처럼 작은 오픈스페이스를 중심으로 한 소단위 블록으로 재구성함으로써 거주민을 위한 새로운 공간으로 재탄생할 수 있다. 그리고 보행자 중심의 가로체계와 대중교통과의 연결을 통해 보다 매력적인 장소로 발전시킬 수 있다고 앙드레 듀아니(Andres Duany)가 뉴어바니즘 헌장에서 밝히고 있다.(이

안드레 드와니(A. Duany)와 엘리자베스 플레이터 자이버크(E. Plater-Zyberk), 대중교통의 활성화를 바탕으로 하는 지역개발기법(TOD: Transit Oriented Development)을 추구해 온 피터 칼도르프(P. Calthorpe)와 더글라스 켈바오(D. Kelbaugh) 등이 의기투합하면서, 함께 의식적으로 선택한 용어이다.

요약하면, 미국의 자동차 위주의 기존 교외주거단지 개발 패턴(Suburban Development Pattern)이 일으켜 온 환경적·사회적·경제적 문제점들에 대해 고민하며 모색한 일종의 대안적인 도시설계 경향이라고 설명할 수 있다.

1996년에 선포된 신도시주의 헌장(Charter of the New Urbanism)[93]에서와 같이 뉴어바니즘 건축가와 계획가들이 모색한 바람직한 도시형태는 근본적으로 과거 존재했던, 혹은 존재했다고 믿는 역사적 전통 마을의 설계, 계획 수법을 기본 개념으로 한다. 과거와의 단절이 아닌, 과거로부터 해법을 모색하는 태도에서 전통, 역사, 역사성 등은 설계개념의 주요 인자로 다시 등장하는 계기가 된다.(박소현, 2005: 103)

초기 뉴어바니즘 프로젝트 대부분이 교외 지역의 신단지 개발에 치중한 경향이 있었기 때문에 뉴어바니즘(New Urbanism)이라기보다 현재 직면하고 있는 문제 해결에 도움을 주지 못하는 또 다른 교외주의(New Suburbanism)가 아니냐는 비판[94]을 받기도 했지만(Ellis, 2002; 박소현,

우종, 2005: 55-56)

[93] 이 헌장은 매년 뉴어바니즘 연례대회에서 내용이 심화, 보완되어 가는 중이고, 현재는 세계적으로도 확산되어 약 20여 개국이 참여하고 있다고 한다.

[94] 즉 뉴어바니즘 설계개념으로 환경의 보호를 외치지만, 도시의 장소를 만들기보다는 결국 자연녹지를 변형시켜 또 다른 양상의 새로운 교외주거단지 개발 사업을 벌이는 것이 아니냐는 지적이다. 또한 역사성, 전통성이 있는 작은 마을에 대한 향수에 호소하지만, 진정성이 있는 새로운 특성으로 창조하는 것에는 실패한 것이 아니냐는 지적도 있다. 무엇보다 사회적 다양성과 형평성까지도 추구한다는 주장에 대해 오히려 기존 계층, 성별, 인종 등의 분리 구조를 더 강화시키는 한정적이고 차별적인 마을공동체를 고착시킬 우려가 있다고 우려하기도 한다.

2005: 103), 최근의 경향은 점점 더 낙후된 도심지의 재활성화를 이룬 성공사례들이 고무적으로 늘고 있는 추세[95]이다.

특히 뉴어바니즘의 잠재력이 더 발휘될 수 있는 부분이 바로 오래되고, 낙후된 기존 도심부의 마을 공동체적 활성화에 있다고 보는 학자들이 늘고 있다.(Walters and Brown, 2004: Deitrick and Ellis, 2004: 박소현, 2005: 103)

즉 뉴어바니즘은 초기에 신도시를 중심으로 논의를 시작하였으나 최근에는 기성시가지까지 그 영역을 넓힘으로써 한계를 극복하고 있다고 볼 수 있다.

뉴어바니즘에 기반을 둔 기성 도심부의 활성에서 추구되는 것은 궁극적으로 걸어서 일상생활을 영위할 수 있는 쾌적하고, 친숙하고, 지속가능한 마을 공동체를 기성의 도시조직 안에서 다시 꾸며가는 것이라 볼 수 있다.(박소현, 2005: 103)

즉 근린이 모든 거주구역의 기본적인 건설단위이며, 반경 10분 도보거리 이내에, 다양한 주택과 아파트 유형의 혼합을 포함한다. 가로는 운전뿐만 아니라 보행하기도 쉬운 연결을 형성하고, 보행권 안에 근린 상점, 학교 그리고 공공시설들이 모두 위치한다.(안건혁·온영태, 2004: 92)[96]

뉴어바니즘의 주요 원리 중 '장소만들기'에 관한 내용으로는 ①건축물 및 도시설계의 질적 향상,[97] ②지역공동체를 위한 거점공간의 마련,[98] ③삶의 질적 향상[99]을 들 수 있으며, 이를 위해서 메인스트리트(main Street)와 타운센터(town Center)를 통해서 사람이 모이는 장소의 질의 향상에 중요

---

95) 초기와는 달리 이미 2002년도의 뉴어바니즘 프로젝트 가운데 58%가 신개발 사업이고, 42%가 기존 도심부 혹은 노후 지역의 재개발 사업으로 증가되고 있다.

96) 이를 위해서 미국의 교외주거단지의 정비에서 볼 수 있듯이 근린주구를 강조하면서 타운센터(town center), 메인스트리트(main street) 등을 중심으로 한 어반 빌리지(urban village)를 제안하고 있다.

97) 도시미관의 증진과 관련된 사항을 주로 다루고 있다.

98) 커뮤니티시설, 상업, 교통 관련 시설 등을 중심으로 하고 있다.

99) 삶의 질과 관련된 사항을 주요 내용으로 하고 있다.

성을 두고 있다. 즉 도시의 장소를 진정성이 있는 새로운 특성으로 창조하는 것에 주안점을 둔다.

페리에 의해 제안된 최초의 근린주구 개념은 〈그림 2-6〉과 같으며, 뉴어바니즘에 의해 수정된 듀아니 플래터-자이버크의 도시근린주구 개념은 〈그림 2-7〉과 같다.

주요 차이점은 커뮤니티의 중심에 관한 사항이다. 기존의 근린주구개념에서는 학교를 중심으로 한 교회, 커뮤니티 센터가 제안되었다. 이에 비하여 뉴어바니즘에서는 학교는 근린주구의 외곽으로 이전되고, 버스정류장 등 대중교통을 중심으로 하는 상업·공공시설이 근린주구의 중심에 입지하게 되며, 복합용도의 쇼핑몰의 성격을 가진 주요 가로와 연계된다. 즉 근린의 중심이 학교에서 복합용도의 커뮤니티센터로 대체되었다고 할 수 있다.

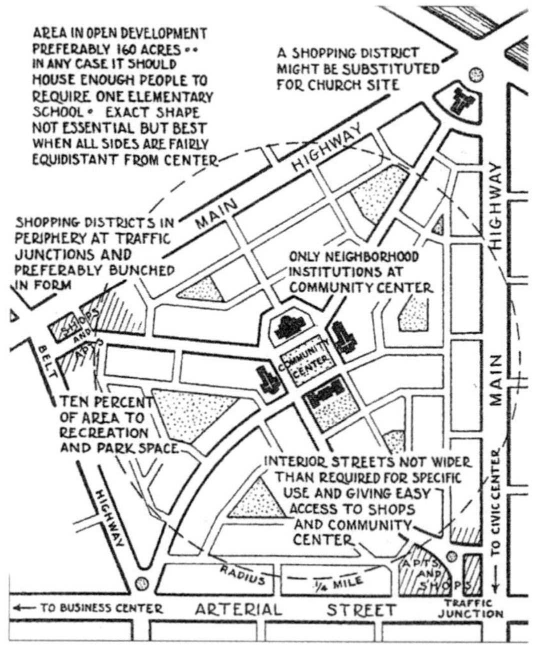

〈그림 2-6〉 페리의 근린주구 개념도

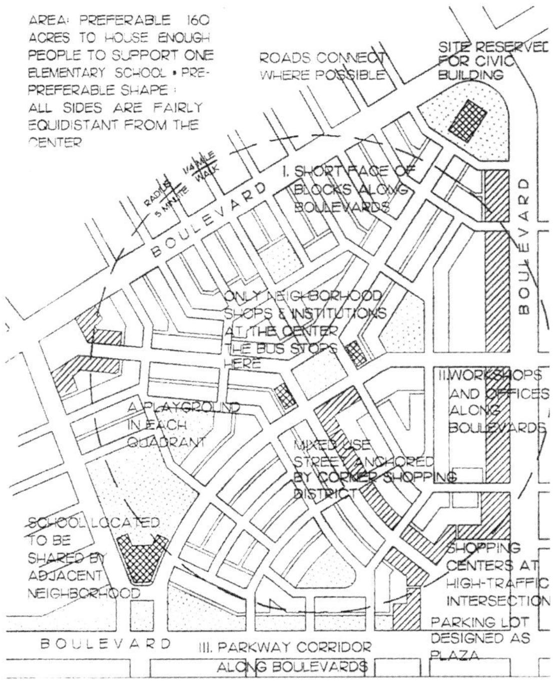

〈그림 2-7〉 듀아니 플래터-자이버크의 도시근린주구 개념도

(2) 어반 빌리지(Urban Village)

미국의 뉴어바니즘이 영국에서는 어반 빌리지의 형태로 나타난다고 볼
수 있다.

'어반 빌리지'의 방향은 도시 내에 전통적인 마을과 같은 규모와 친밀감
을 회복하고자 하는 것으로서, 자동차 이용은 기본적으로 배제하고, 다양
한 계층의 사람들이 함께 거주하는 사회적 융합(social mix)을 실현하며,
다양한 용도의 시설이 복합적으로 존재하는 커뮤니티를 형성하는 것이다.

이를 위해서 계획과정에 주민의 참가를 기본전제로 하고, 주변 여건
(urban context)을 존중하는 도시환경의 조성과 지속가능한 환경을 지향
하며, 용도의 복합을 주요 내용으로 하고 있다.

(3) 콤팩트 도시(Compact City)[100]

'콤팩트 도시'는 지속가능한 발전에 의한 환경의식의 반영과 에너지 효율의 강조를 위하여 도시의 개발을 축소 고밀화하자는 것에서 출발하였다고 할 수 있다. 즉 도시 지역의 환경오염을 방지하고, 녹지 지역[101]에서의 신규개발을 억제하며, 도시정체성 유지와 대중교통을 보급함으로써 지속가능한 발전을 목표를 이루고자 한다.

압축 고밀로 개발된 지역에는 가로, 광장 등의 매력적인 도시장소가 조성됨으로써 활기를 가지게 되며, 도시정체성 유지를 위한 역사적인 문화재의 보전 등 기존장소에 대한 배려가 기반이 된다.

콤팩트 도시의 공간특성에서 '장소만들기'와 관련한 내용을 살펴보면 ① 지역의 역사와 문화를 전달하는 다른 곳에 없는 것을 계승하여, 타 지역과는 다른 독특한 분위기의 보유, ②역사적으로 형성된 장소, 건물, 문화 등을 중요하게 여기고 활용, ③개발에 있어서 장소성의 중요시 등을 들 수 있다. 이를 위하여 복합용도개발(Multi-used Development)을 통해 공공장소와 도심 관청가를 개발계획의 중심가로로 활용하는 것과 독자적인 지역공간의 조성을 강조하고 있다.

(4) 스마트 성장(Smart Growth)

'스마트 성장'은 토지이용 통제수단의 하나이며, '장소만들기'와 관련된 내용은 '스마트 성장의 10개 원리' 중 '강한 장소성을 지닌 매력적이고 차별화된 커뮤니티'에서 찾을 수 있으며, 이를 위해서 ①'유적지 보존', ②'커뮤니티 녹지 조성', ③'매력적인 소매 중심지 구축'을 제시하고 있다.[102]

---

100) '콤팩트 도시'는 신도시와 기성시가지에 모두 적용할 수 있으며, 교통환승 시설을 기반으로 한 개발(TOD: Transit Oriented Development)이며, 기준 인구규모를 기준으로 한다.

101) 교외의 전원 지역 등 아직 개발이 이루어지지 않은 토지를 말한다.

102) 유적지 보존에는 문화재 보존 등이, 커뮤니티 녹지에는 공원녹지 등이, 매

(5) 도시재생(Urban Regeneration)

최근 우리나라에서도 도시개발의 주요 이슈로 등장하고 있는 도시재생은 기성시가지의 도심지를 재활성화[103] 시키는 것을 목적으로 하며, '장소만들기'와 관련된 내용으로는 '기존의 역사·문화 장소의 강화'와 '어메니티(amenity) 요소를 도입한 매력적인 장소의 조성'을 들 수 있다. 특히 본 연구의 주요 대상인 '중앙공원'과 '쇼핑몰'은 도시 어메니티를 위한 중요한 요소이며, 사회적인 요구라고 할 수 있다.

도시재생은 낙후된 도시의 기능을 원래의 활성화된 모습으로 되돌려 놓음으로써, 도심회귀현상의 계기가 된다. 도심회귀현상의 계기는 기반시설 이중부담 및 자동차시대의 소멸에 따른 도시재생의 필요성에서 출발하였다고 볼 수 있다.

이러한 도심회귀현상은 미국, 영국, 유럽 등에서 이미 일어나고 있는 것으로서, 미국의 경우 신도시 개발을 통한 교외확산(urban sprawl)으로 야기된 많은 문제[104]들을 해결하기 위해서 시작되었고, 영국의 경우는 전원도시(garden city)운동으로 인해 사람들이 교외로 이주함에 따라 낙후된 도심부를 재생하기 위해서 시작되었으며, 유럽의 다른 도시들의 경우 신도시 개발에 의한 녹지(green field)파괴를 방지하기 위한 차원에서 시작되었다고 할 수 있다.

도심회귀를 위해서는 도시로의 귀속감과 도시의 정체성을 높여야 하는데, 이러한 방안으로 '장소만들기'가 대두되었다. 이는 도심중심부에 앵커시설[105]을 미리 설치하는 등 재미있고 지속가능한 장소를 만듦으로써, 사람들을 다시 끌어들이는 것이라 할 수 있다.

력적인 소매 중심지에는 쇼핑몰 등이 해당된다.

103) 도심지의 경우 원래의 문화자원이 풍부하고 입지여건도 좋으나 기반시설이 부족하여 쇠퇴하게 되는 경우가 발생하므로, 정비를 통한 재활성화가 필요하다.

104) 이는 뉴어바니즘이 발생하게 된 동기이기도 하다.

105) 이러한 앵커시설에는 우체국, 교회 등의 공공시설과 잡화점 등의 상업시설 등이 있다.

(6) 장소발전(Place Development)

장소마케팅은 비물리적 요소인 도시 차원의 투자유치, 축제 등을 중심으로 이루어져왔으나, 지역활성화의 수단으로서 '장소이미지(place image)'에 치우친 나머지 사람을 위한 '장소'는 없다는 비판을 받기도 한다.

이에 대한 해결방안으로 '장소정체성'의 강조와 이를 기반으로 하는 통합적인 '장소발전(place development)'으로 전환되어야 한다는 움직임[106]이 일어나기도 하였다. 그 대표적인 예로 영국의 타운센터 관리(TCM: town center management)[107]와 같은 '장소만들기' 성격의 장소마케팅을 들 수 있다.

타운센터는 주민들의 상호 작용이 일어나는 중요한 모임의 장소다. 이러한 타운센터는 그 성격을 더 강화하기 위하여 사람들의 감흥을 유발하는 자연적이며 인공적인 모습을 가진 위치에 계획될 수 있다.(URA, 2001: 44)

다. 주요 이론에서의 '장소만들기' 관련 사항

이상에서 살펴본 지속가능한 발전과 도시설계 분야의 최근 동향과 '장소만들기'에서의 내용을 정리하면 다음과 같다.

먼저 지속가능한 발전과 인간·문화중심의 개발이 시대적 요청으로 대두되고 있는 오늘날 '장소만들기'는 중요한 화두로 제시되고 있다.

지속가능한 발전 및 도시개발을 위해서는 환경적·경제적·사회적 측면

---

106) 장소마케팅은 장소발전(place development), 도심재활성화 및 도시재개발(urban regeneration & renewal)에서 중요한 위치를 차지할 수 있다(Chris Murray, 2001: 11)고 한다.

107) 영국의 환경부에 다르면 타운센터란 city, town, 전통적 교외타운을 포괄하며 커뮤니티와 주민 모두에게 다양한 시설과 서비스 기능을 수행하는 공간이다. 다시 말해 사람들이 상업활동을 하기 위해 자신들이 사는 곳 가까이에 있거나 대로가 교차하는 위치에 있는 중심지적인 장소로서, 소매기능뿐만 아니라, 문화, 여가, 오락, 의료 등의 요소를 제공하여 타운센터의 매력과 활력을 제공한다.(Stephen Page, 1996: 154)

에서 다음의 사항들이 전제되어야 한다. 먼저 환경적 측면에서는 공원, 녹지 등을 통한 환경친화적 개발이 되어야 한다. 이와 더불어 경제적 측면에서는 도시경제 활성화에 기여할 수 있으며, 자원을 절약하는 개발이 되어야 한다. 마지막으로 사회적 측면에서는 커뮤니티를 고려한 개발이 되어야 한다.

인간·문화중심의 개발을 위해서는 역사 문화 환경의 정비가 필요하고, 사람 중심의 보행환경이 조성되어야 하며, 문화·사회복지시설 등을 확보하여 도시정체성과 삶의 질을 증진시키는 매력적인 장소들을 필요로 한다.

다음으로 도시설계 분야의 주요 동향인 뉴어바니즘, 어반 빌리지, 콤팩트 시티 등에서는 커뮤니티의 정체성 회복, 재미있는 장소의 조성, 최소한의 개발 등이 대두되고 있다.

이를 위해서 도시중심에 공공·문화·상업 등의 앵커시설들은 미리 설치하는 등, 재미있고 지속가능한 장소를 만들어서 도시로의 귀속감과 도시의 정체성을 높이고자 노력하고 있다.

한편 이와 함께 도시의 쾌적성과 안전성이 대두됨에 따라, 도시의 어메니티를 증진시키고 가로의 안전성을 높여야 한다.

도시의 어메니티 증진은 공원·녹지 등의 확보와 문화시설의 설치를 통해서 가능하다. 가로의 안전성은 가로의 침투성을 높여서 사람들이 많이 다니게 하고, 가로등 및 무인 경비시설[108]을 확보하는 등 도시의 안전을 위한 가로의 조성이 필요하다.

주민참여의 요구 또한 반드시 이루어져야 할 주요한 화두로 제시되고 있다.

주민참여란 도시개발과정에 있어서 실제 이용자인 시민이 계획주체로서 직접 참여해야 한다는 것으로, '장소만들기' 과정에도 당연히 적용된다. 이

---

108) 최근 주거단지 내에 설치되는 대표적인 무인 경비시설로는 폐쇄회로 카메라(C.C. Camera) 등을 들 수 있다.

를 위한 참여방법으로 대표적으로 제시되고 있는 것이 공공·민간·전문가의 협의체(governance)와 인터넷을 이용한 커뮤니티(e-community)의 도입이라고 할 수 있다.

마지막으로 도시환경의 물리적 측면과 더불어 지속가능한 장소를 유지하기 위한 관리책임, 운영방식 등의 소프트웨어에 대한 중요성이 제시되고 있으며, 이를 위한 계획·제도 및 과정에 대한 확립이 필요하다.

제3절 신도시 개발과 '장소만들기'

1. 기존 신도시 개발의 문제점

1) 일반적 관점에서의 문제점

관련 연구에 의하면 우리나라 신도시의 문제점은 크게 수도권 5대 신도시의 문제점(한국도시설계학회, 2005), 1990년대 신도시의 문제점(정석의, 2001), 지속가능한 측면에서의 문제점(이상문 외, 2004), ESSD 측면의 문제점(김영환, 1994), 산업시대 신도시의 문제점(권경득 외, 2004) 등 다섯 가지의 측면에서 살펴볼 수 있다.

먼저 수도권 5대 신도시의 문제점에서는 ①사회적 차원,[109] ②경제적 차원,[110] ③국토·도시계획적 차원,[111] ④개발과정상의 차원[112]에서 수도

---

109) 영세민을 위한 주택공급은 신도시에서 사실상 적용되지 않았다.
110) 수용기능이 주거 위주로 단순하여 생산지원기능과 산업기능이 미비하다는 것과, 주택건설 비용이 증가하여 자금흐름의 왜곡 등의 문제가 발생한다는 것이다.
111) 수도권 집중 가속화, 교통문제 심화, 도시환경의 질 저하 등을 제시하고 있다.

권 1기 신도시의 전반적인 문제점을 제시하고 있다.

두 번째, 1990년대 신도시의 문제점에서는 ①도시기반시설의 확보문제,[113] ②신도시 주변의 난개발,[114] ③교통체증 및 시민불편,[115] ④자족적·다양한 도시기능 부재[116] 등을 들고 있다.

세 번째, 지속가능한 측면에서의 문제점에서는 ①사회적,[117] ②경제적,[118] ③환경적[119] 지속가능성 측면에서 문제점을 제시하고 있다.

------

[112] 하향적·관주도의 비공개적 계획, 계획가에 의한 일방적 계획, 분양정책 미비, 도시서비스시설 개발 부진 등을 제시하고 있다.

[113] 자족성을 갖지 못함으로 인해서 기존 도시와 신도시를 연결하는 도로 등 기반시설이 부족하게 되며, 양적인 측면만을 고려한 결과 최소한의 기준만을 충족하는 선에서 도시기반시설을 확보하여, 질적인 측면 특히 주거환경의 개선이라는 측면은 전혀 고려되지 못한 점을 들 수 있다.

[114] 신도시를 개발하면서 주변 지역에 대한 철저한 관리대책을 마련하지 못해 발생한 문제점이다.

[115] 주민의 입주 시기에 맞추어 기반시설이나 생활편익시설들을 완벽하게 갖추지 못함으로 인해서 발생한 문제점으로서, 주민의 입주 시기와 기반공사 완공 시기의 차이로 통근교통의 혼잡 및 입주민의 생활불편을 초래하는 결과가 발생되었다. 이는 수도권 5대 신도시뿐만 아니라, 최근에 건설되고 있는 신도시 등에서도 예견되는 문제라 할 수 있다.

[116] 주택공급 차원에 국한된 신도시 개발로 인하여 도시의 자족시설을 확보하지 못하였으며, 이와 더불어 주거기능 이외의 다양한 도시기능은 부여되지 못했다. 이는 신도시의 토지이용이 미래사회에 부응하는 새로운 도시기능의 유지를 위한 수용력이 없으므로 도시의 슬럼화를 가속화시킨다고도 할 수 있다.

[117] 사회적 지속가능성 측면에서의 문제점으로는 신도시 개발과정에서의 이용자(주민) 참여 시스템 부재, 역사적·문화적 자원 보호 및 계승발전에 대한 계획적·정책적 노력 부재, 신·구 커뮤니티의 화합 부재를 들 수 있다.

[118] 경제적 지속가능성 측면에서는 자족성이 떨어지는 침상도시의 문제를 들 수 있다.

[119] 환경적 지속가능성 측면에서는 지속가능한 에너지 및 자원이용시스템의 구축 미흡과 개발 지역의 생태환경이나 생물서식지의 보전·복원 노력의 미흡 등을 문제점으로 제시한다.

네 번째, ESSD 관점에서는 ①신도시 자족기능의 결여,120) ②국토개발 이념과의 상치,121) ③도시개발 및 관리체계의 미비,122) ④자연자원에 대한 고려의 미흡,123) ⑤비효율적 기반시설 투자,124) ⑥재해관리의 처리 및 건설산업의 장기정책 미흡,125) ⑦개발의 비민주성과 불공정성126) 등 일곱 가지 문제점을 제시하고 있다.

마지막으로 산업시대의 신도시 개발과정에 있어서의 주민참여에 관한 문제점으로는 ①계획단계에서는 계획 초기의 입안단계에서 주민이 실질적으로 참여할 수 있는 통로가 없으므로, 주민이 배제된 채 대부분 전문가와 행정집행주체에 의해 신도개발계획이 진행된다는 것 ②집행단계에서 현실적으로 지역주민의 도시개발 집행과정에서의 참여가 사실상 불가하다

---

120) '주택도시', '침상도시(bed town)' 형태의 위성도시 양산으로 자족기능을 결여시켜 모 도시에의 과도한 교통수요 유발 및 스스로 독자성을 상실한 단조로운 도시로 전락함을 우려한다.

121) 수도권 인구집중이라는 부정적 결과와 수도권의 기능분담 및 국토의 균형개발이라는 적극적 기능을 담당하지 못함을 비판하고 있다.

122) 정부의 주도하에 각종 공사(대한주택공사 및 한국토지공사 등)가 시행 주체가 되어 추진하는 관계로 개발과정에서 해당 지자체나 민간개발업체를 소외시킨 점을 지적하고 있다.

123) 양질의 녹지 지역에 개발이 집중되어 자연자원을 남용하였고, 도시환경의 쾌적성 제고보다는 경제성 추구에 집착하여 생태적으로 민감한 지역까지 개발하였으며, 공원·녹지계획이 도식적인 계획에 그쳤음을 비판한다.

124) 기반시설 투자가 체계적이고 종합적인 광역기반시설 개발구상에 의해서가 아니라 개별사업에 의해 임기응변적으로 처리됨으로써, 투자의 효율성 저하와 기반시설 설치비용에 대한 이해당사자 간의 분쟁발생, 초기입주자들의 통근문제 등을 문제점으로 지적하고 있다.

125) 기존 환경영향 평가제도의 근본적인 한계로 인하여 형식적 절차에 그치는 경우가 많아 오히려 개발의 면죄부로 악용되기도 한다고 비판한다.

126) 특별법에 의한 신도시 개발은 대상 지구의 지정에서부터 계획수립, 시행, 개발완료 시까지의 전 과정이 독자적인 근거법에 따라 추진되기 때문에 일반시민, 전문가, 지자체 등의 참여가 사실상 배제되는 등의 비민주성을 초래하고 있다고 비판한다.

는 것 ③평가단계에서 계획내용이 충실하게 집행되었는지에 대한 평가관
련제도가 전혀 없으므로, 이에 대한 주민참여의 부재를 들고 있다.

2) '장소만들기' 관점에서의 문제점

가. 관련 연구의 종합

관련 연구에서 제시된 일반적인 관점에서의 문제점을 '장소만들기' 측면
에서 재정리해 보면 ①개발과정에 대한 문제점, ②국토·도시계획적 차원
에서의 문제점, ③환경적 측면에서의 문제점, ④경제적 측면에서의 문제점,
⑤사회적 측면에서의 문제점 등으로 나누어 볼 수 있다.

먼저 개발과정에 대한 문제점으로는 계획, 집행, 평가 단계에서의 주민
참여의 부재, '장소만들기' 과정에서의 이용자 및 주민 참여시스템의 부재,
개발과정의 비민주성, 하향식·관주도적 비공개적 계획 및 계획가에 의한
일방적인 계획 등을 들 수 있다.

두 번째, 국토·도시계획적 차원에서의 문제점으로는 도시환경의 쾌적
성보다는 공급의 논리에 의한 경제성의 추구와 기반시설에 대한 비효율적
투자를 들 수 있다. 그 결과 양적인 주택공급의 목적은 어느 정도 달성하
였는지는 모르겠지만, 주거환경의 질적인 향상이 이루어지지 않아서 전체
적인 도시환경의 질 또한 저하하게 된 원인이 되었다.

세 번째, 환경적 측면에서의 문제점으로는 환경친화에 대한 고려가 미
흡하다는 것을 들 수 있다. 신도시를 건설하는 데 있어서 기존의 자연환
경을 훼손하였고, 지속가능한 에너지 및 자원이용에 대한 대책이 부족하
였다고 할 수 있다.

네 번째, 경제적 측면에서의 문제점으로는 신도시의 자족성 부재로 인
한 침상도시(bed town)로의 전락 등을 들 수 있다. 이러한 자족성의 문제

는 출퇴근에 의한 교통문제를 야기하는 주요 원인이 되기도 하였다.

마지막으로 사회적 측면에서의 문제점으로는 기존장소에 대한 고려의 부재와 신·구 커뮤니티의 화합 부재 등을 들 수 있다. 즉 기존장소에 대한 역사적·문화적 자원에 대한 보전과 계승 및 발전에 대한 고려가 없었으며, 신도시 주민들과 인근 지역 주민들의 사회적·문화적 갈등해소에 대한 고려가 없었다고 할 수 있다.

나. '장소만들기' 관점에서의 문제점 정리

전술한 관련 연구의 종합에서 제시된 문제점을 다시 '장소만들기' 관점에서 정리해 보면 ①'장소만들기' 요소, ②'장소만들기' 과정 및 이용자·주민의 참여, ③계획제도의 역할과 한계, ④사회적 측면으로 구분할 수 있다.

첫째, '장소만들기' 요소에 대한 문제점은 '장소만들기'의 실현에 대한 측면에서 살펴볼 수 있다. 지금까지의 신도시 개발에 있어서도 장소는 중요한 대상이었고, 이를 달성하기 위한 '장소만들기'가 시도되었다. 그러나 양적인 공급이라는 시대적 흐름 속에서 '장소만들기' 요소들의 질적인 측면에 대한 고려가 이루어지지 않았고, 이로 인해 삶의 질과 도시환경의 질은 개선되지 못하고 있는 실정이다.

또한 기존 커뮤니티의 해체 및 기존 도시와의 단절은 앞에서 살펴본 사회적 지속가능성과 연관된 것으로서, 지금까지의 신도시는 기존 주민에 대한 고려가 충분하지 못하였으므로 인하여 커뮤니티가 해체되었고, 경관 및 문화자원이 파괴되었으며, 〈그림 2-8〉과 같이 신도시와 기존 도시와의 단절을 가져오게 하였다.

커뮤니티는 인간이 살아가면서 기본적으로 추구하는 것으로서, 주거단지개발의 기본이라고 할 수 있다. 그러나 지금까지의 신도시 개발은 주거단지개발을 기본 목적으로 함에도 불구하고 기존 커뮤니티의 유지와 새로운 커뮤니티의 형성이라는 과제가 철저히 무시된 경향이 있다.

　신도시와 기존 도시와의 관계는 도시의 정체성과 관련된 문제임에도 불구하고, 수도권 5대 신도시의 경우 기존 도시와의 연계성을 갖지 못하고 있다.127) 이는 본 연구의 대상지인 평촌의 경우도 '안양시'의 '평촌'이 아니라, '평촌 신도시'로 인식되며 기존의 구도시와는 별도의 생활권128)을 형성하고 있다는 점에서도 알 수 있는 사실이다.

　둘째, '장소만들기' 과정 및 이용자·주민의 참여에 대한 문제점으로는 신도시 개발과 '장소만들기'를 지속적으로 진행되는 과정이 아닌, 결과물로 인식하려는 데에서 비롯되었다고 할 수 있다.

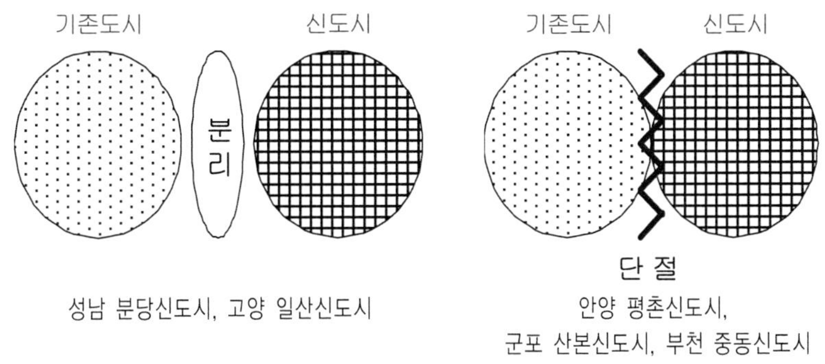

성남 분당신도시, 고양 일산신도시　　　　안양 평촌신도시,
　　　　　　　　　　　　　　　　　　　　군포 산본신도시, 부천 중동신도시

〈그림 2-8〉 수도권 신도시 개발에 있어서 기존 도시와의 관계

127) 분당의 경우 '성남 분당'이라기보다는 '분당 신도시'이기를 주민들이 원했고 사람들에게도 그렇게 알려졌으며, 이는 다른 신도시들도 마찬가지다. 이러한 인식차원의 문제뿐 아니라, 생활권에 있어서도 서로 단절된 별도의 생활권을 형성한다. 분당과 일산의 경우 기존 도시 지역과 어느 정도 이격된 거리에 조성된 영향이 있을 거라고 판단되지만, 기존 도시 지역과 인접한 평촌, 산본, 중동의 경우도 같은 형편이다.

128) 평촌신도시 개발 이후 하천과 철도를 경계로 행정구역이 신도시 중심의 동안구와 구시가지 중심의 만안구로 양분화되었고, 만안구는 안양역을 중심으로 한 단핵구조로 되어 있는 반면 동안구는 신도시 개발에 의해 생활권별 중심의 비교적 체계적으로 구성되어 있는 차이를 보이고 있다.(박인수·최재필, 2004. p.528)

즉 신도시 개발과 '장소만들기'의 과정은 계획 · 설계적 측면,[129] 유지 · 관리적 측면[130]에서 지속적인 과정으로 진행되어야 함에도 불구하고, 유지 · 관리적 측면에서의 고려가 없었다고 할 수 있다. 한편 '장소만들기' 과정에 정작 그 장소를 이용하는 이용자 · 주민이 참여하지 못하는 문제도 제기되었다.

셋째, 계획제도의 역할과 한계에 대한 문제점으로는 '도시설계의 역할 및 한계에 대한 문제'와 '이용자 · 주민 참여과정의 부재'라는 제도적 측면의 문제를 들 수 있다.

제1기 신도시 개발단계부터 도시설계의 중요성이 대두되어 신도시 개발과정에서 도시설계, 상세계획, 지구단위계획의 형태로 도시설계제도가 도입되어 작성되었으나, 제도 도입 당시 기대했던 만큼의 역할을 충분히 수행했다고 보기는 어렵다.[131] 한편 개발사업과정에서의 주민공람, 공청회 등 사업진행과 관련된 사항 이외의 실직적인 이용자 · 주민참여에 대한 참여제도 역시 전무하다고 할 수 있다.

넷째, 사회적 측면에 대한 문제점으로는 '공익에 대한 협조 등에 대한 이용자 · 주민의 의식' 및 '간판 등 가로환경 조성에 관한 문화적인 측면'을 들 수 있다.

신도시 개발과정에서 발생하는 이익에 대한 이해관계에서 공익보다는 사익에 대한 주장이 강하게 제기되는 문제가 발생하였다. 특히 간판 등 옥외광고물과 관련된 문제에서, 가로환경 조성에 있어서 통일되고 조화로운 옥외광고물 조성지침을 무시하고 개별적인 간판을 강조하려 함으로써 이에 협조하지 않는 등의 문제점이 발생하고 있다. '장소만들기' 과정에서의 이용자 · 주민의 성숙된 시민의식 및 마을 및 도시 가꾸기에 대한 참여의식과 가로경관에 대한 이해가 절실히 요구된다고 할 수 있다.

---

129) 양적 기반에서 질적 측면으로의 전환이 필요하다.

130) 조성 후 유지관리 및 이용 후 평가 등의 도입이 필요하다.

131) 특히, 질적 기준에 대한 제시 및 실현에 있어서의 역할이 부족하였다.

2. 신도시 개발에서 '장소만들기'의 필요성

1) 배 경

신도시에서의 '장소만들기'는 아무것도 없는 것에서 장소성을 창출해야 한다는 근본적인 한계를 가진다. 그럼에도 불구하고, 장소를 만들어야 하는 이유는 새로 조성된 신도시가 사람들의 정주환경으로 더 빨리 정착되게 하는 데 그 목적이 있다. 장소성이 인간과 장소의 관계에서 형성된다고 전제할 때, 많은 사람들이 이용한다는 것은 장소성 형성의 시발점이므로 이러한 장소를 제공하는 것이다. '장소만들기'가 시간과 사람의 결합에 의한 활동, 기억, 체험에 의존한다고 할 때, 이용자들의 체험과 기억에 오래 유지될 수 있는 조건을 갖춘 '장소만들기'가 필요하다.

지속가능한 발전 및 도시개발이라는 시대적 요청을 충족시키고, 도심 회귀 현상 및 도시재생의 현상에서 나타나는 기존 도시의 경쟁력 있는 요소[132]들을 반영함으로써 도시의 귀속감 및 정체성을 높일 수 있다. 이와 더불어 도시의 쾌적성과 안전이라는 근본적인 욕구를 충족시키기 위해서는 신도시 개발에 있어서의 '장소만들기'가 그 역할을 충분히 수행해야 한다.

2) 기존 신도시 개발의 문제점 해결

'장소만들기'는 신도시 개발에 있어서, 앞서 서술한 기존 신도시 개발에서 나타난 일반적인 측면에서의 문제점[133]과 '장소만들기' 관점에서의 문

---

132) 이러한 요소들에는 커뮤니티, 재미있고 매력적인 지속가능한 장소들, 접근이 용이한 도시중심에 위치하는 문화, 공공, 상업 등의 도시 앵커시설들이 있다.

133) 전술한 바와 같이 ①개발과정에 대한 문제점, ②국토·도시계획적 차원에서의 문제점, ③환경적 측면에서의 문제점, ④경제적 측면에서의 문제점, ⑤사회적 측면에서의 문제점 등이 있다.

제점[134]을 해결할 수 있는 대안으로 제시될 수 있으며, 충분히 그 역할을 해낼 수 있으리라 기대한다.

즉 '장소만들기'는 지금까지의 개발방식, 즉 이전의 모든 기억을 지워버리는 개발방식에서 벗어나 그 땅에 담긴 사람들의 행동과 기억을 최대한 보전하는 방식이다. 그러므로 양적 위주의 신도시 계획방법에서 벗어나 질적인 면을 충족시키기 위한 방법이라고 할 수 있다.

3) 과정으로서의 신도시 개발의 정착

신도시 개발은 일련의 과정으로서 이해되고 정립되어야 하며, 지속적인 노력을 통해서 정착되어야 할 것이다. 이러한 맥락에서 과정으로 진행되는 '장소만들기'야말로 신도시 개발에 있어서 반드시 전제되어야 할 것이다.

신도시 개발과 '장소만들기'가 일련의 과정으로 진행됨으로써 신도시 개발과정에 대한 지금까지의 문제점을 극복할 수 있는 새로운 기법의 신도시 개발이 이루어질 수 있을 것이라 기대할 수 있다.

일반적으로 지역이나 도시에 대한 개인의 이미지는 가로나 광장, 공원 등 물리적 환경과의 직접적인 접촉과 체험을 통하여 구체적인 장소로 인식되고, 그것이 개인에게 특정한 의미를 부여하게 됨으로써 형성된다.

따라서 기존 도시와 달리 독특한 이미지와 정체성이 부족한 신도시의 경우, 도시환경의 독자성 및 통일성이 결여되기 쉬운 구조적 한계를 안고 있다. 이를 극복하기 위해서는 장기적인 관점에서의 기반시설의 양적 확충뿐 아니라, 개발 초기의 입주자들에게 쾌적한 도시환경을 제공함으로써 지역공동체에 대한 소속감과 향토애가 하루빨리 정착되도록 해야 한다.(국토연구원, 1992: 19) 이러한 지속적인 노력은 '장소만들기'의 하나로 볼 수 있다.

---

134) 전술한 바와 같이 ①'장소만들기' 요소, ②'장소만들기' 과정 및 이용자·주민의 참여, ③계획제도의 역할과 한계, ④사회적 측면 등이 있다.

4) 계획 및 설계 제도의 정립

지금까지 신도시 개발에 있어서의 계획 및 설계는 그 세밀함(detail)에 있어서 충분히 만족스럽다고 할 수는 없다.

즉 시설지표 등의 정량적인 측면은 제시되었지만, 구체적인 공간 및 장소에 대한 계획 및 설계지침 등에 있어서는 충분한 고려 및 제시가 이루어지지 못했다고 할 수 있다. 이로 인해서 정성적인 측면은 상당히 빈약하였다고 할 수 있으며, 개선되어야 될 문제점으로 제시되고 있다.

'장소만들기'는 구체적인 도시설계기법으로서 신도시 개발에서의 계획 및 설계 측면의 구체적인 검토와 지침을 제안할 수 있다.

앞으로 그 필요성이 계속 증대됨에 따라 향후 정성적인 측면을 강화하는 제도의 정립을 촉진시킬 수 있다.

3. '장소만들기'를 통한 신도시 개발 방향

1) 배 경

가. 시대적 동향

지금까지 살펴본 바와 같이 오늘날 도시개발의 동향은 장소를 기반으로 하는 도시개발[135]과 환경적·경제적·사회적 측면에서의 지속가능성을 확보하는 도시개발이 시대적 조류라고 할 수 있으며, 신도시 개발에 있어서도 예외일 수 없다.

이상을 통해서 볼 때, 신도시 개발에 있어서의 기본적인 동향은 다음의

---

[135] 이러한 도시개발유형에는 앞서 살펴본 뉴어바니즘, 어반 빌리지, 콤팩트 시티 등이 해당된다.

세 가지로 전망할 수 있다.

첫째, 양적인 확보에서 질적인 충족이라는 관점으로의 전환을 들 수 있다. 과거에는 일정량의 주택을 확보하는 데 그 목적이 있었다고 한다면, 앞으로는 장소를 통한 주거환경의 쾌적성과 삶의 질을 추구하는 사람들의 욕구를 충족시킬 수 있는 시설이 기본적으로 설치되어야 한다.

둘째, 도시경제 활성화에 기여할 수 있어야 한다. 사람들이 많이 모이게 하기 위해서는 상업시설의 도입[136]이 필수적이며, 이를 위해서는 장소마케팅적인 측면에서 중심상업가로의 수용 및 조성 등을 적극적으로 검토해야 한다.

셋째, 지속가능한 신도시[137]가 되어야 한다. 이를 위해서는 환경적[138] · 사회적[139] · 경제적[140] 지속가능성이 갖추어야 하고, 커뮤니티의 형성을 위해서는 이를 위한 시설[141]이 필요하며, 이는 '장소만들기'에서 제시하는 시설의 설치를 통해서 가능하다.

최근 지속가능한 신도시 개발 기준도 이러한 맥락에서 접근할 수 있다.

나. 기본 방향

앞의 논의에서 신도시 개발의 문제점을 해결하기 위해서는 '장소만들기'

---

136) 영국의 도시재생사업의 경우 쇼핑센터가 시발점이 된 경우가 있다.

137) 이상문(2004: 13)에 의하면 이를 위해서는 환경도시, 문화도시가 되어야 하고, 도시 내부에 공동체적 연대와 경제적 활기가 구현되어야 한다.

138) '장소만들기'와 연계해 볼 때, 환경적 지속가능성은 친환경적 신도시 개발을 통한 공원 · 녹지 및 보행자 네트워크의 구축을 통하여 확보할 수 있다.

139) '장소만들기'와 연계해 볼 때, 사회적 지속가능성은 보행자 중심의 장소 및 역사문화경관 등 인간중심의 문화적 신도시 개발과 기존 커뮤니티 및 장소에 대해 고려함으로써 유지할 수 있다.

140) '장소만들기'와 연계해 볼 때, 경제적 지속가능성은 매력적인 장소를 통한 도시활성화를 통해서 추구할 수 있다.

141) 이러한 시설은 사람의 활동을 담을 수 있는 그릇으로서의 물리적 장치와 사람들의 관심과 참여를 유도할 수 있는 용도와 운영방식으로 이루어진다.

를 기반으로 하여야 한다고 제안하였다.

이러한 맥락에서 볼 때, 향후 신도시 개발의 방향은 크게 신도시 개발의 '결과물'에 대한 측면과 신도시 개발의 '과정'이라는 두 가지 측면에서 접근되어야 할 것이다.

이를 위한 기본 방향을 구체적으로 설정해 보면 다음과 같다.

첫째, 신도시 개발의 결과물에 대한 측면에서는 물리적 환경의 ①성격 및 ②요소를 중심으로 하여, 지속가능성 확보 및 커뮤니티 형성이 전제되는 방향으로 신도시 개발이 진행되어야 한다는 것이다.

이를 위해서는 기존에 이루어진 신도시 개발을 대상으로 하여 '장소만들기' 대상에 대한 성격 및 요소에 대한 분석을 시행한 후 향후 개선되어야 할 방향을 찾아야 한다. 주요 대상으로는 공공장소,[142] 도시중심가로, 생활가로, 커뮤니티 시설, 문화시설,[143] 사회복지시설 등이 해당된다.

둘째, 신도시 개발의 과정에 대한 측면에서는 ①'장소만들기' 과정[144]과 ②신도시 개발 관련 제도적인 측면[145]이 고려되어야 한다.

신도시 개발은 일련의 과정으로서 진행되어야 하므로, 개발과정에 있어서는 계획 초기 단계부터 향후 유지·관리 단계에까지 이용자·주민의 참여가 보장되어야 한다.

이러한 '장소만들기'을 실현하기 위해서는 이를 위한 실천적 방법의 제시와 더불어 이에 대한 법적 제도적 장치가 뒷받침되어야 한다.

---

142) 공공장소의 대표적인 유형으로는 광장과 상징가로 등이 있다.

143) 문화시설에는 도서관, 공연장, 박물관 등이 있다.

144) '신도시 개발의 진행과정'과 '신도시 개발과정의 참여자'가 여기에 해당한다.

145) '도시설계제도의 확대 및 정립', '주민참여제도의 도입', '시설기준'이 여기에 해당한다.

2) 물리적 환경의 성격 및 요소

가. 도시의 정체성과 귀속감을 고양시키는 요소의 도입

향후 신도시 개발에 있어서는 도시의 정체성과 이용자·주민들의 귀속감을 고양시키는 요소들이 도입되어야 한다.

이를 위해서는 기존 지역의 역사·문화에 대한 기본적인 내용을 충분히 반영하여야 하며, 이를 바탕으로 도시정체성을 설정하여 향후 이주해 오는 주민들이 이에 대한 귀속감을 가질 수 있게 하여야 한다.

대표적인 요소로는 광장, 가로, 공원 등이 있으며 이러한 공공장소에 대한 '장소만들기'는 도시의 정체성과 귀속감을 고양시키는 데 커다란 역할을 한다.

나. 생활가로 조성을 통한 인간적 요소와 안전성의 확보

인간적인 가로의 조성과 안전한 도시의 조성은 주민의 삶의 질과 큰 연계를 갖는다. 인간적인 가로는 사람들의 보행에 지장을 주는 요소가 없으며, 가로변의 시설 및 용도가 보행의 재미를 배가시킴으로써 새로운 활동을 창출할 수 있어야 한다.

이를 위해서는 가로를 3차원적인 공간으로 해석하여 조성하고, 이와 더불어 사람들의 활동을 유도할 수 있는 용도를 도입함으로써,[146] 많은 사람들이 자주 찾는 매력적인 가로라는 장소를 많이 만들 수 있다.

살고 싶은 도시는 이용자·주민에 대한 범죄 및 재해로부터의 안전성이 보장되는 곳이라 할 수 있다. 인적이 없고, 사람들이 찾지 않는 공간은 결

---

146) 즉 지금까지의 가로조성은 보행의 기능적인 측면만을 충족시키는 데 그 목적을 두어, 가로의 바닥 면인 2차원적인 요소만을 대상으로 하였다. 그러나 현재 요구되고 있는 '문화의 거리'는 3차원적 공간이라는 물리적인 측면과 문화용도라는 비물리적인 측면의 결합으로서만 가능하다.

코 안전할 수 없다. 도시 안전장치와 더불어 사람들이 많이 찾는 장소로
조성함으로써 안전성을 확보할 수 있어야 한다.

다. 재미있고 지속가능한 장소의 조성

최근 제기되고 있는 것이 도시는 살기에(live), 일하기에(work), 즐기기
에(play) 적합한 곳이어야 한다는 것이다.

이를 위해서는 '장소만들기'에 의한 재미있고, 매력적인 장소를 통하여
어메니티와 도시경쟁력을 확보하고 이를 기반으로 삶의 질을 향상시킬 수
있어야 하겠다.

삶의 질을 고양하기 위해서는 이에 필요한 질적인 계획기준의 작성과
이를 실행할 수 있는 실천수단의 준비 및 이를 준수하는 노력 등이 필요
하다. 이러한 삶의 질을 고양시킬 수 있는 다양한 방법 중에서는 장소의
조성을 통한 방법이 가장 효과적인 방안이 될 수 있다고 할 수 있다.

지역경제의 활성화는 장소마케팅을 통한 도시활성화에 의해서 가능하
며, 도시활성화에 있어서는 좋은 장소가 많은 것이 유리하다. 즉 '장소만
들기'를 통해 조성되는 장소는 훌륭한 장소자산이 되며, 이를 활용한 장소
마케팅은 도시활성화에 크게 기여할 수 있다.

특히, 도시 어메니티 조성을 통한 매력적인 장소는 장소마케팅의 주요
대상으로서 도시활성화에 기여한다.

신도시에서의 '장소만들기'에 있어서는 아무 것도 없는 상태에서 장소가
되는 바탕을 만들기 위한 주요 대상으로 '도시 어메니티[147]' 요소의 설치
가 대표적인 경우라 할 수 있다.

---

[147] 신도시 개발 이전의 자연적·역사적·공동체적 흔적을 간직하여 신도시 이
용자에게 환경적 연속성의 체험거리를 제공하는 유무형의 자원 일체를 말
하는 것으로서, 사업지구에 존재하던 생태자원, 문화자원, 생활양식자원, 농
업자원, 사회활동자원 등이 해당된다.

특히 중심상업가로의 경우 '문화시설의 도입'과 '가로경관조성'을 통해서 더욱 매력적인 장소로 발전시켜 나갈 수 있는 가능성을 지니고 있다.

라. 주민의 건강과 휴양 증진을 위한 공원녹지 공간의 확보

지금까지 신도시에 조성된 공원은 산업혁명 이후 도시문제의 해결을 위해서 조성된 근대공원의 전형적인 형태를 취하고 있다. 즉 휴식과 여가를 위한 최소한의 공원시설기준을 적용하고, 그 후 요구되는 시설을 필요한 시기에 추가한 형태이다.

이로 인하여 전국의 공원은 거의 유사한 형태를 취함으로써 그 공원만의 고유한 성격을 지니지 못하고 있다.

최근에는 기존의 공원에 녹지의 개념이 함께 부가되어 공원녹지라는 개념으로 사용되고 있다.[148] 공원녹지[149]에 관해서 고려할 사항을 정리해 보면 다음과 같다.

공원은 근대 도시중앙공원의 등장 이후 오늘날까지 도시민들의 휴식, 여가를 담당하여 왔으며, 최근에는 건강과 웰빙(well-being)을 위한 운동 및 체력단련시설과 생태를 고려한 환경친화적인 계획과 조성이 필요하게 되었다.

녹지공간[150]은 쾌적한 주거환경 및 소음공해 등을 완화하기 위한 완충

---

148) 기존의 도시공원법에 녹지에 관한 내용을 추가하여 '도시의 공원 및 녹지에 관한 법률'로 개편하여 시행하고 있다.

149) 쾌적한 도시환경을 조성하고, 시민이 휴식과 정서함양에 기여하는 공원, 녹지, 공공공지, 하천, 유수지, 저수지, 그 밖의 식생공간 등을 말한다.(건설교통부, 2004: 4)

150) 지속가능한 신도시 계획기준상 오픈스페이스 확충내용에 따르면 다음과 같다.
   ① 1인당 공원면적은 최소 10㎡/인 이상으로 한다.
   ② 수용인구 10만 명 이상 신도시에서는 0.2㎢ 이상 규모의 중앙공원을 계획하여야 하며, 신도시 내·외부의 공원과 녹지분포를 고려하여 계획한다.
   ③ 중심상업 지역 또는 중앙공원에 신도시를 상징하는 상징광장이나 시민

녹지와 경관의 증진을 위한 경관녹지로 조성되어 경관요소로서 활용되어야 한다.

우리나라의 경우 건교부의 '지속가능한 신도시 계획기준'상의 오픈스페이스 확충내용[151]에 중앙공원의 상징성을 강조하고 있다.

가로와 공원·녹지 등의 주요 장소는 서로 연계되어 도시의 쾌적성 증진 및 도시이미지 형성에 기여할 수 있어야 한다. 싱가포르(Singapore)에서는 〈그림 2-9〉와 같이 'Public Space-Big Plan[152]'이란 이름으로 도시 내에 주요 공공장소를 조성하고 이들 장소들을 보행으로 연계한 프로그램을 시행하고 있으며, 이는 도시의 공원 및 녹지의 연계체계에 있어서 좋은 사례라고 할 수 있다.

한편 생활권 문화시설은 공원녹지와 반드시 연계시켜 녹지와 문화시설의 상승작용이 일어날 수 있도록 해야 할 것이다.[153]

문화광장을 조성한다.
④ 공원은 근린주구 단위마다 일정 수준 이상으로 균등히 배분되도록 계획한다.

151) '수용인구 10만 명 이상 신도시에서는 0.2㎢ 이상 규모의 중앙공원을 계획하여야 하며, 신도시 내·외부의 공원과 녹지분포를 고려하여 계획한다.'고 하여 중앙공원의 설치를 장려하고 있으며, '중앙공원에 신도시를 상징하는 상징광장이나 시민문화광장을 조성한다.'고 하여 공원녹지와 문화시설의 결합을 강조하고 있다.

152) 주요 장소(Public Space Cases)는 다음과 같다.
Ⓐ Orchard Road Pedestrian Mall
Ⓑ Tranglin Mall Landscape Plaza & Pedestrian Mall
Ⓒ Shaw house Amphitheatre　　　　Ⓓ Wheelock Place Open Area
Ⓔ Ngee Ann City Civic Plaza
Ⓕ Landscaped Space Between Ngee Ann City & wisma Atria
Ⓖ Youth Park & Skate Park　　　　Ⓗ Peranakan Place
Ⓘ Cuppage Mall　　　　Ⓙ Plaza Singapura Open Plaza
Ⓚ Atrium@Orchard Pedestrian Mall　　　　Ⓛ Winsland House Plaza

153) 본 연구의 대상인 평촌중앙공원의 경우에도 문화시설 설치에 대한 계획과 필요성이 제기되고 있으며, 이를 통해서 공원의 활성화를 기대할 수 있다.

안양시에서 현재 추진하고 있는 '안양 아트시티 21'은 개별 장소를 조성하는 것인데, 향후 이러한 개별 장소들을 중심으로 하여 신·구시가지의 연계를 포함한 연계체계 구축이 필요하다.

〈그림 2-9〉 Singapore. Public Space-Big Plan

마. 도시앵커시설154) 설치를 통한 신도시의 조기정착

최근 사람들의 관심이 높아지고 있는 분야는 건강하게 삶을 즐기는 것155)으로 많이 표현되고 있다. 이러한 욕구를 충족시키기 위해서는 이용자·주민이 이용할 수 있는 앵커시설이 제공되어야 한다.

'장소만들기' 관점에서 볼 때, 이러한 시설은 훌륭한 장소로 많은 사람

---

154) 도시앵커시설로는 문화, 운동, 사회복지, 커뮤니티시설 등을 들 수 있다.
155) 이를 지칭하는 원어는 '웰빙(well-being)'이며 이를 '참살이'라고 번역하기도 한다.

들이 이용하는 계기가 될 수 있다. 도서관, 공연장, 박물관 등 문화시설의 경우 이용자·주민의 접근성이 최우선시되어야 하며, 특별한 시설로 취급되어 규모와 건축물 유형에 지장을 받아서는 안 된다. 이를 통해서 이용자·주민들이 언제라도 편하게 이용할 수 있는 시설이 되어야 한다. 사회복지시설과 커뮤니티시설은 문화·운동·사교의 집합시설로 커뮤니티 단위로 설치되어야 한다.

운동시설의 경우에도 실내·외, 규모 등에 얽매이지 말고 다양한 유형으로 제공되어 이용자·주민들의 선택의 폭 및 이용이 활발해야 할 것이다. 최근의 동향을 보면 체육공원에 높은 이용도와 선호도를 보이고 있다.

특히, 체육공원은 최근 대두되고 있는 주제를 갖는 공원의 하나로서, 주민들의 체육활동을 주요 내용으로 하는 공원이다. 최근 과천시의 경우 '문원체육공원156)'을 개장하여 평일 야간에도 주민들의 이용이 활발하며, 지역사회의 커뮤니티 장소로 활용되고 있다.

---

156) '문원체육공원'의 현황은 다음과 같다.(자료: 과천시 문화체육과)

구 분	현 황
사업기간	2001. 7.-2005. 1
위 치	과천시 문원동 30번지 일원
면 적	36,794㎡(시설: 17,880㎡, 녹지: 18,914㎡)
시설내용	광장, 운동시설(축구장 1면, 농구장 1면, 테니스장 3면, 게이트볼장 2면, 체력단련장 2개소, 조깅코스, 인라인스케이트장 1개소), 편익시설(주차장 258면: 옥외 76/지하 182), 조경시설(음악분수 1개소, 소나무 외 28종 식재, 그늘시렁), 유희시설(어린이놀이터, 물놀이못, 지압보도, 전통정자 1개소), 공원관리시설(화장실 2동, 관리사무소 1동, 변전시설), 교양시설(야외공연장 1개소), 기타(전기, 통신, 소방시설)
사업비	14,233백만 원(국비: 10억/도비: 5억/교부세: 5억/시책추진비: 5억/시비: 117.33억)
운영규정	과천시 도시공원 조례

바. 도시중심가로의 활성화[157]

　도시중심가로는 주로 '문화의 거리' 및 '걷고 싶은 거리'의 형태와 쇼핑몰의 형태로 나타난다. 이러한 도시중심가로의 활성화를 위해서는 3차원적인 물리적 계획(하드웨어)과 더불어 용도 및 성격에 대한 비물리적 계획(소프트웨어)이 함께 이루어져야 한다.

⑴ '문화의 거리' 및 '걷고 싶은 거리'

　사람들의 이용이 많은 활성화된 가로에 문화적인 요소를 첨가하면 그 매력성은 더욱 증가한다. 이를 위해서는 가로의 조성 초기부터 문화 관련 용도를 적극 유치해야 하며, 지속적으로 유지될 수 있도록 관리해야 한다. 한편 간판 등의 옥외광고물도 초기부터 관리하여 아름다운 도시경관이 지속되도록 하여야 한다.

　'문화의 거리' 또는 '걷고 싶은 거리'는 인간에게 가로환경을 즐길 수 있는 측면에서 삶의 질 향상과 밀접한 관련을 맺고 있으나, 기존의 조성방식은 물리적인 환경의 정비에만 치중하여 사람들의 이용과 활동을 고려하지 못함으로써 또 하나의 공간을 조성한 것에 그치는 경우가 많았다고 할 수 있다.

　이는 현재까지 전국에 조성한 수많은 걷고 싶은 거리의 경우에 있어서 사람들에게 사랑받고 적극적으로 활용되는 예가 극히 희박한 실정에서도 알 수 있다.

　이에 반해, 사람들의 기억 속에 남아 있는 장소성을 제대로 살려서 물리적인 환경을 양호하게 정비한 경우는 사람들에게 큰 사랑을 받고 이용되고 있다.

　인사동의 '쌈지길[158]'과 평촌 '시다금(詩茶琴) 거리[159]'를 그 대표적인

---

157) 특화거리 및 쇼핑몰 활성화를 통하여 도시의 매력성을 증가시키는 방안이 대표적이라 할 수 있다.

사례로 들 수 있다. 이는 민간의 주도에 의해 일어난 운동으로서 쌈지길
의 경우 인사동의 정체성인 골목길과 문화상품 판매기능을 살려서 조성한

---

158) '쌈지길'에 관한 주요내용에 다음과 같다.

구 분	내 용
조성배경	1999년 인사동 터줏대감 격이던 공예품·표구사 등 가게 12곳이 개발 바람에 밀려날 위기에 처하자 시민단체 등이 '12가게 살리기'에 나섰고 2001년 패션잡화업체 '쌈지'가 12가게 부지(대지 450평)를 매입하여 2004년 12월 18일에 건물 신축 임대
규 모	지하 2층, 지상 4층(연면적 1300평)
공간구성	• 150평의 중정(야외공연)을 둘러싸고 있는 건물이면서 동시에 500m에 달하는 길 • 4층까지 경사로로 연결: 완만한 기울기(3~5도)의 통로
도입시설	• 아원공방, 동서표구, 예성서각 등 예전의 12가게 • 공예작가의 공방과 매장, 디자인 전문점, 골동상, 전통가구점, 생활용품점, 갤러리, 전통식당, 전통떡집: 총 72곳 • '쌈지': 새 브랜드 판매
주 제	• 주차길: 주차장 • 지하1층(아랫길): 전시, 이벤트, 리빙, 인테리어 • 1층(첫 오름길): 12가게(전통공예품), 디자인 문화상품, 기획매장 • 2층(두 오름길): 현대공예공방, 작가공방(도예가들의 작품) • 3층(세 오름길): 전통공예공방, 작가공방(도예가들의 작품) • 4층(네 오름길): 전통한정식, 전시실 • 하늘정원: 카페, 인사동 전경 조망
특 징	12가게 중 일부는 헐린 옛 건물의 목재와 주춧돌, 간판 등을 인테리어에 이용

159) '시다금 거리'에 관한 내용은 다음과 같다.

구 분	현 황
위 치	안양구 동안구 갈산동 자유공원 앞 도로(8차선 평촌로 900m)
목 적	시다금 거리를 중심으로 갈산동 일대를 시로 가득 채우겠다는 주민운동
주 체	주민 중심 '시다금 거리 조성위원회'
배 경	'길이 바뀌면 주변이 바뀔 것이다.'
계 획	상점들이나 집집마다 시를 내리는 곳으로 꾸미겠다.
조성내용	• 돌기둥 1개(작은 돌항아리 8개: 수중식물 조경), • 시비(poem stone): 3개(돌조각에 시를 새긴 동판), 향후 기업·민간 기증받을 예정
예정용도	고서점, 레코드점, 다기점, 음식점 등

것이다. 시다금 거리의 경우 시와 차를 주제로 한 문화상품 관련 용도를
유치하여 가로를 조성하려는 시도로서 문화거리라는 공공성과 상업가로라
는 민간의 이익을 결합시키려는 시도라고 볼 수 있다.

쌈지길 중정 및 오름길　　　　　　　　쌈지길 주요부

〈그림 2-10〉 인사동 쌈지길

현재의 여건상 문화와 관련된 새로운 시설을 설치하지 못할 경우, 가로
에 있어서 결절부의 가각부 또는 보행 및 휴식구간의 건물 또는 필지를
공공이 매입하여 시민 휴게시설 및 문화시설로 제공할 수 있다. 이러한
노력을 통해서 더욱 매력적인 거리로서 경쟁력을 갖출 수 있다.

(2) 쇼핑몰

쇼핑몰은 보행자전용도로의 양측에 상업시설이 들어선 것을 말한다. 현
재까지 설치된 기존 가로에 위치한 쇼핑몰의 한계를 살펴보면, 물리적인
측면에서의 가로조경조성에만 그쳤다고 할 수 있다. 이로 인하여 3차원적
인 요소인 바닥, 벽, 건물에 대한 총체적인 요소가 부족하다.

이와 더불어 물리적인 측면과 함께 비물리적인 측면을 고려하면, 쇼핑
몰에 입지한 업종에 대해 논의되어야 한다. 즉 하드웨어로서의 물리적 장
치와 소프트웨어로서의 쇼핑몰의 성격이 함께 갖추어져야 한다.

중심업무상업 지구 내에 보행몰을 조성하여 주거지와 연계하여 도시 내 주거지의 도시성을 확보하면서 대중교통차량의 통행만을 허용하는 경우를 유럽의 경우에서 다수 찾아볼 수 있다.160) 도시 내의 보행몰이나 보행자 지구를 계획단계에서부터 지정하지 않고 도시 조성 후에 새롭게 개선하려 한다면 이해관계의 상충으로 많은 문제가 발생할 수밖에 없다.(제해성, 2005: 50-51)

일본에서 시행되는 '상점가 활성화 사업161)'은 문화적인 측면을 고려한 상업가로 활성화의 사례라고 볼 수 있다.

사. 물리적 계획과 비물리적 계획의 조화

지금까지의 신도시 개발은 주로 물리적 계획을 중심으로 이루어져 왔다. 그러나 '장소만들기' 차원에서 지속가능성을 가지기 위해서는 물리적 측면(physical modify)과 사업적 측면(business modify)이 함께 갖추어져야 한다.

---

160) 일본의 타마, 쯔쿠바의 경우가 업무상업 지역 내에 보행자전용공간을 체계적으로 계획한 사례이다. 상업시설이 도시 거주자에게 편리하게 이용되기 위해서는 공원, 광장, 주요 공공시설, 상업시설들이 보행자전용도로를 통하여 연결되도록 치밀한 계획을 하여야 한다. 분당의 정자동 지구단위계획은 주상복합건물의 상업시설이 1층에 연도형으로 계획될 때 인센티브를 부여하였는데, 최근 걷고 싶은 거리의 명소로 부상하고 있다.

161) 일본에서의 상점가활성화사업은 중심시가지의 활성화를 추진하는 지자체를 지원하기 위해 1998년 7월 '중심시가지 정비개선 활성화법' 제정을 통해 이루어졌다. 중심시가지 정비개선 활성화법에 의해 지자체는 이 법의 기본방침에서 정하는 조건을 충족하는 구역을 중심시가지로 하여 기본계획을 작성한다. 이 계획은 중심시가지 활성화를 위한 방침, 목표, 실시하는 사업에 관한 기본적인 사항 등을 주 내용으로 하고 있다. 지자체나 민간사업자 등은 기본계획에 근거해 토지구획 정리사업, 시가지 재개발사업 등 '시가지정비개선에 관한 사업', 매력 있는 상업 집적의 형성, 도시형 신산업의 입지 촉진 등 '상업 등의 활성화에 관한 사업' 그 외 필요에 따라서 교통의 편리성 증진, 전기통신의 고도화 등에 관한 사업을 추진하고 있다.

즉 물리적인 시설계획과 함께 비물리적인 행사 프로그램 등을 통한 이용자·주민 유치 전략이 필요하다. 이를 통해서 모든 사람이 쉽게 접근하고 좋아하는 매력적인 장소를 조성해야 하며, 공공장소의 제공을 통해서 도시의 공공성을 증진시켜야 한다.

이와 더불어 요즘 대두되고 있는 시각요소로서의 경관에 대한 내용을 체험요소로서의 장소와 함께 고려하여, 모든 사람들이 쉽게 접근할 수 있고 선호하는 매력적인 공공장소를 제공할 수 있어야 한다.

3) '장소만들기' 과정

가. 신도시 개발의 진행과정

하나의 신도시가 지속가능하기 위해서는 개발이 일시적인 순간에 머물러서는 안 되며, 지속적으로 발전해 나가는 진행과정 속에 놓여 있어야 한다.[162]

이러한 지속가능한 신도시 개발에 있어서는 도시 내의 장소가 지속적으로 유지되어야 하며, 이를 위해서는 지속적인 신도시 개발과정 속에서 '장소만들기'의 연속성을 확보해야 한다.

'장소만들기' 과정은 크게 계획·건설단계[163]와 유지·관리단계[164]로 나누어 볼 수 있다. 지금까지의 신도시 개발은 계획·건설단계에 국한되었다는 한계를 가지고 있지만, 향후에는 유지·관리단계와의 연속성이 유

---

[162] 신도시 개발은 일시에 완료되는 사업이 아닌, 지속적으로 진행되는 과정으로 인식해야 한다.

[163] 계획·건설단계는 일반적으로 신도시 개발계획을 수립하고 개발 및 건설사업을 완료하는 시점까지를 말하며, 이 기간 중에 이루어지는 일련의 과정이라고 할 수 있다.

[164] 유지·관리단계는 택지개발사업 등 신도시 조성사업이 완료된 후를 말하며, 새로운 신도시가 하나의 도시로 정착해 나가는 일련의 과정이라고 할 수 있다.

지되어야 한다.

즉 지속가능한 장소의 유지와 관리를 위한 방안으로, 계획단계에서는 질적인 측면을 고려한 계획이 수립되어야 하며 유지·관리단계에서는 이용 후 평가 등의 모니터링을 통한 지속적인 개선 및 향상을 위한 노력이 이루어져야 한다.

나. 신도시 개발과정의 참여자

지금까지의 신도시 개발이 사업추진의 편의성을 내세워 공급자[165] 위주에서 진행되었다고 한다면, 향후 신도시 개발과정은 사용자 및 수요자 중심으로 전환되어야 한다.[166] 즉 도시환경의 형태를 결정하는 의사결정 과정에 있어서 이용자 및 주민의 의견이 다른 어떤 주체의 의견보다 중요하다는 것을 인식해야 하며, 계획단계에서부터 이용자·주민의 지속적인 참여[167]가 이루어져야 한다.

공급자와 이용자의 협력도 '장소만들기'에서 반드시 이루어져야 할 과제라고 할 수 있다. 이를 활성화하기 위해서는 대표적인 협력체 형태인 거버넌스(Governance)를 통한 공공과 민간의 협력에 의한 운영이 도입되어야 한다.[168] 즉 지방자치단체와 전문가로 구성된 공급자 측과 일반 이용

---

165) 수도권 5대 신도시의 경우 공급자는 중앙정부인 건설교통부와 출자기관인 한국토지공사 및 대한주택공사 그리고 관련 전문가가 그 역할을 담당하였다. 향후 이용할 주민과 해당 지방자치단체는 참여과정에서 배제되었다.

166) 실례를 들면, 과거에는 신도시 개발과정에서 이용자 및 주민이 참여할 기회가 적었지만, 최근의 추세에 의하면 보면 장래 입주자 모임 등을 통한 참여의 요구가 점차 확대되고 있다.

167) 구체적인 주민참여의 방법으로는 직접적인 참여의 경우 협의회의 개최, 워크숍의 개최 등이 있으며, 간접적인 참여의 경우로는 인터넷 등을 통한 의견제시, 설문조사, 온라인(on-line)상에서 운영하는 사이버 커뮤니티 등이 있다.

168) 권경득(2004: 15-18)에 의하면 신도시 개발이 과거에는 정부가 일방적(하향식)이고, 직접적인 책임을 지는 경향이 강하였으나, 이제는 민간 부문, 지역주

자와 민간단체 등으로 구성된 이용자 측이 협의체[169]를 구성하여 지속적으로 과정에 참여하는 것이 필요하다. 특히 관리단계에서는 이용자 및 주민의 의견이 장소에 대한 피드백 역할을 담당하기도 한다.

사용자 및 수요자의 참여와 더불어 참여자 측면에서 중요한 것이 사회의식의 성숙이다. 사회의식의 성숙은 ①신도시 개발을 바라보는 의식의 개선과 ②가로환경 조성과 관련된 주민의 적극적인 참여의 차원에서 접근할 수 있다.

먼저 신도시 개발을 바라보는 의식의 개선이 필요하다. 지금까지의 신도시 개발과정에서는 개발이익 환수와, 공익과 사익의 접점에서 개인적인 이익의 과도한 주장으로 인한 커다란 공익의 손실이 있었다. 신도시 개발은 개인의 희생을 강요하여서도 안 되며, 부동산 가치증식의 차원에서만 접근되어서도 안 된다. 바람직한 신도시 개발을 위해서는 개발이익의 환수차원에서의 개선방안과 더불어 적정한 선에서 공익과 사익이 조화를 이룰 수 있는 방안이 제시되어야 하고, 부동산 가치만을 주장하며 사익을 우선시하는 의식은 지양되어야 할 것이다.

다음으로 가로환경 조성과 관련된 주민의 적극적인 참여가 필요하다. 가로환경을 조성하는 데 있어서는 가로의 물리적인 측면과 비물리적인 측

민, 비정부조직(NGO) 등 다양한 사회 부문이 공동으로 참여하는 이른바 공공－민간－주민－비정부조직(NGO)의 동반자적 도시개발모형으로 '개발 패러다임'의 변화를 보여주고 있다고 하며, 지역사회의 지도자들과 대표 인사들로 구성된 '주민위원회(가칭)'를 구성하여 개발계획의 초기단계에서부터 중요한 사업계획의 활동에 지속적으로 참여하도록 하여 다양한 주민참여 메커니즘을 활용하여 지역주민의 의사를 신도시 개발과정에 반영하여야 한다고 한다.

169) 거버넌스(Governance)는 '정부', '시민사회'의 경계영역을 가로질러 다양한 주체들이 '참여'와 '연대', '소통' 과정을 통해 서로의 '경험'과 '지식'을 공유하고 신뢰를 형성함으로써 공동의 문제를 함께 해결하고 발전방향을 모색해 나가는 대안적인 통치체계 또는 협력적 관리체제라 할 수 있다.
과거의 신도시 개발의 주체가 '중앙정부(건설교통부 및 토지공사, 주택공사 등) 및 전문가'라고 한다면, 앞으로는 '중앙정부, 지방자치단체, 민간단체(NGO), 이용자 및 주민'의 협의체 형태인 거버넌스가 주요 형태로 작용할 것이다.

면이 함께 필요하며, 공공의 역할과 민간의 역할이 똑같이 중요하게 작용을 한다.[170)

특히, 민간이 담당한 가로 공간의 이용 및 간판 등 옥외광고물은 주민의 협조가 없다면 결코 쾌적하게 조성될 수 없으므로, 주민들의 적극적인 참여[171)가 필요하다.[172)

4) 신도시 개발 관련 제도의 정립

가. 도시설계제도의 확대 및 정립

신도시 개발 관련 제도에 있어서는 도시설계제도의 확대 및 정립이 가장 시급하다고 할 수 있다. 지금까지의 제도 도시설계[173)는 형식적인 차

---

170) 가로의 기반시설, 도로포장, 가로시설물, 가로수 등의 조성은 주로 공공이 담당하고 있으며, 민간은 자기 소유 건물에 대한 입면의 처리, 전면 공간의 이용 등에 관한 역할을 담당하게 된다.

171) 대표적인 형태로는 가로환경에 대해서 주민들이 지켜야 할 내용을 설정하고 이를 준수하기로 약속한 '주민협정' 등을 들 수 있는데, 우리나라의 경우 서울시의 '노유거리'를 들 수 있다.
'노유거리'는 서울시 광진구 건국대학교 인근에 위치한 패션·상업거리로서 공공(광진구, 서울시, 노유동사무소)과 민간(주민협의체, 상인 및 건축주) 그리고 전문가 그룹(서울시정개발연구원, 도시연대, 계획·설계회사)의 협력에 의해 정비된 상점가로 활성화 도시설계의 사례이다.
공공부문에서는 가로계획, 교통체계 정비, 분전반 설치, 공영주차장 설치, 지하철 출입구 개선, 횡단보도 개선, 공중화장실 설치 등을 담당하였고, 민간부문에서는 노유거리 가꾸기 위한 약속이라는 주민협정에 의해 거주자 주차자제, 보행 장애물 제거, 물품하역시간의 결정, 주민협정(약속)에 의한 주민협의체 관리, 주민회의 및 주민설명회 순차적 시행 등 실천방식을 담당하여 추진하였다.

172) 선진가로문화를 지향하며 최근 신도시에서 도입되고 있는 '간판정비지구'가 건물주 또는 세입자들의 비협조로 인해서 효과를 내지 못하고 있다는 것은 가로환경에 대한 우리의 사회의식을 반성하게 하는 계기라고 할 수 있다.

173) 평촌신도시 개발 당시에는 도시설계가 제도도시설계로 운영되었고, 이후 도시설계와 상세계획이 함께 운영되는 과정을 거쳐, 현재는 지구단위계획이

원에서 운영됨으로써 본래 기대한 효과를 달성하지 못하고 있다는 비판을 받고 있으므로, 향후에는 그 역할의 확대 및 재정립이 이루어져야 한다. 이를 위해서는 신도시 개발과 관련된 모든 주체가 도시설계의 가치[174]에 대해서 깊이 인식하여 도시설계를 잘하는 것이 삶의 질과 경제적인 가치 증진에 따른 도시경쟁력 강화의 기본이라는 것을 인식해야 한다.

즉 도시설계를 잘함으로써 좋은 장소를 많이 조성할 수 있고, 이러한 매력적인 장소를 통해서 삶의 질의 증진과 도시의 경제적 활성화를 목표로 하는 장소마케팅이 성공할 수 있다는 인식을 가져야 한다. 최종적으로는 도시설계를 통하여 도시의 경쟁력을 향상시킬 수 있다는 기본적인 사고를 바탕으로 하여 이를 실현하기 위한 제도적 장치의 마련과 더불어 이를 실현시킬 수 있도록 실천해 나가야 한다.

나. 주민참여제도의 도입

신도시 개발과정에 있어서의 주민참여의 필요성 및 중요성에 대해서는 앞에서 언급한 바 있다. 문제는 이를 어떻게 실현하느냐에 달려 있다고 할 수 있다.

본 연구대상지인 평촌신도시가 포함된 수도권 5대 신도시의 조성 당시, 신도시 개발과정에서 주민이 의견을 제시할 수 있는 방법은 택지개발예정지구 지정 시 주민의견청취와 사업계획에 따른 공청회가 전부라고 할 수 있다.[175] 그나마 이때 제시된 주민의견을 반영해야 한다는 아무런 법적인 구속력을 가지지 못함으로 인해서 신도시 개발과정에 있어서 주민과 많은

제도도시설계로서 역할을 담당하고 있다.

174) 도시미관과 경제적·사회적·환경적 가치를 개발 초기부터 보장함으로써 도시환경의 질에 대한 보장과 향후 추가되는 별도 비용이 발생하지 않는다.

175) 이는 20여 년 이상이 경과된 지금의 시점에서도 달라진 것은 조금도 없다. '택지개발사업' 외에 '도시개발사업'이라는 것이 추가되었지만, 이 역시 차이가 없다.

갈등과 마찰을 발생시켜 왔다.[176]

향후 신도시 개발에 있어서는 앞서 '장소만들기' 과정에서 언급하였던 이용자·주민참여를 법적으로 보장하기 위한 제도가 도입되어야 할 것이다.

다. 질적 향상을 위한 시설기준의 설정

기존 신도시 개발은 양적 확대가 주요 목적이었으며, 양적 목표량을 충족시키기 위해서 최소한의 시설기준에 의해 진행되었다. 한편 부동산개발 논리가 더 강하게 작용함으로써 거주민이 만족할 만한 삶의 공간을 제공했다기보다는 양적인 공급을 중심으로 개발이 이루어져 왔으므로 인간이 중심이었다기보다는 경제논리가 우선이었고 기능과 시설에 초점이 맞추어져 최소한의 공간만이 배분되었다.(이우정, 2005: 55)

그러나 '삶의 질' 향상을 통한 도시경쟁력 강화를 지향하는 앞으로의 신도시 개발에 있어서는 최소한의 기준에 의한 양적 확보가 아니라 질적 확보를 위한 최적의 기준이 제시되어야 한다.

최근 뉴어바니즘에서 제안하는 신개발방향으로 '주택소유 지역 계획과 설계의 원칙'[177]과 '희망 6주의 주요 요소'[178] 등은 이러한 질적 기준을 일례라 할 수 있다.

---

176) 최근의 신도시 개발과정에 있어서는 거의 예외 없이 주민들의 지구지정 및 개발방식에 대한 반대집회가 일어나고 있으며, 물리적 충돌에 의한 불행한 사태도 발생하고 있다.

177) 높은 삶의 질과 번영하는 사회를 이루려면, 경제·사회·물리적 다양성이 필수적이며 이를 위해서 뉴어바니즘 헌장의 원칙을 활용하자는 내용이다. (안건혁·온영태, 2003: 118)

178) 신개발은 인간 척도에 맞추어 설계되며, 블록, 공공시설, 사회융합(social mix), 단위주택 계획, 오픈스페이스, 가로, 차량통행 등에 관한 내용을 제시하고 있다.(안건혁·온영태, 2003: 121)

제 3 장

제1절 사례분석의 개요

1. 사례대상 선정

본 연구의 사례대상 선정을 위한 기준은 ①'장소만들기'의 검증 기간이 경과된 대상, ②신도시의 대표적인 장소로 조성된 대상, ③'장소만들기' 과정을 검토할 수 있는 대상으로 설정하였다.

첫째, '장소만들기'의 검증 기간이 필요한 이유는 국내·외의 사례를 통해서 볼 때, 신도시가 제대로 기능하게 될 때까지는 적어도 15년 이상의 장기간이 소요되어야(한국토지공사, 1997: 597) 하며, 택지개발사업 준공[179] 이후에도 중앙 및 지방정부, 주민이 다 함께 참여한 종합적인 관리체계가 필요하다(한국토지공사, 1997: 599)는 측면에서 일정 기간의 경과 동안 공공과 민간의 지속적인 노력이 이루어져야 하기 때문이다.

둘째, 신도시의 조기정착을 위하여 도시의 대표적인 장소가 초기부터 계획되었고, 현재까지 지속적인 '장소만들기'의 노력이 행해지고 있으며, 사람들에게 그 도시의 대표적인 장소로 인식되는 곳의 선정이 필요하다.

셋째, '장소만들기'를 시도한 각종 계획의 검토가 가능하며, 장소의 조성 당시부터 현재까지 '장소만들기'의 과정을 검토할 수 있는 자료 등의 확보 측면 등 연구자료에 대한 정보의 접근성 및 유용성을 갖춘 대상지의 선정

---

179) 준공시점에 신도시 건설의 완성 및 목표가 이루어지는 것은 아니다.

이 필요하다.

　이상의 선정기준에 의해 수도권 5대 신도시의 하나로 조성된 평촌신도시를 사례연구의 대상으로 선정하였다. 평촌신도시는 1995년 12월 31일에 준공되어 10여 년의 시간이 경과되었으며, 대표적인 장소로서 '중앙공원'과 '문화의 거리'가 계획되어 현재까지 재정비를 거치며 시민들에게 대표적인 장소로 인식되고 있다. 한편 택지개발계획부터 최근의 재정비계획에 이르기까지의 각종 계획이 수립되어 실현되었으므로, 그 '목표 및 방향', '계획지침'의 비교가 가능하다. 이와 더불어 현재 '안양 아트시티 21' 운동을 통한 지속적인 도시가꾸기 사업을 진행하는 등 '장소만들기'의 과정을 검토할 수 있는 대상으로 판단되어 사례대상으로 선정하였다.

2. 분석의 틀

　본 연구의 효율적인 진행을 위해서는 이론연구를 바탕으로 하여 [표 3-1]과 같이 분석의 틀을 추출하고, 이 틀을 통해서 사례분석을 진행하기로 한다.

　사례분석은 '계획내용의 검토'와 '사례대상 현황분석'을 통하여 계획내용과 현황을 검토하며 이와 더불어 '장소만들기' 과정에 대한 검토도 진행한다.

　'계획내용의 검토'에서는 평촌신도시 택지개발계획 및 도시설계, 도시설계 작성지침, 재정비 관련 계획을 통해서 '평촌중앙공원'과 '평촌1번가 문화의 거리'에 대한 계획목표 및 방향(성격, 기능, 도입시설) 및 계획지침(장소성격, 공간구성, 시설)에 대해서 검토하기로 한다. '사례대상 현황분석'에서는 '평촌중앙공원'과 '평촌1번가 문화의 거리'의 물리적 현황,[180] 이용행태, 장소성 등에 대해 검토하기로 한다.

　이상을 바탕으로 이론·계획내용·현황을 서로 비교 평가하여 계획평가 및 현황평가를 시행한다. 한편 '장소만들기' 과정에 대한 검토에서는 '장소

---

180) 성격, 공간구성, 시설측면에서 분석한다.

만들기'의 배경, 계획요소의 변화, 주체 및 역할에 대해 분석한다.

[표 3-1] 분석의 틀

구 분		분석항목			자 료
		성 격	구 성	시 설	
비교평가	이 론	성 격	공간구성	시 설	이론적 배경
	계획내용 / 계획목표 및 방향	성 격	기 능	도입시설	택지개발계획 및 도시설계 도시설계작성지침 재정비계획
	계획내용 / 계획지침	장소성격	공간구성	시 설	
	사례대상 현황	성 격	공간구성	공원시설 가로시설 건축물 및 옥외공간	문헌조사 현장조사 설문조사
			장소성		
			이용행태		
'장소만들기' 과정		배경/계획요소의 변화/ 과정/주체 및 역할			택지개발계획 및 도시설계 도시설계작성지침 재정비계획

3. '평촌신도시' 개요

1) 위 치

'평촌신도시'의 위치는 〈그림 3-1〉과 같으며, 행정구역상 경기도 안양시 동안구 평촌동, 비산동, 호계동, 관양동 일원을 대상으로 한 '평촌신도시 택지개발사업'에 의해 조성된 지역이다. 면적은 5,105,904.4㎡(1,544,536 평)에 이른다. 현재 안양시 도시공간구조상[181] 부도심에 해당하며, 시가지 양분 및 단절 등의 문제로 '기존 시가지 및 신시가지 간의 균형 있는

---

181) 안양시 전체 도시공간구조는 1도심 2부도심 3생활권(의왕, 군포 포함) 중심 구조로 설정되어 있으며, 이 중 안양시는 1도심(구시가지 중심), 1부도심(평촌중심), 3생활권 중심(호계, 관양, 신촌) 구조로 동안구에 편중되어 있다.

발전을 유도[182] '한다는 내용이 도시기본계획[183] 상의 도시기본구조의 설정에 포함되어 있다.

〈그림 3-1〉 평촌신도시 위치도 (자료: http://paju.jugong.co.kr)

2) 생활권 현황 및 계획[184]

안양시 생활권계획상 광역생활권은 도시규모와 계획인구를 감안하여 안양도시계획구역 전역을 대상으로 하며, 대생활권은 하천, 경부선철도 등 지형여건 및 행정구를 기준으로 구시가지인 '만안대생활권'과 신시가지인

---

182) 이를 위해 기존 시가지와 평촌신시가지의 지역 간 균형 있는 발전을 유도하기 위한 합리적인 도시공간구조의 설정을 제시하고 있으나, 타 신도시 개발 지역과 마찬가지로 쉽게 풀리지 않는 과제라고 할 수 있다.

183) 2016년 안양도시기본계획.

184) 2016년 안양도시기본계획상의 내용이다.

'동안대생활권'으로 구분한다. 이 중 만안대생활권은 3개 중생활권으로, 동안대생활권은 4개 중생활권으로 구분하며, 다시 소생활권은 행정동 및 근린주구를 기준으로 구분하여 설정한다.

평촌신도시는 [표 3-2]와 같이 동안대생활권에 해당하며, 주요 기능 및 개발방향은 아래와 같다.

[표 3-2] 안양시 생활권 설정 및 개발방향

구 분		주기능	범 위	행정구	개발방향
만안 대생활권	석수 중생활권	주거	석수1·2·3동, 안양2동 일원	만안구 (구시가지)	• 기존 시가지 정비 및 개발 • 주거환경개선사업에 의한 불량주거지 정비 • 생활권 중심 확보
	박달 중생활권	주거, 공업	박달1·2동, 안양1·3·4동 일원		• 기존 시가지 정비 및 개발 • 불량주거지 정비 • 첨단관련산업 유치 및 개발
	안양 중생활권	주거, 상업	안양5·6·7·8 ·9동 일원		• 기존 중심상업지 정비 • 노후화된 주거용 건물 정비 • 용도변경(공업→주거)에 의한 체계적 개발 유도 • 상업지와 연계된 주민 휴식공간 확보
동안 대생활권	비산 중생활권	주거, 공원	비산1·2·3동, 관양1동, 관양2동(일부) 일원	동안구 (신시가지)	• 노후화된 주거용 건물 정비 • 주거환경개선사업에 의한 불량주거지 정비 • 생활권중심 확보 • 시민휴식공간으로 기존 공원 재정비
	평촌 중생활권	주거, 공업	관양2동(일부), 평촌동, 부림동, 평안동 일원		• 노후화된 건물 정비 • 기존 공업지 정비
	범계 중생활권	주거, 상업, 행정	부흥동, 달안동, 호계2동, 범계동 일원		• 중심 상업기능의 확충 • 노후화된 주거용 건물 정비 • 시청을 중심으로 한 행정타운 형성
	호계 중생활권	주거, 공업	호계1·3동, 감신동, 신촌동, 귀인동, 갈산동 일원		• 기존 시가지 정비 • 주변 의왕·군포시를 감안한 상업지 확장

자료: 안양시 도시기본계획 2016.

3) '평촌신도시' 택지개발사업 개요

'평촌신도시'의 개발목적은 대단위의 택지를 조성함으로써 수도권의 주택난을 해소하고, 안양시의 기존 도시구조와 연계된 신시가지를 조성하여 도시구조의 균형적 재편성 및 쾌적한 도시환경을 조성하며, 다양한 계층을 위한 주택을 공급하는 것이었다. 사업 기간은 1989년 8월 30일에 착공되어 1995년 12월 31일에 준공되었으며, 총사업비는 1조 1,787억 원으로서 이 중 용지비가 5,416억 원이고, 개발비로 6,371억 원이 소요되었다.

조성공사는 지하주차장 등의 일부 시설은 1995년까지 총 2단계로 나누어 건설되었으며, 택지조성사업은 1993년 말에 완료되었다. 한편 용지보상은 단계별 구분 없이 일괄보상에 의해서 시행되었다.

'평촌신도시' 개발의 목표[185)]는 ①주거중심의 시가지 개발, ②기존 도시구조와의 연계 및 보완, ③쾌적한 도시환경 조성, ④다양한 계층을 위한 주택공급이다. 이러한 목표를 달성하기 위해 ①다양한 계층을 수용하는 주거 중심의 신시가지 개발, ②신도심의 기능과 농수산물 유통기능의 수용, ③공공청사 관련 기능과 수도권 업무기능의 이전 및 자생적 업무기능 수용, ④문화, 체육 및 보건·위생기능의 수용을 도시기능으로 설정하였다. 계획지표는 [표 3-3]과 같이 면적 5,105,904.4㎡, 인구수 168,188인, 세대수 42,047호, 인구밀도 329인/ha 등이다.

---

185) 자료: 한국토지공사, 1997: 33.

[표 3-3] 평촌신도시 계획지표

구 분		단 위	계획지표	비 고
면 적		m²	5,105,904.4	
인구 및 가구	인 구	인	168,188	
	세 대	호	42,047	
	가구원수	인/호	4	49.7세대/ha
	인구밀도	인/ha	329	
주택 규모	단독(평균 필지)	평	70.4	
	공동(평균 평형)	평	26.6	

자료: 한국토지공사, 1997: 34

'평촌신도시'의 토지이용계획, 인구 및 주택건설계획, 상업용지계획, 공공용지계획, 공원·녹지계획, 교통계획 등 각 부문별 기본구상 내용은 다음의 [표 3-4]와 같다.

[표 3-4] 평촌신도시 부문별 기본구상 내용

구 분	내 용	비 고
토지이용계획	• 기존도심기능과 상호 보완적인 토지이용체계를 구축한다. • 안양시의 도시구조개편을 유도하는 행정업무 및 중심상업용도를 수용하여 신도심기능을 부여한다. • 자족적 생활권 형성을 위한 편익시설 배치로 근린성·적주성을 확보한다.	근린성
인구 및 주택건설계획	• 적정인구 168,040명을 수용하기 위해 42,010세대를 건설하며 단독주택지와 공동주택지의 비율을 1:9로 배분한다. • 기존주택지와의 연계 및 주거유형을 고려하여 개발 밀도와 주택형태를 계획한다. • 중심상업 지역 및 지하철과 인접한 지구 중심부에는 고밀주거지로, 외곽부는 저밀주거지로 계획한다. • 주변의 기존취락 인접부와 남단의 근린공원 주위에는 이주민을 위한 단독 주택지를 계획한다.	이주민들 위한 단독주택지

구 분	내 용	비 고
상업용지계획	• 지하철 역세권, 평촌의 지리적 중심지, 접근성 등을 고려하여 전철역을 연결하는 20m 보행자전용도로와 40m 도로를 축으로 중심상업 지역을 배치한다. • 평촌지구 남단의 주민을 대상으로 한 상업시설, 서비스를 위하여 단독주택지 중심부를 통과하는 40m 간선도로변에는 노선형 일반상업 지역을 배치한다. • 단독주택지 주민을 대상으로 한 근린생활시설용지를 2개소 확보한다.	20m 보행자 전용도로
공공용지계획	• 공공업무시설용지는 중심상업 지역의 북측 외곽도로(폭 20m)를 따라 동서방향으로 배치하고 공용의 청사와 행정업무시설 등을 수용한다. • 교육시설용지는 생활권을 고려하여 배치한다. • 지하철 환승 및 상업 지역 방문객 차량을 위한 노외주차장을 역 주변과 상업 지역에 배치한다.	교육시설용지 생활권 고려 배치
공원 · 녹지계획	• 광역적 녹지체계와 연계를 도모하며 지구 내 녹지의 연속성을 유지한다. • 인접공업지 주변과 외곽간선도로변에 완충녹지를 설치한다. • 중심상업지 남단에 신시가지의 상징적인 중앙공원을 조성한다. • 근린공원 · 어린이공원 등을 중심으로 생활권 내 녹도체계를 형성한다.	상징적인 중앙공원
교통계획	• 광역교통체계와 연계된 지하철 노선 및 간선도로망 골격을 구축함으로써 지구 내 · 외 연계교통망을 형성한다. • 교통량 및 통행목적에 따른 위계별 교통체계를 수립한다. • 자동차 확대보급에 대비한 교통시설을 설치한다. • 안전한 보행환경조성 및 편익시설배치와 연계된 보행자전용도로망을 구축한다.	

자료: 한국토지공사. 1997. 국토연구원. 1992.

'평촌신도시'의 토지이용계획은 [표 3-5]와 같이 총 5,105,904.4㎡ 중 주택건설용지 1,931,415.8㎡, 상업용지 185,455.8㎡, 공공시설용지 2,989,032.8㎡로 구성되며, 토지이용계획도는 〈그림 3-2〉와 같다.

[표 3-5] 평촌신도시 토지이용계획 총괄

구 분			면 적 (㎡)	구성비 (%)	수용인구 (인/호)	비 고
계			5,105,904.4	100.0		
주택건설 용지	소 계		1,931,415.8	37.8	168,188 (42,047)	주택유형에 따른 분류
	공동주택	임대주택용지 국민주택용지 일반주택용지	1,777,968.5	34.8	169,604 (41,401)	주택유형에 따른 분류
	단독주택	이주민주택	150,256.3	2.9	2,584 (646)	
	근린생활시설		3,191.0	0.1		
상업용지	소 계		185,455.8	3.6		기능과 상권에 따른 분류
	중심상업(중심상업업무)		158,349.1	3.1		
	일반상업(지구중심상업)		27,106.7	0.5		
공공시설 용지	소 계		2,989,032.8	58.6		
	공용의 청사		149,901.2	2.9		시청, 시의회, 구청, 경찰서 등
	업무시설		61,682.1	1.2		
	학 교		343,478.6	6.7		초·중·고교
	사회복지시설		11,333.4	0.2		
	의료시설		40,348.0	0.8		종합병원, 보건소
	농수산물도매시장		83,208.9	1.6		
	에너지공급시설		110,533.5	2.2		
	전기공급시설		5,919.4	0.1		
	쓰레기소각장		12,943.8	0.3		
	문화연구시설		13,054.7	0.3		청소년회관, 사회복지시설, 연구시설 등
	전신전화국		8,294.0	0.2		
	종교부지		8,768.4	0.2		
	주유소		2,977.2	0.1		
	수도시설		23,373.4	0.4		
	도 로		1,187,498.0	23.3		
	광 장		45,424.9	0.9		
	주차장		41,595.9	0.8		
	공공공지		19,685.8	0.4		
	공원·녹지		646,438.9	12.7		근린공원, 아동공원, 시설녹지, 녹도 포함
	자동차정류장		18,353.7	0.3		
	하 천		154,219.0	3.0		

자료: 국토개발연구원, 1992, 한국토지공사, 1997: 210, 212.

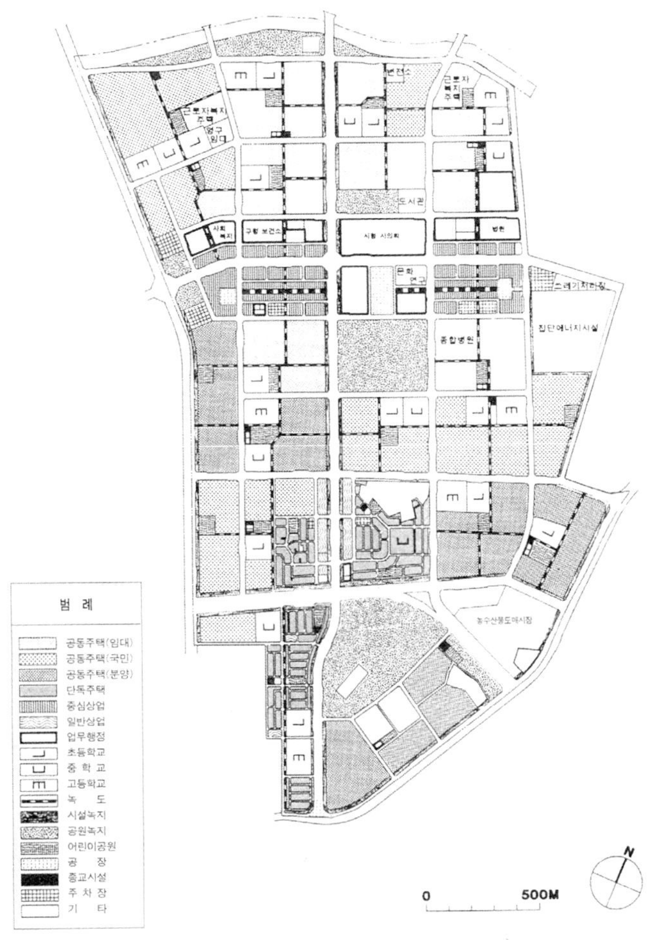

〈그림 3-2〉 평촌신도시 토지이용계획도
(자료: 한국토지공사, 1997: 213)

　'평촌신도시'의 공원·녹지계획은 ①수도권 광역교통망체계와 안양시 도시기본계획의 도시기본구조와 부합하는 교통체계 확립, ②창조적 생활의 기틀 제공, ③도시경관의 질 제고, ④오픈스페이스의 체계화, ⑤광역교통체계화와 지구 내 교통체계의 연계교통망 구축, ⑥지하철 노선과 간선도

로망 구성으로 교통량 및 통행목적에 위계별 교통체계 확립, ⑦체계적인
보행자 전용동선을 설정하여 중심상업시설 등 이용자의 편리성과 안전성
향상을 기본 방향으로 한다.

시설내역은 [표 3-6]과 같으며, 〈그림 3-3〉은 공원·녹지현황을 보여
주고 있다.

[표 3-6] 평촌신도시 공원·녹지계획

구 분		개 소	면 적 (㎡)	연 장 (m)
계		49	666,754.3	
공 원	근린공원	6	400,957.8	
	어린이공원	25	103,025.5	
녹 지	경관녹지	1	628.6	
	완충녹지	15	142,456.6	11,067
공공공지		2	19,685.8	

자료: 한국토지공사, 1997: 37.

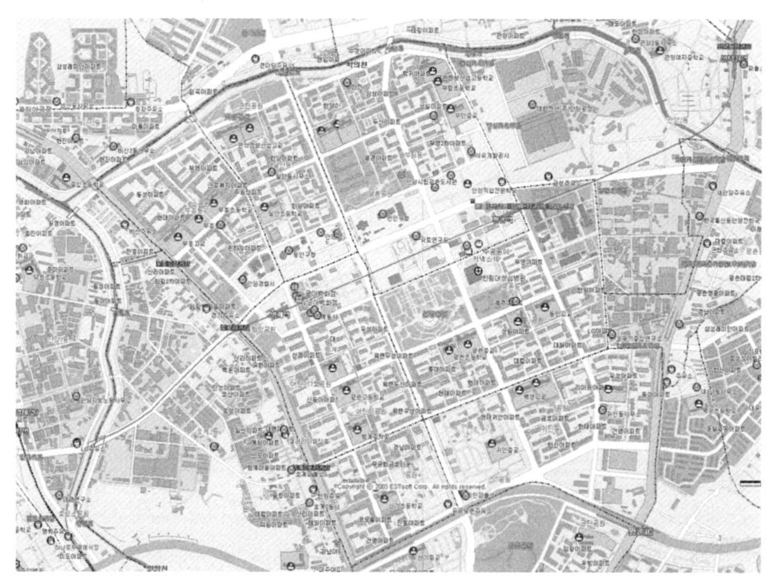

〈그림 3-3〉 평촌신도시 공원·녹지도 (자료: 안양시 녹지공원과)

제2절 평촌중앙공원

1. 계획내용

1) 택지개발계획 및 도시설계

가. 택지개발계획[186]

'평촌중앙공원'은 지구중앙의 중심상업·업무지구와 인접하고, 평탄한 지형에 광역생활권 조성형 근린공원의 성격으로 안양시 동안구 평촌동 895번지에 조성되었다.

면적은 119,843.1㎡(약 36,252.5평)이고, 공사기간은 1992년 6월 13일부터 1993년 12월 30일까지이며, 사업비는 3,527백만 원이 투입되었다.

'평촌중앙공원'의 입지 및 도시맥락적 공간구조상의 위치는 상당히 중요하며 도시녹지의 핵심으로서 전체 도시에 미치는 영향은 지대하다.(한국토지공사, 1997:13)

공원조성의 기본 방향은 세 가지로서 ①평촌 신도시의 공원·녹지체계상에서 중심적 역할을 담당하고, ②도시 전체에 입체감과 방향성을 제공하는 남북 녹지축의 중심을 형성하며, ③시청 앞 시민광장과 더불어 평촌 지구의 대표적인 오픈스페이스인 점을 감안하여 두 시설 간의 적정한 공간대비와 연속성을 부여함으로써 상호 근접의 효과를 극대화시킨다는 것이다. 이때, 중앙공원으로서의 이미지 함양을 위해 상징성이 강한 랜드마크를 도입하며, 기존의 평촌 지역에서 자생하는 향토수목을 최대한 이식함으로써 평촌 지구의 지역성과 향토성을 고양토록 하였다. 또한 주변의 중심상업업무용지

---

186) 자료: 한국토지공사, 1997: 228-229.

및 공통주택단지의 성격인 도심기능과 휴식기능을 수용하되, 공간기능별 특
성부각 및 지형변화로 평지정형공원의 단조로움을 극복하도록 하였다.

공원조성의 주요 내용은 다음과 같이 네 가지로 제시된다. ①시청과 미
관광장 및 보행자전용도로 연결축을 강조한 공간구성을 위해서 공원중앙
에 중심광장을 배치한다. ②주변에 잔디광장 및 화단을 조성하여 확 트인
공간의 상징성을 부여한다. ③중앙광장 내에 수경시설로서 분수연못을 조
성하여 수평적인 공간 속에 수직요소를 가미한 경관을 창출한다. ④주민
이용의 편의 도모를 위한 체련단련장의 설치 및 문화공간으로서 야외공연
장을 설치토록 한다.

나. 도시설계[187]

도시설계의 기본 방향은 ①공원성격별, 위치별 다양한 주제를 설정하고
적정기능을 배분함으로써 공원이용의 다양한 기회를 제공하고 시설의 중
복을 피하도록 하는 것, ②공원의 장소성 제고와 독자성 강화를 위해 진
입부, 중심광장부 등의 보행결절점에 각종 심벌(symbol)과 문양을 이용한

---

187) 평촌 지구에 도시설계를 도입한 것은, 도시설계를 통하여 평촌신도시 개발사
업의 기본목표를 집행과정까지 일관성 있게 전달하고, 효율적인 도시개발 및
관리가 이루어지도록 건축부문과 공공시설부문의 개발방향을 제시하는 데 그
목적이 있었다. 이와 함께 건축물과 주요 공공시설물에 대한 설계지침을 마련
하여 도시경관의 향상과 도시의 쾌적성을 높이고, 하부구조(기반시설 및 택지
조성)와 상부구조(건축물 등)의 개발이 사업 주체의 상이 등으로 서로 분리
되어 환경을 조성하기 어려운 점을 해소하기 위해서 도시설계의 도입이 필요
하였기 때문이다.
택지개발 사업지구 전 지역에 대하여, 크게는 '건축부문 도시설계'와 '공공부문
도시설계'로 구분하고, 건축부문은 다시 공동주택단지, 단독주택지, 근린생활
시설, 주거 지역 내 공공시설 등을 포함한 '주거 지역 도시설계'와 중심상업·
업무 지역, 일반 상업용지를 대상으로 하는 '상업 지역 도시설계' 그리고 기타
'공공건축물 및 특수건축물 도시설계'로 세분하여 작성되었다. 또한 '공공부문
도시설계'에는 교통시설물, 가로시설물, 도시사인 시스템, 공원·녹지, 광장 등
공공녹지와 실시설계의 검토 및 조정이 포함된다.(한국토지공사, 1997: 244)

포장패턴을 사용하고 식재수종의 개성화로 공원의 아이덴티티(identity)를 높이는 것. ③활발한 보행활동이 예상되는 공원에 환경조형물을 적극 도입하여 경관을 향상시키는 것이다.

이를 바탕으로 다음과 같이 기본 구상을 설정하였다.

- 시청 앞 미관광장과 더불어 평촌 지구의 대표적 오픈스페이스인 점을 고려하여 두 시설 간의 적정한 공간대비와 연속성을 부여함으로써 상호 근접의 효과를 극대화시킨다.
- 중앙공원으로서의 이미지 함양을 위해 상징성이 강한 랜드마크를 도입하며, 기존의 평촌 지역에서 자생하는 향토수목을 최대한 이식함으로써 평촌 지구의 지역성과 향토성을 고양하도록 한다.
- 주변의 중심상업용지 및 공동주택단지의 성격과 부합되는 도심기능과 휴식기능을 수용하되, 공간기능별 특성부각 및 지형변화로 평지형 정형공원(定型公園)의 단조로움을 극복한다.

이상의 기본 구상을 바탕으로 다음과 같이 도시설계 조성지침을 설정하였다.

- 상징적 시설 및 공간배치와 문화적 요소의 도입으로 평촌신도시 중앙공원으로서의 명확한 인식을 고양시킨다.
- 시청 앞 광장과의 시각적·기능적 연계를 위해 디자인 모티브의 연속성을 고려한 공간계획 및 동선계획이 수립되도록 한다.
- 공원 중심부에 평촌 지구의 시각적 초점역할을 수행할 수 있는 대형의 상징 조형물을 중앙광장에 설치하여 중앙공원의 장소성을 강화하고, 이를 중심으로 하여 각 공간의 기능적 분산배치(다목적 광장, 놀이마당, 체력단련장, 산책·휴게 공간 등)를 한다.

이상의 조성지침에 따른 다음과 같은 조경공사에 의해서 공원을 조성하였다.

- 지구의 중심공원으로서 독자성을 확보할 수 있도록 공원 중앙부에 상징조형물을 배치하고 이를 축으로 평면기하학식 설계기법을 도입하여 좌우대칭형의 수림대를 조성하여 방향성을 강조하였다.

- 상징조형물을 배경으로 다양한 이용 공간 제공을 위하여 7단의 스탠드를 부지 남쪽에 배치하고, 서측에는 불특정 다수인이 이용할 수 있는 각종 운동시설을 설치하였다. 또한 동측에는 각종 행사를 위한 공간을 배치하였으며, 각 공간을 연결하면서 공원 내를 순환할 수 있도록 보조동선을 만들고, 적정위치에 포켓을 만들어 휴게공간을 배치하였다.

- 식재는 대교목을 위주로 식재하되, 계절감을 인지할 수 있도록 화목류 계통의 수목을 다양하게 배식하였다. 특히 지피류를 이용하여 경관구성의 다양화를 꾀하고, 외주부는 완충·방음효과를 지닐 수 있도록 차폐식재를 위주로 처리하였으며, 식재 유형별 종류는 녹음식재, 유도식재, 차폐식재, 요점식재, 지피식재로 구분되었으며, 기능미·상징미 증진을 통한 심미성 제고라는 주제가 설정되었다.

'평촌중앙공원'은 [표 3-7]과 같이 녹지대, 잔디, 시설물로 구성되어 있다. 이는 [표 3-8]에서 보여주는 공원조성의 목표와 개발방향에 의해서 설정되었다고 할 수 있다.

'평촌중앙공원'은 ①독자성 확보, ②문화공간 조성, ③여가활동 제공, ④이용 및 관리의 편리성 제고, ⑤자연의 공급을 주요 목표로 한다. 이상의 다섯 가지 목표에 따라 각각의 개발방향을 설정하였으며, 이에 의해서 공원 내의 주요 시설을 조성하였다.

[표 3-7] '평촌중앙공원' 조성 개요

구 분	조성내역
녹지대	교 목 류: 은행나무 등 24종(3,077본), 관 목 류: 병꽃나무 등 9종(70,755본) 지피식물: 꽃잔디, 원추리, 벌개미취(77,820본)
잔 디	68,663㎡
시설물	• 관리사무소: 1개소 • 축구장: 1개소(1,023평) • 피크닉장: 1개소(568평) • 게이트볼장: 3면 • 대형 야외무대: 1개소 • 어린이놀이터: 1개소 • 조각품: 9점 • 테니스장: 1개소 4면(664평) • 배드민턴장: 1개소 4면(431평) • X-게임장: 1개소(266평) • 화장실: 4개소 • 주차장: 1개소(80대 주차 가능) • 편익 및 체육시설: 파고라 외 12종 352점

자료: 안양시 녹지공원과

[표 3-8] '평촌중앙공원' 개발방향 및 주요시설

목 표	개발방향	주요시설
독자성 확보	장소성, 중심성 제고	상징조형물, 스탠드가 중심을 이룬 광장 설치
문화공간 조성	집회, 만남 등의 옥외활동공간 제공	야외무대, 야외조각 전시장 등
여가활동 제공	정적 및 동적 활동공간의 적정배치	테니스장, 다목적 운동장, 게이트볼장, 모험놀이시설, 산책로 등
이용 및 관리의 편리성 제고	이용 및 관리의 효율성 증대	주차장, 관리사무소, 음수전 등
자연의 공급	충분한 녹지제공	버즘나무 외 34개 수종 4만 6천 주 식재

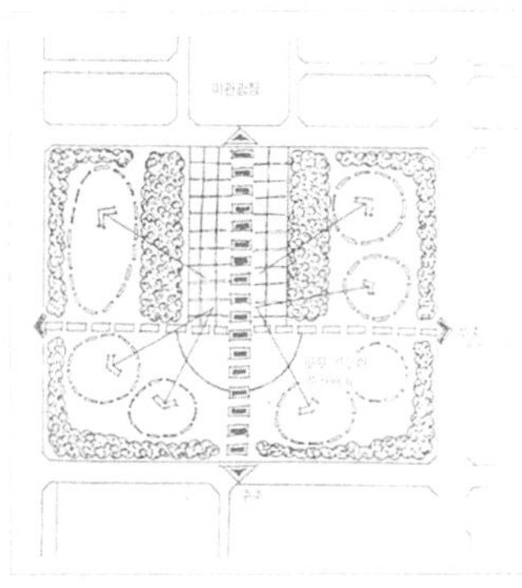

〈그림 3-4〉 '평촌중앙공원' 개념도
(자료: 한국토지공사, 1997)

〈그림 3-5〉 '평촌중앙공원' 전경사진 (조성당시)
(자료: 한국토지공사, 1997)

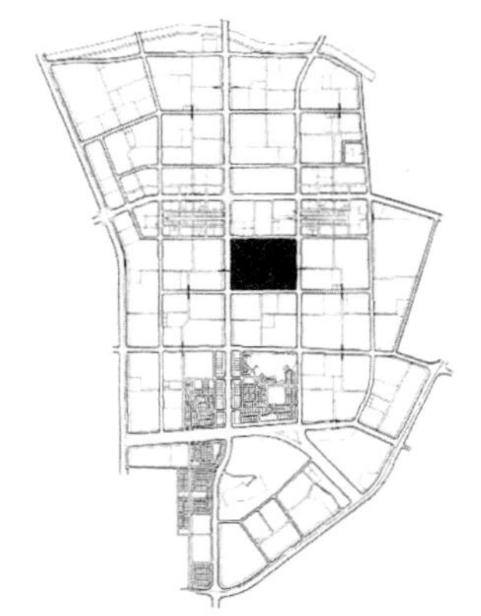

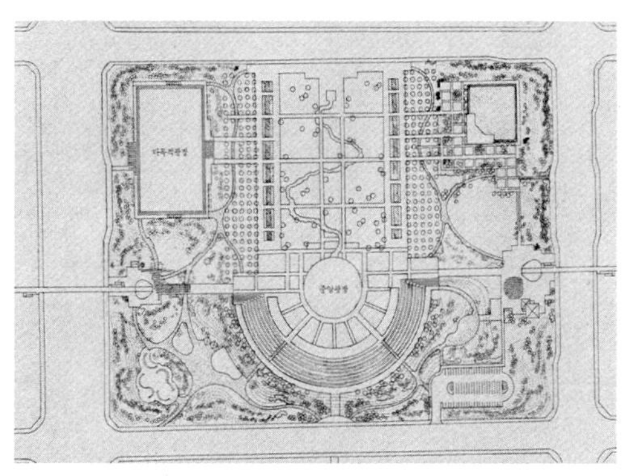

〈그림 3-6〉 '평촌중앙공원' 위치도
(자료: 국토개발연구원, 1992)

〈그림 3-7〉 '평촌중앙공원' 조성 예시도
(자료: 국토개발연구원, 1992)

2) 도시설계 작성기준에 관한 연구[188]

수도권 5대 신도시 도시설계 이후 1994년에 발표된 '도시설계 작성기준
에 관한 연구' 중 공원에 대한 내용을 '장소만들기'의 관점에서 살펴보았

---

188) 자료, 한국토지개발공사(1994) : 335-342.

다. 기존 도시설계의 현황과 문제점으로 ①획일성, ②이용의 편의성 및 공공성 미흡, ③조성의 어려움 등을 제시하였고, 이러한 문제를 해결하기 위한 도시설계 목표로 ①독자성과 고유성, ②편의성 및 안정성, ③자연경관의 보존과 활용 등을 설정하였다.

이상의 도시설계 목표하에 '공원의 유형별 공간구성에 대한 도시설계 작성방향', '근린공원의 도시설계지침 작성기준', '공원의 식재와 시설물의 작성방향 및 지침'을 제시하고 있다.

공원의 유형별 공간구성에 대한 도시설계 작성방향은 ①공원성격의 특화와 ②공간의 기능 및 동선의 합리적인 설계로 구성된다.

먼저 공원성격의 특화 및 다양화에 대한 내용은 다음과 같이, 여건에 따른 공원성격의 설정 및 다양화에 대한 내용이 제시되었다.

- 지역적 맥락, 주변의 토지이용, 대상지의 특성, 이용자의 특성 등의 여건에 따라서 공원의 성격이 설정되어야 하며, 이러한 성격을 반영하여 이용권마다 다양한 공원의 형태가 설계될 수 있도록 한다.
- 근린공원은 지역중심, 근린중심, 지구중심에 따라 혹은 공원 입지와 주변 토지이용 등에 따라 공원의 성격을 가로공원, 체육공원, 생태공원, 교육공원 등으로 다양화할 수 있다.

다음으로 공간의 기능 및 동선의 합리적인 설계에 관한 내용은 다음과 같이 주변 여건, 토지이용 및 성격의 고려에 대한 내용이 제시되었다.

- 주변의 도로 및 토지이용 여건에 따라 공원의 출입구, 동선과 공간기능이 설정되도록 한다.
- 성격이 다른 공간 간에 명확한 영역 구분을 통하여 이동동선 및 활동의 상충을 피하고 공간의 혼란을 방지한다.

한편 근린공원[189]의 도시설계지침 작성기준은 ①공간구성 및 조성방식,
②동선처리, ③경계부 처리에 대한 내용으로 구성된다.

먼저 공간구성 및 조성방식에 관한 내용을 살펴보면 다음과 같이 동적
(운동)·정적(휴게) 공간의 구분, 공간기본골격(진입광장, 주차장, 중심광
장), 공원의 도입시설 등에 관한 내용이 제시되었다.

- 크게 동적 운동공간과 정적 휴게공간으로 분리 계획하되, 정적인 공간은 녹
  지를 중심으로, 동적인 공간은 운동장이나 놀이시설을 중심으로 하여 공간을
  설계한다.
- 동적공간과 정적공간의 상충을 방지하기 위한 완충공간으로서 음악당, 도서
  관, 박물관 등의 문화시설을 배치하여 공간을 구성한다.
- 특히 지구 및 지역중심의 성격을 갖는 근린공원은 이용자가 주말과 휴일을
  중심으로 집중하게 되므로 진입광장, 주차장, 중심광장 등으로 기본적인 골
  격을 형성하게 되며, 규모가 커지면 각종 지역활동을 수용할 수 있는 다목
  적 공간을 배치하도록 한다.
- 공원의 도입시설은 공원의 규모와 이용자의 특성 등을 감안하여 선정 도입
  하게 되며, 주로 다양한 놀이·운동공간, 녹지, 도로, 주차장, 광장 등의 시
  설들이 배치된다.[190]
- 지나치게 평탄한 공원녹지는 축산(mounding) 등 인공적 방법을 이용하여
  다양한 지형을 연출하도록 한다.

다음으로 동선처리에 관한 내용은 주동선, 보조동선, 관리동선, 접근성,
경사로 등에 관한 내용을 제시하고 있다.

---

189) 도시공원법 시행규칙 제5조(도시공원 안의 건축물의 건폐율), 제6조(공원시
  설의 설치기준), 제8조(공원시설의 설치면적 등)를 준용한다.
190) 도시공원법(현. 도시의 공원 및 녹지에 관한 법률)상의 공원시설을 참조하
  기 바란다.

- 내부동선은 주동선, 보조동선, 관리동선으로 분리되어야 하며 관리동선은 비상시 차량출입을 위한 폭과 구배가 유지되어야 한다.
- 외부로부터의 접근성을 고려하여 가능한 2-4개의 출입구를 설치하여 쉽게 이용할 수 있도록 한다.
- 보행로 조성 시에는 휠체어 등을 고려하여 낮은 경사로 처리가 병행되도록 한다.

마지막으로 경계부 처리에 관한 내용은 다음과 같이 공원의 도로 및 보도와 인접부 처리, 경계 부분 수목, 지형처리 등에 관한 내용이 제시되었다.

- 공원이 보행자전용도로 및 보도 등에 인접하여 있을 경우 이와 자연스럽게 연계되도록 설계하여 접근성을 높이도록 한다.
- 경계부분은 수목이나 지형을 이용하여 자연스럽게 처리함으로써 좋은 경관요소가 되도록 한다.

이와 더불어, 도시설계 작성지침에 관한 연구에서는 공원의 식재와 시설물의 작성방향과 작성지침에 대해서도 제시하고 있다.

공원의 식재에 관한 도시설계 작성방향은 공원의 특성에 적합한 식재계획 및 설계, 기존의 수림 및 지형의 활용, 이용자의 특성을 고려한 식재를 제안하고 있다.

도시설계지침 작성기준에서는 수종의 선정기준을 제시하고 있는데, 넓은 면적의 식재를 위한 주요 수종은 자연생태적 특성에 맞은 향토수종으로 선택하여 관리가 용이하고 비용이 적게 들도록 한다고 제안하고 있다.

식재방식에 대한 내용으로는 다음과 같이 광장, 보행동선 등에 관한 내용과 향토성을 고려한 표토활용 등에 관한 내용을 제시하고 있다.

- 광장, 휴식공간, 야외광장, 어린이놀이터공간 주변에는 지하고 2m 이상의 낙엽활엽교목으로 녹음식재를 도입하여 시계를 방해하지 않도록 한다.

- 주진입로 및 시각적 결절점, 주요 시설 주변에는 수형, 꽃, 색채 등이 아름다운 나무로 요점 식재한다.
- 가능한 한 기존 지역의 표토를 재활용하여 식재하도록 한다.

공원시설물에 대한 도시설계 작성방향에서는 이용자의 안정성 및 편의성 고려와 시설의 독자성과 독창성 확보를 제시하였다.

도시설계지침 작성기준의 항목은 ①시설종류, ②조명등, ③안내표지시설, ④휴게·편익시설, ⑤관리시설, ⑥조경시설 등의 설치방식에 대한 항목을 담고 있다.

이 중 '장소만들기'와 직접적으로 관련된 내용은 다음과 같다.

안내표지시설은 체계화시켜 공원의 주입구 부분에 설치하고, 휴게·편익시설은 정적 휴식공간으로 하여 통행에 지장이 없는 범위 내에서 가급적 한곳에 복합 설치해야 하며, 조경시설 중 분수, 기념물 등 장식요소는 주 진입부, 광장, 혹은 시각적 초점이 되는 부분에 설치한다고 제시하였다.

3) 재정비계획[191]

'평촌중앙공원'은 1994년 준공 이후 지역의 중심적인 녹지공간으로서 시민의 여가활동공간으로 꾸준히 사랑받아 왔다. 그러나 타 녹지에 비해 면적규모와 위치상으로 대표적 공원임에도 불구하고 시민의 활용도가 타 공원과 뚜렷한 차이를 보이지 않는 등의 문제점이 발생하게 되었다.

야외무대로 인한 제반 문제의 조정과, 야외무대 재건립을 고려한 중앙공원 재조정계획 수립의 필요성이 대두되어 전반적인 경관계획을 포함한 재정비계획안이 수립되었으며, 그 목적은 중앙공원의 재설계(renovation)

---

191) 사업명은 '평촌중앙공원 정비'이며, 계획기간은 1999년 10월 14일~2000년 1월 14일이다.

를 통하여 안양시의 대표적인 공원이자 핵심적인 녹지공간 및 시민의 여
가활동공간으로의 탈바꿈이라고 할 수 있다.

공원이용과 활용에 있어서의 주요 문제점으로는 ①수평적·평면적 공간
구성의 단조로운 경관,[192] ②대규모 공연으로 인한 소음민원 발생,[193] ③중
앙부 수경공간의 활성화방안에 대한 요구,[194] ④기념식수공간의 추가설치
발생,[195] ⑤조각공원의 분위기 미숙[196]을 들 수 있다.(안양시 공원녹지과)

재정비계획 당시 공원이용객은 일일평균 5,000명 이상으로 인근 주민
및 타 지역 주민으로 구성되어 있었다.[197]

재정비계획의 방향은 크게 ①이용자 측면과 ②공원의 위상 측면으로 볼
수 있다.

이용자 측면은 기조성된 도시공원의 프로그램과 시설을 재검토하여 전
면적 또는 부분적으로 재설계, 조정함으로써 변화하는 사회환경에 적합한
공원으로 변모시켜 근린주구민의 이용 면에서 공원의 효용가치나 활용도

---

192) 평야지대에 조성된 공원으로 공원 내 모든 수목이 식재 후 5～6년이 경과
   하였으나 지엽의 울폐가 불충분하여 하절기 휴식공간이 될 그늘이 불충분
   하고 수평적·평면적 경관구성으로 경관내용이 단조로운 문제점이 있어 해
   결방안의 모색이 필요하다는 것이다.

193) 근린공원으로 아파트 주거 지역에 인접해 있으므로 대규모 행사 시 소음피
   해를 유발하므로 새로 설치되는 야외공연장을 포함한 문제해결방안 제시되
   어야 한다는 것이다.

194) 신도시 중앙에 위치한 공원으로 충분한 시민의 휴식공간의 역할을 요구받
   고 있으므로 기존의 수경시설을 보다 적극적인 친수공간으로 보강하는 안
   이 필요하다는 것이다.

195) 향후 불량수목의 교체나 기증수목, 기념식재 등의 추가식재를 검토하여 보
   다 풍요로운 공간 형성에 대한 시민의 욕구에 부응할 수 있는 구체적인 안
   이 필요하다는 것이다.

196) 조각공원으로서의 타당성 여부와 기존의 조각작품의 위치선정 등 재조정이
   필요하다.

197) 이중 X－게임장은 1일 평균 100명, 인라인스케이트장은 1일 평균 이용객
   1,000명이었다.(안양시 공원녹지과)

를 높이는 방안으로 조정해야 한다는 것이며, 공원의 위상 측면은 규모와 상징성의 측면에서 가장 핵심적인 녹지의 역할을 기대받고 있으므로 이에 적합한 조정이 있어야 한다는 것이다.(안양시, 2001)

재정비계획 수립지침[198]은 야외무대의 신설 및 조정을 포함한 야외공연장 기능구현에 대한 가장 적절한 대안이어야 한다는 것과 기존 중앙공원의 분위기 성숙 및 시민의 이용활성화방안에 대한 적절한 방안을 제시하는 것을 전제로 하여 다음과 같이 설정되었다.

- 중앙공원의 조성 당초 계획개념을 계승함을 원칙으로 하고 대안을 비교 검토하여 가장 경제적이고 합리적인 개선방안을 찾는다.
- 비교 가능한 인근도시 근린공원의 현황조사를 참조하여 시민의 근린공원에 대한 공간요구도와 이용행태를 반영한다.
- 근린공원 내 야외무대의 적정시설규모 및 기준을 제시한다.
- 풍부한 녹음제공방안 및 기존 녹음수 생장불량에 대한 검증된 결과를 참고로 개선안을 모색한다.
- 야외무대 신설에 따른 문제점 해결방안 모색 등의 계획조정방안은 환경공해(소음)저감을 원칙으로 한다.
- 기존 조각물 설치공간의 검토는 '공원 속의 조각' 개념에서 상호 관계성을 우선적으로 고려한다.

위와 같은 지침을 바탕으로 한 재정비계획의 안은 기존 시설을 적극 활용하고 조립식 조형무대(객석 내 설치)를 설치하는 '수변무대설치안'으로 결정되었으며, 계획이슈로는 주제성,[199] 이용성,[200] 경제성,[201] 환경성[202]

---

198) 자료: 안양시, 2001.
199) 기존의 공원계획의도를 살리고 현재의 공간 요구도를 만족시키는 것이다.
200) 4계절, 가족, 남녀노소 모두가 편리하고 유익한 시민휴가공원으로 조성하는 것이다.
201) 유지관리가 수월하고 투자비용이 비교적 저렴한 개발계획을 수립하는 것이다.
202) 21세기 환경수준에 걸맞은 자연친화적인 공원 환경을 조성하는 것이다.

을 들 수 있다.

재정비계획의 주요내용은 다음과 같으며, 배치도는 〈그림 3-8〉과 같다.

- 중앙공원의 이용실태 및 개선사항의 조사파악, 환경문제(소음)를 최소화하는 야외공연장의 설치계획
- 경관개선 목적의 수경시설 설치의 필요성 검토 및 계획안의 제시
- 그늘이 있는 휴식공간 확충을 위한 대안 검토 및 최적의 식재보완 방안 제시
- 기증수목 및 기념식수의 식재위치 검토 선정 후 마스터플랜에 반영한다.
- 기존 조각작품의 배치 검토 및 조각공원 조성 검토, 토양 배수불량으로 인한 수목생육상태 불량 등 현안 기술적 문제 개선방안 검토 등

이상의 내용에 따라 주요 시설을 설치하였으며, 기본 방향은 조립식 조형무대 조성, 야외무대 방음 및 공연공간 조성, 친수공간 설치 등이며 주요 내용은 다음과 같다.

- 중앙공원의 최대의 문제점으로 부각되고 있는 야외무대의 단점을 보완, 현재 객석 내에 조립식 조형무대로 조성하는 방안으로 결정한다.
- 대규모 공연 시 발생하는 소음문제를 완화시켜 주기 위해 기존 객석의 상부 녹지대에 효과적인 방음을 위한 마운딩과 방음림을 조성하여 관람공간 및 공연공간의 위요감 형성 및 공연공간 한정, 지엽이 울창한 녹음수 보식으로 인한 시각적 소음완화효과를 도모한다.
- 친수공간으로 비교적 유지관리가 쉬운 바닥분수 및 물계단(인공폭포)을 설치하여 어린이들의 놀이공간 혹은 주요 초점경관이 되게 하며 전체 공간의 구심적 역할을 부여한다.

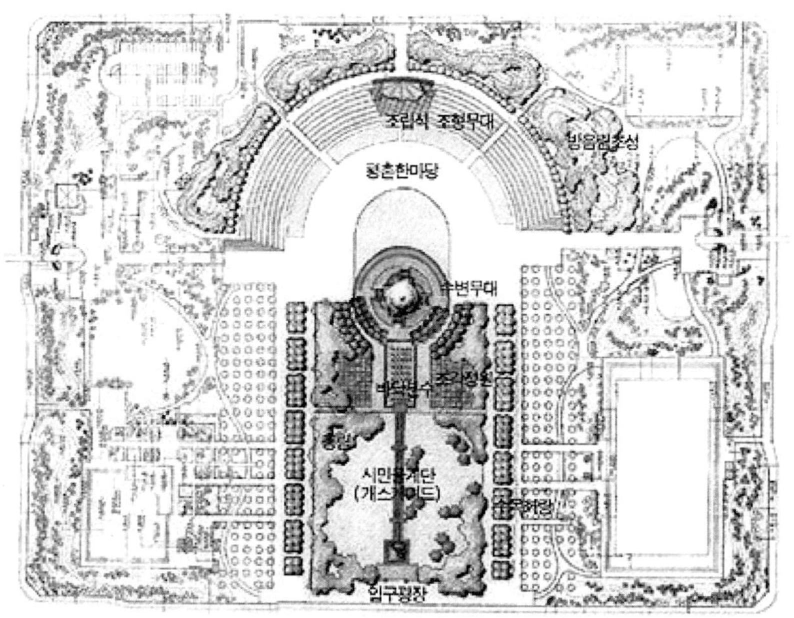

〈그림 3-8〉 '평촌중앙공원' 재정비계획 배치도 (자료: 안양시, 2001)

2. 현 황

1) 성 격

'평촌중앙공원'은 행정구역상 안양시 동안구 평촌동, 비산동, 호계동 일원 약 3만 6천여 평의 부지에 위치하며, '평촌신도시' 중심부에 입지하고 있어 중심상업·업무 지구와 인접하고, 원지반의 대부분이 논으로 구성된 평탄한 지형에 광역생활권 조성형 근린공원의 성격으로 계획된 조성형 근린공원이다.

지구 외 북쪽으로는 관악산, 서쪽으로는 수리산, 동쪽으로는 모락산이 둘러싸고 있으며 택지개발을 통해 단지 내에는 고층아파트 및 공용의 청사로 에워싸이도록 조성되었다.

현재 공원의 성격은 크게 도시중앙공원, 근린공원, 체육공원, 야외공연장으로 구분할 수 있다.

이러한 성격은 재정비 시에 간접 이용자 조사 등을 통해서 제시되었는데, 이용자가 요구하는 시설을 설치하려고 시도한 것에서 기인하였다고 할 수 있다.

첫째, 도시중앙공원으로서의 평촌중앙공원은 '평촌신도시'와 나아가 안양시를 대표하는 도시중앙공원으로서 인식되고 있으며, 안양시청 및 전면광장과 연계되어 상징성을 강화하고 있다.

둘째, 근린공원으로서의 평촌중앙공원은 인근 주민들의 휴식 및 산책과 운동 등에 이용되며, 인근에 거주하는 주민뿐만 아니라 직장에 근무하는 사람들에게도 휴식처로 제공된다.

셋째, 체육공원으로서의 평촌중앙공원은 각종 체육시설을 갖춤으로써 이용자들이 운동경기를 할 수 있으며, 이는 건강한 삶을 추구하는 최근 이용자들이 가장 선호하고 자주 이용하는 것이라 할 수 있다.

넷째, 야외공연장으로서는 야외무대와 반원형의 야외객석을 갖추고, 야외공연을 개최함으로써 안양시의 대표적인 야외공연장의 성격을 갖도록 조성되었으나, 소음문제로 인하여 원래 계획했던 효과를 나타내지는 못하고 있다.

2) 공간구성 및 연계성

'평촌중앙공원'을 중심으로 한 중심축은 〈그림 3-9〉와 같이 '북측 주거지-근린공원(평촌공원)-시청사-미관광장-평촌중앙공원-학교 및 남측 주거지'로 연결되도록 계획되었다. 현재는 도로에 의해 단절되어 연계가 이루어지지 않고 있는 실정이다.

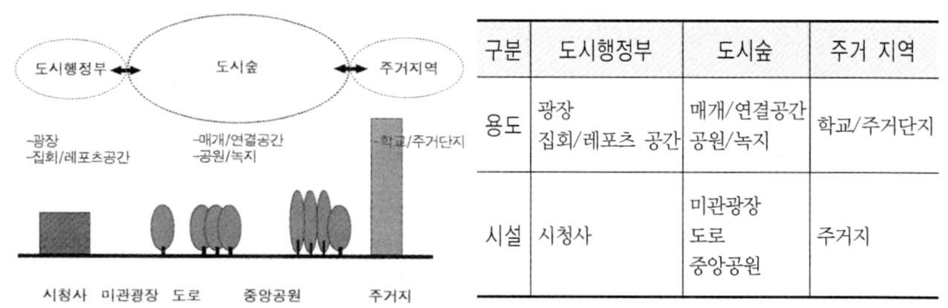

구분	도시행정부	도시숲	주거 지역
용도	광장 집회/레포츠 공간	매개/연결공간 공원/녹지	학교/주거단지
시설	시청사	미관광장 도로 중앙공원	주거지

〈그림 3-9〉 '평촌중앙공원' 공간의 기능 (자료: 안양시, 2001)

'평촌중앙공원'의 공간구성은 크게 '진입부-중앙광장-보행결절부'로 연결된다. 진입부는 주 진입부와 부진입부로 구분되며, 중앙광장 좌우에 보행결절부가 있다.

용도별 공간 구분은 〈그림 3-10〉과 같이 휴게공간, 친수공간, 중심공간(다목적 광장), 공연공간(놀이마당), 체육공간(축구장, 익스트림 스포츠장), 산책·휴게공간(총림)으로 구분된다. 평면도는 〈그림 3-11〉, 주요부의 사진은 〈그림 3-12〉와 같다.

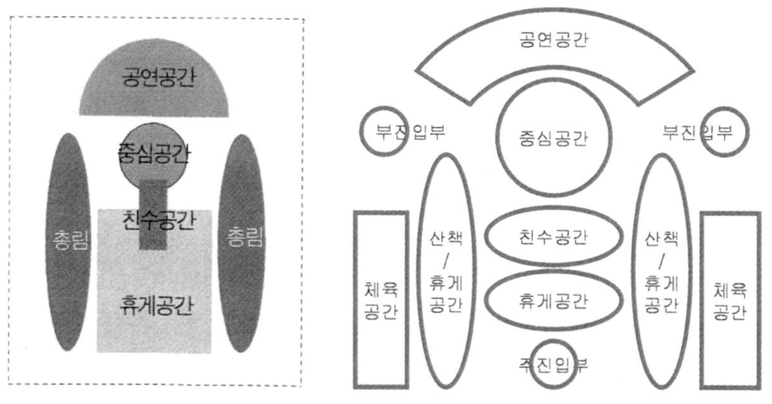

〈그림 3-10〉 '평촌중앙공원' 공간개념도 (자료: 안양시, 2001. 및 현황으로 재작성)

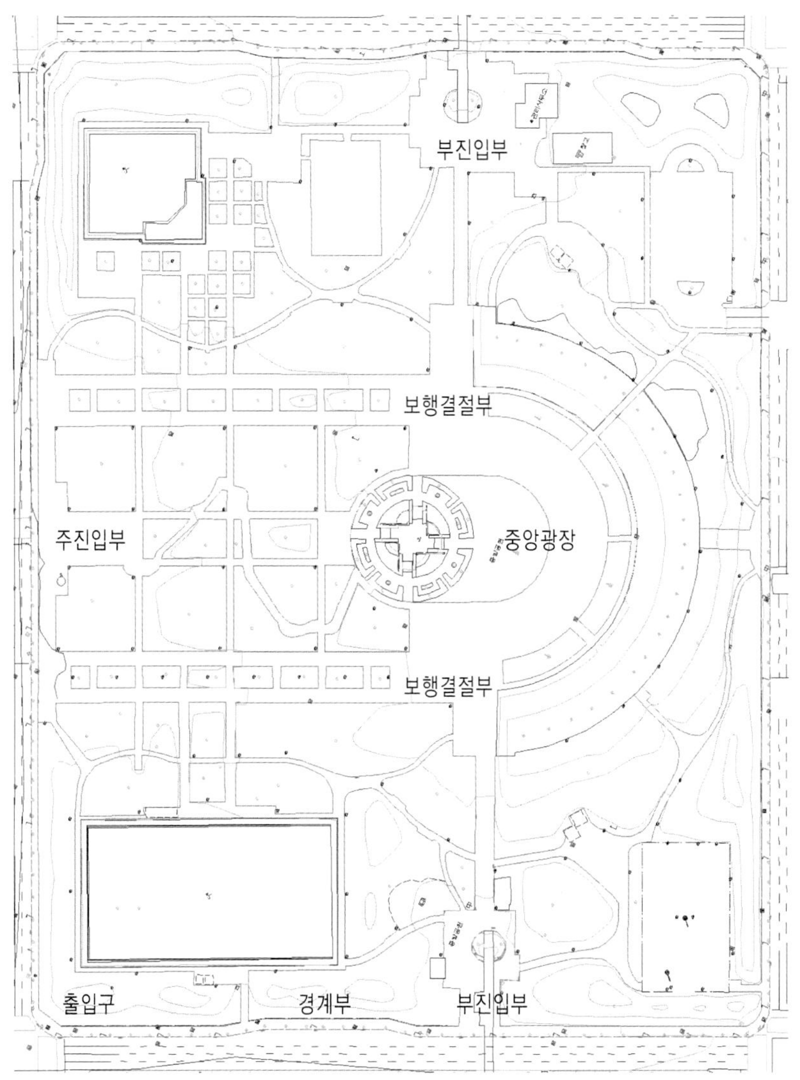

〈그림 3-11〉 '평촌중앙공원' 평면도 (자료: 안양시 녹지공원과)

〈그림 3-12〉 '평촌중앙공원' 공간구성

'평촌중앙공원'의 공간구성에서 중요한 점은 주변과의 연계성에 관한 것이다. '평촌중앙공원'은 택지개발계획 및 도시설계 등의 개발방향과 조성지침에서 '시청-미관광장-중앙공원-보행자전용도로'의 연결축을 강조한 공간구성으로 의도되었으나, 현황은 차로와 지하도에 의한 단절로 연계성이 이루어지지 않고 있다.

주말의 경우 미관광장과 중앙공원 간의 차도는 '차 없는 거리'로 운영되어 일시적이나마 미관광장－중앙공원은 연계성이 형성되지만, 시청 및 보행자전용도로와는 보행에 의한 연계가 전혀 이루어지지 않고 있다.

한편 동서축으로서의 '범계역 미관광장－'평촌1번가 문화의 거리'－시청 앞 미관광장－평촌역 측 보행자전용도로'는 지하보도로 연결되어 보행의 연계성을 구축하고는 있으나, 지상에서 지하로 이동해야 하는 불편함과 시각적인 입구성이 약해서 보행자의 이용이 편리하다고 할 수는 없다.

3) 공원시설

'평촌중앙공원'의 시설은 [표 3－9]와 같이 테마공원, 운동시설, 조경시설, 휴양시설, 유희시설, 편익시설, 공원관리시설, 기타 시설 및 녹지로 구성된다. 특히 운동시설의 경우는 이용자들이 가장 많이 이용하는 시설이며, 분수시설은 어메니티 요소로서 이용자들의 사랑을 받고 있다.(〈그림 3－13〉, 〈그림 3－14〉 참조)

[표 3－9] '평촌중앙공원' 공원시설

구 분	세부시설
테마공원	테마공원, 테마길
운동시설	다목적운동장, 축구장, 게이트볼장, 피크닉장, 인라인스케이트장, 하키연습장, 농구장, X－게임장, 배드민턴장, 테니스장
조경시설	조형물, 수목, 분수시설, 계류시설, 화강판석, 점토블록, 잔디식재
휴양시설	벤치, 파골라
유희시설	조합·모험 놀이대
편익시설	화장실, 음수대
공원관리시설	관리사무실, 휀스, 문주, 안내판, 휴지통, 볼라드, 공원 등
기타시설	광장, 놀이마당, 모래사장, 야외무대, 주차장
녹 지	－

자료: 안양시 공원녹지과

〈그림 3-13〉 '평촌중앙공원' 공원시설 (1)

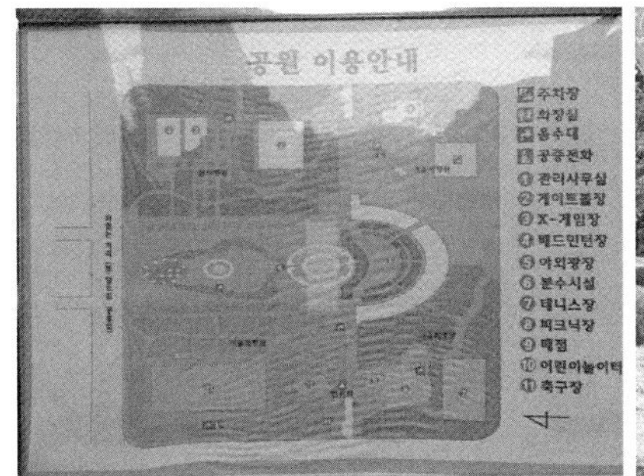

시설배치도

체육시설

운동장

어린이놀이터

전면광장 지하주차장

전면광장 운동기구대여점

〈그림 3-14〉 '평촌중앙공원' 공원시설 (2)

4) 이용행태

　'평촌중앙공원' 이용자들의 이용행태는 크게 운동, 만남, 산책, 휴식, 통행 등으로 나타난다. 한편 공원 내에서 해서는 안 되는 금지행위도 지정되어 있다.

　'평촌중앙공원'의 이용자들은 〈그림 3-15〉와 같이 다목적운동장, 축구장, 게이트볼장, 피크닉장, 인라인스케이트장, 하키연습장, 농구장, X-게임장, 배드민턴장, 테니스장 등의 시설을 이용하여 운동을 하며, 산책로 보행로 등에서 달리기와 걷기 등을 즐기기도 한다.

운동(조깅)

운동(인라인스케이팅)

〈그림 3-15〉 '평촌중앙공원' 이용행태 (1)

　〈그림 3-16〉에서와 같이 이용자들은 공원에서 사람을 만나고, 산책을 즐긴다. 특히 분수 등의 수경시설은 이용자들에게 좋은 어메니티 요소로서 볼거리를 제공한다.

만 남   산 책

〈그림 3-16〉 '평촌중앙공원' 이용행태 (2)

벤치 등과 같은 시설은 〈그림 3-17〉과 같이 이용자들의 휴식에 이용되며, 특별한 목적으로 공원을 방문하는 것이 아니라 공원을 통과하여 목적지로 이동하는 통행 역시 공원에서 일어난다.

휴 식   통 행

〈그림 3-17〉 '평촌중앙공원' 이용행태 (3)

공원 내에서 해서는 안 되는 금지행위로는 〈그림 3-18〉과 같이 인라인 스케이트 타기, 자전거 및 배터리카 타기, 상행위, 애완동물 유입 등이 해당된다. 이는 보행자의 안전과 위생 등 공원의 쾌적성을 유지하기 위한 조치라고 판단된다.

〈그림 3-18〉'평촌중앙공원' 공원 내 금지행위

5) 설문조사 분석

가. 면담조사

안양시 관련부서[203] 담당자 등을 대상으로 '평촌중앙공원'에 대한 실시한 면담조사 결과를 요약하면 다음과 같다.

'평촌중앙공원'에 대해 재정비사업을 시행한 배경은, 초기에 조성한 공원시설이 10여 년의 세월이 지남에 따라 이용자들의 요구에 부합하지 않은 측면이 발생하였기 때문이라고 한다. 특히 식재의 경우 원래 토양이 논으로 쓰이던 곳이므로 나무가 제대로 생육하지 못하고 거의 죽어버려서 새로 식재할 곳만 별도로 토양을 조성하여 시행하였다고 한다.

한편 시청 앞 전면광장이 인라인스케이트장 및 농구장으로 용도가 전환됨에 따라서 이와 연계하여 체육시설을 강화하고, 공원의 성격을 체육공원으로 전환하였다고 한다. 현재 공원의 가장 문제점은 야외무대에 관한 것인데, 재정비를 통해서 소음 관련 문제를 해결하려 하였으나 만족할 만한 결과를 얻지 못하여 공연 때마다 주변 주민들의 민원이 접수된다고 한다.

---

203) 안양시청 녹지공원과, 도시계획과 등.

나. 설문지 조사

설문지 조사는 두 가지 방법으로 진행되었다. 설문지를 작성하여 현장
에서의 일대일 직접 대면을 통한 현장 설문조사 방식과 인터넷 홈페이지
상에 설문항목을 게재하고 이메일을 통해 안내한 후 인터넷상에서 응답자
가 해당 항목을 선택하는 형식의 인터넷을 통한 설문으로 진행하였다.

설문조사는 2005년 11월 28일부터 12월 7일까지 10일간 진행되었으며,
유효표본 수는 총 50명이다.

주요 문항은 ①공원이용행태, ②공원에 대한 장소성, ③공원에 대한 만
족도, ④공원 내 선호 시설물, ⑤공원의 문제점, ⑥공원의 개선할 사항, ⑦
향후 공원에 바라는 사항으로 구성되었다.

응답자를 성별, 연령대, 거주지, 직업별로 구분해 보면 [표 3-10]과
〈그림 3-19〉와 같다. 응답자의 성별은 남자 58%, 여자 42%로 나타났다.
연령은 20대(46%), 10대(22%), 30대(12%) 순으로 나타났으며, 이용범위
는 안양시내 전역(94%)에 해당한다고 할 수 있다.

[표 3-10] 평촌중앙공원 설문지 응답자 구성

구 분	내 용
성 별	남(58%), 여(42%)
연 령	10대(22%), 20대(46%), 30대(12%), 40대(8%), 50대(2%), 60대이상(10%)
거주지	공원 인근 지역(24%), 안양시내(22%), 평촌신도시(48%), 기타(6%)
직 업	학생(56%), 회사/공무원(14%), 주부(10%), 전문직(6%), 상업/서비스(4%), 기타(10%)

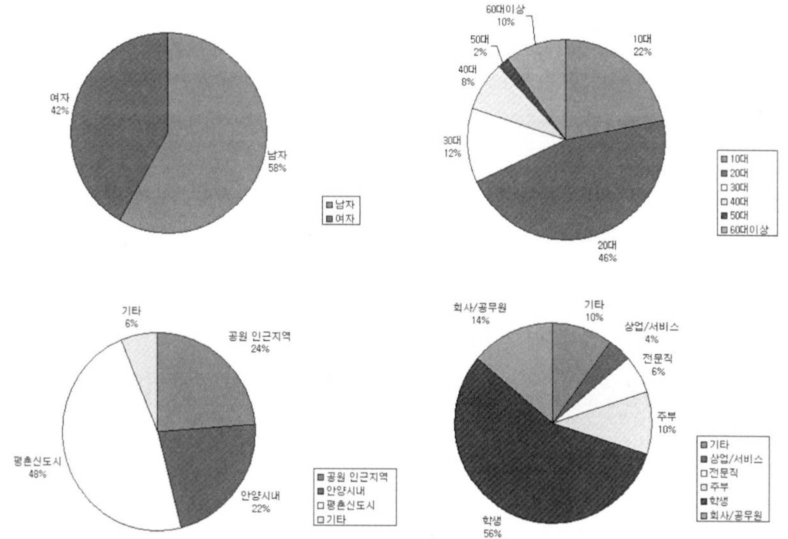

〈그림 3-19〉 '평촌중앙공원' 설문지 응답자 구성

다. 설문조사 결과

(1) 공원이용행태

No.	구 분	%
1	운 동	44
2	휴식 및 산책	38
3	만 남	12
4	통 행	4
5	기 타	2

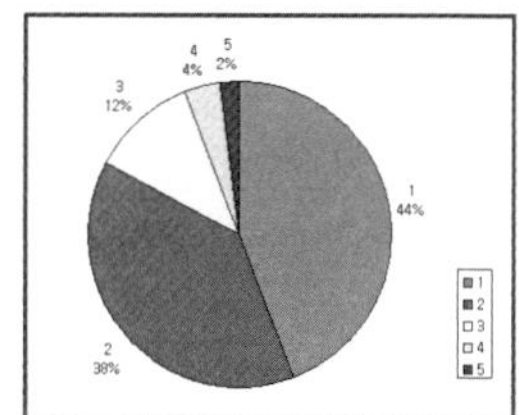

(2) 공원에 대한 장소성

No.	구 분	%
1	평촌을 대표하는 공원	62
2	도시의 숲	11
3	볼거리 있는 곳	7
4	운동장소	20

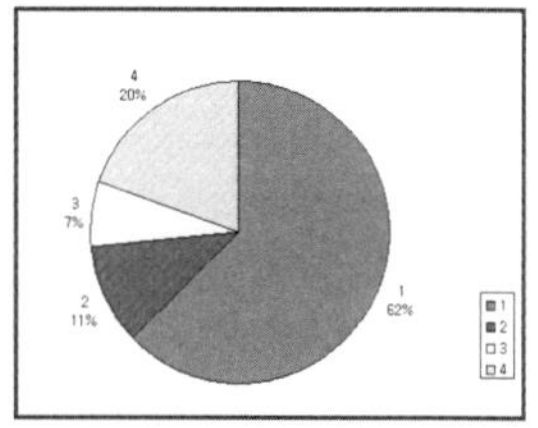

(3) 공원에 대한 만족도

No.	구 분	%
1	매우 만족	20
2	만 족	60
3	그저 그렇다	16
4	만족 안함	2
5	매우 만족 안함	2

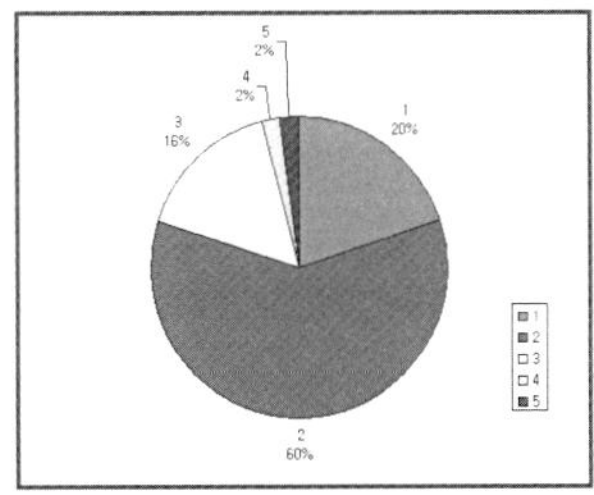

(4) 공원 내 선호 시설물

No.	구 분	%
1	나무와 숲	32
2	분 수	28
3	상징조형물	9
4	운동시설	23
5	야외무대	5
6	없 다	3

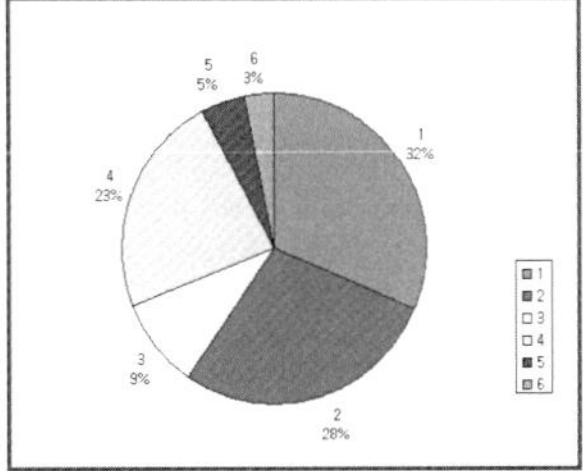

(5) 공원의 문제점

No.	구 분	%
1	평촌 대표적인 공원으로 부족	31
2	접근불편	17
3	황 량 함	34
4	이용자가 적음	9
5	없 다	9

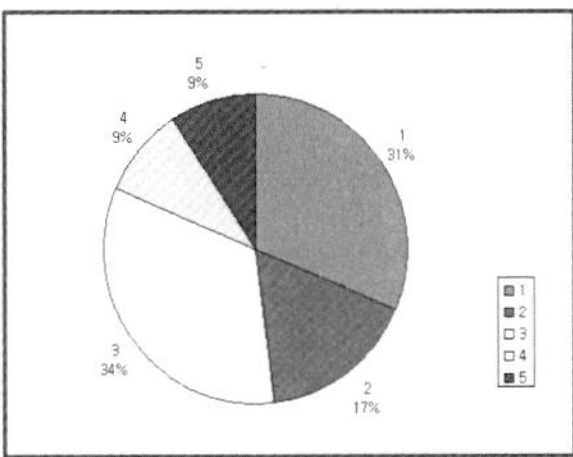

(6) 공원의 개선할 사항

No.	구 분	%
1	사람들의 이용부족	13
2	공원관리	15
3	공원시설 보강	52
4	식재보식	2
5	기 타	7
6	없 다	11

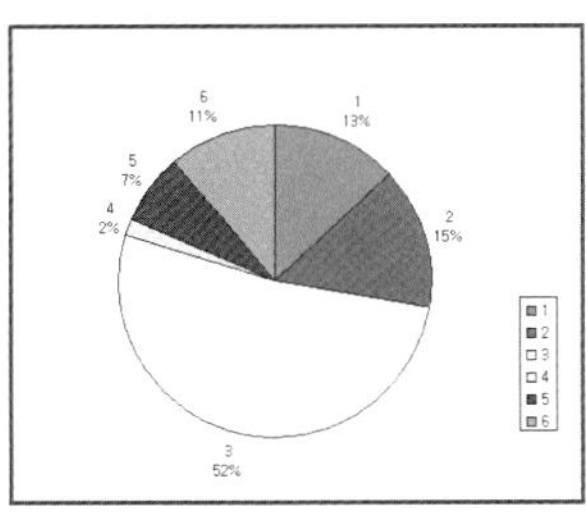

(7) 향후 공원에 바라는 사항

No.	구 분	%
1	새로운 시설 도입	69
2	현상유지	27
3	기 타	4

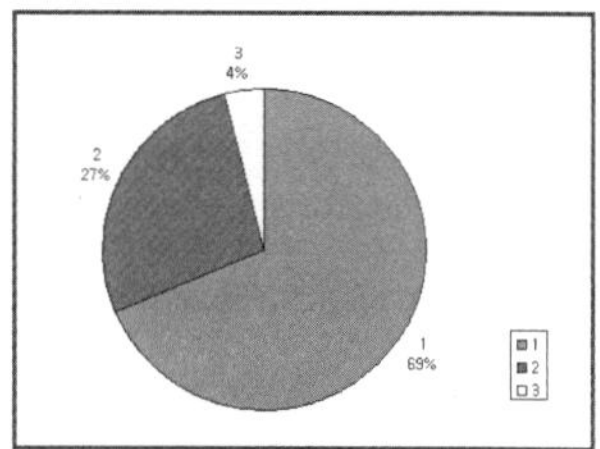

라. 설문조사 분석

공원이용행태에 대해서는 운동(44%)이 가장 높게 나타났으며, 휴식과 산책(38%)이 다음 순위를 차지하였다. 만남(12%)과 통행(4%)은 상대적으로 미미하였다.

공원에 대한 장소성은 평촌을 대표하는 공원(62%)이 가장 높게 나타났으며, 운동장소(20%)가 다음 순위를 차지하였고, 다음으로 도시의 숲(11%), 볼거리 있는 곳(7%) 순으로 조사되었다.

공원에 대한 만족도는 만족한다(60%)가 가장 높게 나타났으며, 매우 만족한다(20%)가 다음 순위를 차지함으로써 만족한다는 의견이 80%를 차지하였다. 한편 그저 그렇다는 16%이며, 만족 안함과 매우 만족 안함은 각각 2%로 나타났다.

공원 내 선호 시설물은 나무와 숲(32%)이 가장 높게 나타났으며, 분수(28%)와 운동시설(23%)이 다음 순위를 차지하였다. 상징조형물(9%)과 야외무대(5%)에 대한 선호도는 상대적으로 미미하다고 할 수 있다.

공원의 문제점으로는 황량함(34%)이 가장 높게 나타났으며, 평촌의 대표적인 공원으로는 부족한 면이 있다(31%)와 접근이 불편하다(17%)가 다음 순위를 차지하였다. 이와 함께 이용자가 적다는 것과 없다는 의견도 각각 9%로 나타났다.

공원의 개선할 사항으로는 공원시설의 보강(52%)이 가장 높게 나타났으며, 공원관리(15%), 사람들의 이용부족(13%), 없다(11%), 기타(7%)의 순위로 조사되었다.

향후 공원에 바라는 사항으로는 새로운 시설의 도입(69%)이 가장 높게 나타났다. 이를 통하여 현상유지를 원하는 응답자가 27%임에 비해 상당수의 응답자가 새로운 시설이 도입될 것을 원하고 있다는 것을 알 수 있었다.

이상을 통해서 조사된 '평촌중앙공원'의 장소성[204]은 평촌을 대표하는 공원으로서, 체육시설을 통한 운동 및 경기를 하는 데 가장 많이 이용하는 장소이며, 대체로 만족스런 것으로 조사되었다. 이용자들이 선호하는 시설은 숲과 분수 등이며 단점으로는 황량감 등을 들 수 있다. 이러한 문제점을 해결하기 위해서는 새로운 공원시설의 보강이 필요하다고 볼 수 있다.

3. '장소만들기' 과정

1) 배 경

'평촌중앙공원'은 크게 두 가지 단계의 사업을 거쳐서 조성되었다. 최초에는 택지개발사업에 의해서 조성되었으며, 이후 이용자 평가를 거쳐서 재정비사업[205]이 시행됨으로써 현재의 모습을 갖추게 되었다.

최초의 택지개발사업 시행 당시 공원조성과 관련된 계획으로는 택지개발 기본 및 실시계획과 도시설계를 들 수 있다.

택지개발계획에서는 공원의 기본적인 틀을 제시하였다. 평촌의 대표적

---

204) 이용자의 체험에 의해 가치와 의미가 붙여진 장소의 성질이라 할 수 있다.
205) 사업기간은 1999. 10. 14~2000. 1. 14이다.

오픈스페이스로 조성하여 도심기능 및 휴식기능의 수용을 담당할 것으로 설정되었고, 이에 의해서 '택지개발사업' 당시 근린공원으로 조성되었다.

도시설계는 구체적 '장소만들기'의 시도라고 볼 수 있다. 평촌중앙공원에 대한 도시설계는 공원조성의 구체적 지침의 제시, 주제설정 및 적정기능의 배분, 공원의 '장소성' 제고 및 '독자성'을 강화하기 위해서 도입되었으며, 이에 의해서 공공부문 도시설계지침이 작성되었다. 이와 더불어 조경공사는 도시설계지침을 실현하기 위한 도시설계의 일환으로 시행되었다.

한편 택지개발사업 이후 도시설계 작성기준에 관한 연구가 시행되어 공원 관련 도시설계기준이 제시되었다. 이 연구는 수도권 5대 신도시 평가 및 향후 신도시 도시설계 작성지침 제시의 필요성에서 작성되었는데, 이에 의해서 '신도시 도시설계 작성지침'을 작성하게 되었다.

재정비사업과 관련된 계획으로서 '평촌중앙공원'에 대한 재정비계획이 작성되었고, 이를 통하여 공원의 일부 시설이 정비 및 확충되었다.[206] '평촌중앙공원 재정비계획'은 기존 프로그램 및 시설에 대한 재검토를 통하여 전면적 또는 부분적 재설계 및 조정을 위해서 작성되었으며, 이 계획을 근거로 시행된 재정비사업에 의해서 오늘날의 모습을 갖추게 되었다.

2) 요 소

이상의 배경에서와 같이 크게 2단계의 조성과정을 거치는 동안 '평촌중앙공원'의 요소는 이용자들의 요구에 기초하여 [표 3-11]과 같이 변화되었다.

---

206) 크게 변화된 내용은 운동시설과 테마공원 및 분수 등의 확충이라고 할 수 있다.

[표 3-11] '평촌중앙공원' 시설의 기존 및 추가현황

구 분		기 존			추 가		
		조성년도 (추진기간)	세부내용	규모 및 제원	조성년도 (추진기간)	세부내용	규모 제원
테마 공원	테마공원	–	–		2001. 3. ~ 2002. 5.	봄의 정원 등 4개	
	테마길					왕벗나무길 등 3개	총 945m
운동 시설	다목적운동장	1999~2000	재활용고무판 포장	1.4km	–	–	
	축구장	1999~2000		3,300㎡	2002. 8.	라이트 시설	
	게이트볼장	1999~2000	농구장 겸용	727㎡	–	–	
	테마길	–	–		2001. 7.	재활용고무판 포장	1.4km
	피크닉장	–	–		2003. 4.	잔디. 잔디보호매트	1,880㎡
	인라인 스케이트장	–	–		1997.		3,300㎡
	하키연습장	–	–		2004. 11.	농구장 겸용	727㎡
	농구장	1997. 9.			2005.	우레탄포장 3면	570㎡
	X-게임장	–	–		2000. 10.		880㎡
	배드민턴장	1993.	4면	871㎡	–	–	
	테니스장	1992	잔디 및 보호메트	1,880㎡		4면	2,196㎡
조경 시설	조형물	1999~2000	상징조형물		–	–	
	수 목	1999~2000	교목류: 소나무 외	24종	2002. 10. ~ 2003. 10.	6.314본	16,200㎡
	분수시설	1999~2000	중앙원형분수			상징분수1, 우산분수1, 바닥분수1, 스크린분수2	
	계류시설					207m	
	화강판석	–	–			2,920㎡	
	점토블록					3,505㎡	
	잔디식재					7,313㎡	
	휴양시설	1999~2000	벤치 파고라	6개소	–	–	
	유희시설	1999~2000	조합·모험 놀이대		–	–	
편익 시설	화장실	1999~2000		36㎡	–	–	
	음수대	1999~2000		2개소	–	–	
공원관리시설		1999~2000	관리사무실. 휀스, 문주. 안내판. 휴지통, 볼라드, 공원 등		–	–	
기타시설		1999~2000	광장 놀이마당(우레탄포장) 모래사장 야외무대 주차장	8개소 – 460㎡ 2,306㎡ 2,302㎡	–	–	
녹 지		1999~2000	녹지율	62%	–	–	

자료: 안양시 녹지공원과

3) 과 정

'평촌중앙공원'의 '장소만들기' 과정은 〈그림 3-20〉과 같이 장소가능태
가 장소현실태로 전환되는 과정이라 할 수 있다.

이 과정에는 시간의 변화가 기본전제가 되고, 물리적 측면과 사업적 측면
의 '장소만들기'가 작용하게 되며, 이용자와 공급자의 역할이 개입하였다.

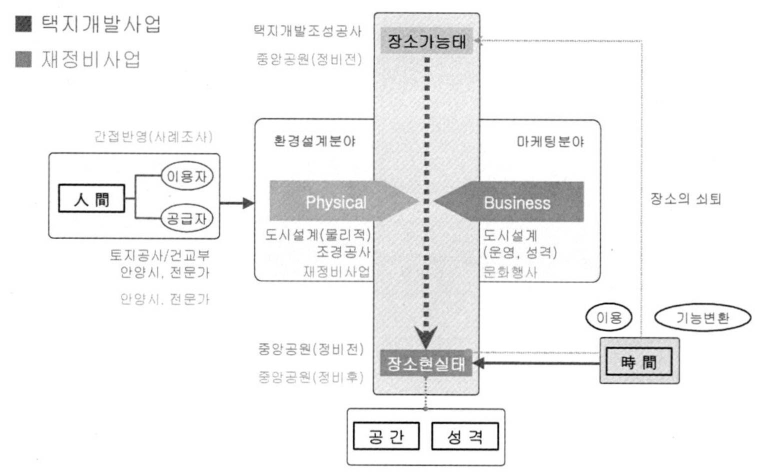

〈그림 3-20〉 '평촌중앙공원' 장소만들기 과정

최초의 과정은 택지개발사업에서 나타난다. 공원조성공사에 의해서 새
로운 공간이 만들어지며 이를 장소가능태라고 할 수 있다. 여기에 물리적
인 측면에서 도시설계, 조경공사 등이 작용하며, 사업적 측면에서의 도시
설계가 작용한다. 이렇게 조성된 평촌중앙공원을 사람들이 이용함으로써
장소현실태가 되었다고 할 수 있다.

두 번째 과정은 재정비사업에 의해서 나타난다. 시간이 흐른 후 장소가
쇠퇴하여 기존공원에 대한 개선이 필요하게 된다. 즉 장소현실태가 장소
가능태가 되어 또다시 물리적 측면과 사업적 측면의 '장소만들기'가 작용

하게 된다. 이러한 재정비사업을 거친 뒤 사람들의 이용에 의해 새로운 장소현실태가 되었다.

4) 주 체

'평촌중앙공원'의 조성에 있어서의 주체는 크게 공급자와 이용자로 구분할 수 있다.

'장소만들기'의 과정이 신도시 개발사업과 재정비사업의 2단계에 걸쳐 진행되었으므로, 평촌중앙공원의 조성주체도 2단계로 구분해 볼 수 있다.

먼저 공급자에 대해서 살펴보면, 1단계 신도시 개발사업의 공급자는 택지개발사업 시행자와 도시설계 작성자라고 할 수 있으며, 2단계 재정비사업의 공급자는 '평촌중앙공원' 재정비사업 시행자라고 할 수 있다.

최초의 단계라 할 수 있는 신도시 조성 당시의 평촌중앙공원 공급자의 역할은 한국토지공사가 주역을 담당하였다고 할 수 있다.

한국토지공사는 택지개발사업의 시행사의 역할을 담당하여 중앙공원의 물리적인 기반을 조성하였다.

도시설계 작성자의 역할은 안양시가 담당하였으며, 도시설계 작성지침은 택지개발계획의 내용을 기초로 작성되었다. 이 중 중앙공원의 조성에 관한 계획 및 설계지침은 공공부문 도시설계지침의 일환으로 작성되어 중앙공원 조성기준의 역할을 하였다.

2단계 재정비사업에서의 공급자의 역할은 안양시가 담당하였다.

안양시는 평촌중앙공원 재정비사업의 계획에서부터 시설의 교체 및 확충 등의 모든 사업을 총괄하였다.

다음으로 이용자의 측면에서 살펴보면, 앞서 우리나라 신도시 개발과정

에서의 문제점에서도 언급하였듯이 '평촌중앙공원'의 조성과정에서도 이용
자가 '장소만들기'에 참여할 수 있는 방법은 없었다.

제3절 평촌1번가 문화의 거리

1. 계획내용

1) 택지개발계획 및 도시설계

가. 택지개발계획

택지개발계획[207]에 의하면, 중심상업업무 지역 내에 전철노선을 축으로
두 개의 전철역 사이에 보행자전용도로를 설치하여 쾌적한 보행환경을 조
성하였다. 그리고 이 도로 주변에 상업시설을 입지시켜 '쇼핑몰'을 형성토
록 하는 등 역세권을 동서블록형 중심상업지로 계획하였다.

평촌신도시에는 지하철 역사 및 광장 등으로 연계되는 중심상업 지역
내에 조성되어 있는 20m 폭의 보행자전용도로를 비롯하여 총 83개소에
연장 1만 4,020m에 이르는 보행자전용도로가 계획되었다.

이들은 계획된 공원과 녹지를 체계적으로 연결하는 역할을 하도록 하였
다. 이를 위하여 입지여건 및 장소별 활동특성에 따라 공간기능별로 보행,
진출입, 휴식과 만남, 전시 및 공연, 노상판매, 비상차통로 등의 기능을 나
타내도록 다양한 식재, 포장, 가로시설물 등 보행환경의 쾌적성 제고 및
방향성이 제시되도록 시도되었다.

---

207) 자료: 한국토지공사, 1997: 210-211, 219, 233.

나. 도시설계

평촌신도시 도시설계에서 '평촌1번가 문화의 거리'는 '중심상업 지역 내 20m 보행자전용도로'로 계획되었으며(국토개발연구원, 1992: 39-40), 이 도로의 양단에는 평촌역[208]과 비산역[209] 2개의 전철역이 입지(국토개발연구원, 1992: 22)하고 있다.

도시설계는 쇼핑몰을 구성하는 양측 면의 토지와 관련된 사항과 보행자전용도로에 해당하는 사항으로 나뉘어 작성되었다.

먼저 '평촌1번가 문화의 거리'의 양 벽면을 이루는 보행자전용도로변 용지계획(한국토지공사, 1997: 271-275)에 대해서 살펴보면 다음과 같다.

- 획지분할의 원칙
  - 획지분할은 인접도로와 건물의 용도를 고려하되, 도로의 위계가 높고 폭이 넓은 도로에 면한 대지일수록 대형필지로 구획하였다. 가각 필지는 보통 필지보다 크게 구획하되, 전체적으로 필지의 세장비가 1:2 내외가 되도록 분할하였다.
  - 20m 보행자전용도로에 면한 대지는 소규모 필지로 구획하여 다양한 건물, 용도, 환경을 창출토록 하고 가로를 활성화하였다.

[표 3-12] 보행자전용도로변(C6, C8블록) 필지규모

구 분	규 모
획지분할 (켜)	1
필지길이 (m)	30
전면길이 (m)	14-18 (가각: 20-30)
필지면적 (평)	120-180 (가각: 250 내외)

자료: 한국토지공사, 1997: 271. 〈그림 3-26〉 참조

---

208) 〈그림 3-21〉을 참조하기 바라며, 현재는 '범계역'으로 역명이 바뀌었다.
209) 〈그림 3-21〉을 참조하기 바라며, 현재는 '평촌역'으로 역명이 바뀌었다.

- 건물의 용도
- 20m 보행자전용도로변 건물의 1층 전면에는 쇼핑몰이 활성화될 수 있는 용도가 입지하도록 유도한다.

[표 3-13] 보행자전용도로변(C6, C8블록) 유치기능

구 분	내 용
입지특성	보행자전용도로(20m)가 쇼핑몰로 개발되어 쾌적한 보행자 공간이 조성될 것이므로 구매, 휴식 및 문화활동에 적합한 지역
유치기능	선매 전문품 위주의 판매시설 기능 음식점 및 위락시설 등의 서비스 기능 소극장, 화랑, 음악실 등 문화여가 기능

자료: 한국토지공사, 1997: 271. 〈그림 3-26〉 참조

- 합벽개발 및 아케이드 설치
- 20m 보행자전용도로변 건축물은 인접 건축물과 합벽개발토록 하여 도로에 면하는 건축물의 전면 폭을 넓히도록 하였다. 또한 동 건물의 1층에는 도로를 따라 아케이드를 설치하여 전천후 보행자 공간을 확보하고, 아울러 독특한 가로경관을 갖추도록 하였다. 이때, 보행자전용도로에 면한 모든 건축물에 아케이드를 설치하도록 하여 연속성을 유지하며, 바닥마감 높이, 천정고, 아케이드 기둥 간격 등에 대한 일정 기준을 정하여 통일성을 유지토록 하였다.

[표 3-14] 보행자전용도로변 건축물 용도 규제 내용

적용대상지	불허용도	1층 전면권장용도	권장용도
20m 보행자전용도로 주변의 소형필지	1종 미관지구 불허용도, 저탄장, 야적장, 동물병원 (100㎡ 미만 제외)	근린생활시설 중 대중음식점, 위락시설 전문점(판매시설 중 상점으로서 의류, 구두, 장신구, 가전제품, 가구점, 조명기기, 공예품 등 판매상점), 문화시설(소극장, 화랑 등) 판매시설 중 상점, 근린생활시설 중 대중음식점	–
20m 보행자전용도로변 (광장이나 넓은 공지인접대지)		–	공연장

자료: 한국토지공사, 1997.

- 도시조경
  - 보행자전용도로 결절점 주변에는 공지를 확보하여 보행자의 통행·휴식·만남 등의 장소로 조성토록 하였다.
- 건축물의 외관
  - 가로를 활성화하기 위하여 폭 20m 보행자전용도로에 면한 건축물의 1층 외벽 면은 투시벽으로 지정하고, 간선도로와 보행자전용도로에 면한 건물의 셔터도 투시형으로 지정하여 야간의 가로조명과 가로미관 개선에 기여토록 하였다.

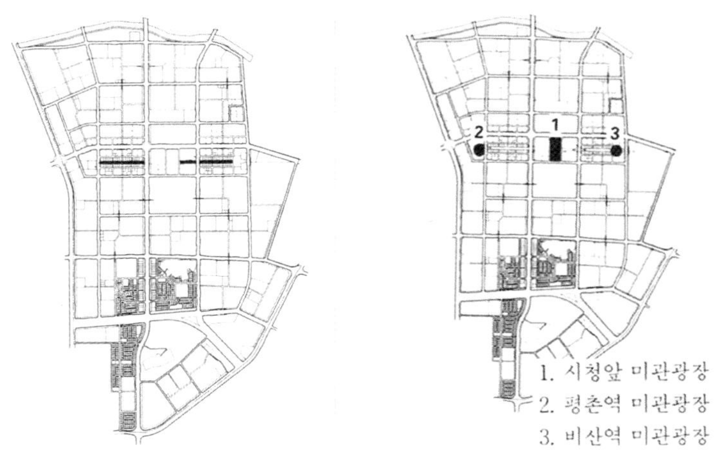

〈그림 3-21〉 보행자전용도로 및 범계역 위치도[210](자료: 국토개발연구원, 1992.)

다음으로 '평촌1번가 문화의 거리'의 바닥 면을 구성하는 보행자전용도로와 관련된 내용 중 도시설계의 설계과제를 살펴보면 다음과 같다.

- 보행자전용도로 양측의 상업필지 내 건축물은 합벽개발과 아케이드 설치가 의무화되어 있고, 도로의 폭이 20m로 비교적 광로인 점을 감안하여 공간의 구획과 식재, 가로시설물 설치를 통해 공간감 창출과 장소성을 형성할 필요성이 있다.

---

210) 우측 그림상의 2. 평촌역은 범계역으로, 3. 비산역은 평촌역으로 현재 명칭이 변경되었다.

〈그림 3-22〉 C6, C8 블록의 보행자전용도로변 용지 조성당시 사진
(자료: 국토개발연구원. 1992.)

이러한 설계과제를 바탕으로 거리의 성격, 공간구성 및 시설물과 관련
된 도시설계의 기본 방향 및 구상을 다음과 같이 설정하였다.

- 입지여건 및 장소별 활동특성에 따라 공간기능별 성격부여 및 특화를 유도
- 도시 내 상징적 가로로서의 시각적, 기능적 연속성을 강화하며, 적정시설의
  설치로 보행의 안전성 확보
- 다양한 식재, 포장, 가로시설물 설치로 보행환경의 쾌적성 제고 및 방향성 제시
- 장소별 공간구성에 있어서의 수용기능은 보행기능, 쇼핑 및 건물로의 진출
  입 기능, 휴식과 만남의 기능, 전시 및 공연 기능, 노상판매 기능, 비상차량
  통로 기능으로 구상
- 장소별 공간성격은 간선도로의 교차, 미관광장 등과의 접속 등에 따라 장소
  별 공간성격을 진입부, 결절점, 보행연결 및 휴식구간으로 구분하여 수용기
  능과 공간조성의 방법을 달리함.

〈그림 3-23〉 20m 보행자전용도로 투시도 (자료: 국토개발연구원, 1992.)

다음 단계로 도시설계 조성지침[211]을 설정하였는데, 이는 ①공간구성, ② 단위보행공간 내 영역별 공간구성, ③시설물계획에 대한 내용으로 구성된다.

먼저 보행자전용도로의 전체적인 공간구성은 진입구간, 결절부, 보행 및 휴식구간으로 이루어지며 조성지침의 내용은 다음과 같다.(〈그림 3-24〉, 〈그림 3-26〉 참조)

- 진입구간(전이영역)
  - 외부로부터의 인식이 용이하도록 입구의 특성을 강조한 진입광장을 설치한다.
  - 진입동선, 보행 및 쇼핑동선 등을 효율적으로 처리한다.
- 결절부(중심영역)
  - 장소의 특성을 부여하기 위한 상징물, 광장 등을 설치한다.

---

211) 자료: 국토개발연구원, 1992: 64-65.

– 식재 및 바닥포장 등을 통해 주변과 구별되도록 한다.
- 보행 및 휴식구간(쇼핑영역)
– 보행자전용도로 구간 중 가장 전형적, 일반적인 형태 및 기능의 구간이다.
– 보행 및 쇼핑공간 조성을 위한 간단한 바닥포장을 하고 휴식, 모임 및 가로상행위가 이루어질 수 있도록 녹지대, 광장 등을 조성한다.

이를 '평촌1번가 문화의 거리'라는 단위보행공간 차원에서 구분해 보면 쇼핑영역, 전이영역, 중심영역으로 구분하며 영역별 공간구성에 관한 내용은 다음과 같다.

- 보행가로변 양측의 건축물과 관련하여 단위보행공간 내 보행영역을 ①쇼핑영역, ②전이영역, ③중심영역으로 구분하여 시설물 설치 등 공간구성방법을 달리한다.
- 쇼핑영역은 건물 가로벽과 인접한 쇼핑 · 구매활동영역으로 아케이드 설치를 고려하여 경계부를 처리하되, 가능한 한 시설물 설치를 배제하고 간단한 포장 등으로 마감한다.
- 전이영역은 모임, 휴식, 대기 등을 위한 각종 휴게 · 편익시설, 조경시설물을 설치한다.
- 중심영역은 주로 보행통과동선이 지나는 영역으로 보행의 식별성과 방향성을 제공할 수 있는 포장 및 식재를 실시하며, 주요 결절부는 광장으로 조성하여 상징적 공간화한다.

마지막으로 식재, 바닥포장, 가로시설물에 대한 시설물계획은 다음과 같다.

- 식 재
– 보행구간에는 낙엽활엽교목을 열식하되 꽃, 열매, 단풍 등 계절감을 나타낼 수 있는 수종을 선택한다.
– 모임 및 휴식공간 주위에는 교목과 관목을 혼식하되 가급적 계절적 관상효

과가 큰 수종을 선택한다.

  – 주 진입부에는 대교목을 식재함으로써 진입부의 입구상징수목으로 활용한다.

• 바닥포장

  – 기능설정에 따라 동일성격 공간의 포장패턴은 통일시킨다.

  – 쇼핑몰 입구는 차량진입을 방지하며 보행진입을 유도할 수 있도록 판석이나 벽돌, 소형 고압블록 등 거친 질감의 바닥포장 재료를 도입하여 입구감을 강조하고 공간감의 변화를 유도하며, 포장패턴 단위를 근거로 입구부 시설을 배치한다.

  – 결절부에는 판석, 장식타일 등 다른 구간과 구분되는 재료를 사용하는 한편 포장패턴으로 장소의 특성을 살린다.

  – 단위보행공간 내 중심영역의 포장 재료는 비상시 긴급차량의 통행이 가능하도록 선정한다.

• 가로시설물

  – 간선도로와 미관광장으로부터의 진입부에 다양한 주제의 환경조형물을 설치하여 입구성을 강화하는 한편, 보행 등을 겸한 열주를 설치하여 축제분위기를 높인다.

  – 간선도로로부터의 진입부에는 2–3m 간격으로 볼라드를 설치하여 차량통행을 방지하되 비상시 차량이 통과할 수 있도록 경계부의 연석을 램프로 처리한다.

  – 보행결절점 부근에는 구심성 강화를 위해 조각분수 등 수경요소를 활용한 상징구조물을 배치하되, 보행자가 자유로이 접근하여 친수공간을 경험할 수 있도록 보호철책 등을 설치하지 않도록 하며, 겨울철에 물이 없더라도 조경요소가 될 수 있도록 계절적인 변화를 고려하여 공간을 계획한다.

  – 남북방향의 5m, 혹은 10m 보행전용도로가 20m 보행자전용도로와 접속되는 부분에는 보행자전용도로를 전천후로 횡단할 수 있는 시설을 설치, 건축물 전면의 아케이드와 함께 이용한다.

  – 식재지점에는 1.5m 기준의 수목보호대를 설치하고 공중전화를 녹지와 연

결시켜 배치하며, 조명등을 일정 간격으로 설치하여 방향성과 공간감을 부
여한다.

- 녹지대 주위에는 장의자(long bench)를 설치하고 파골라 하부에 평벤치를
  설치한다.

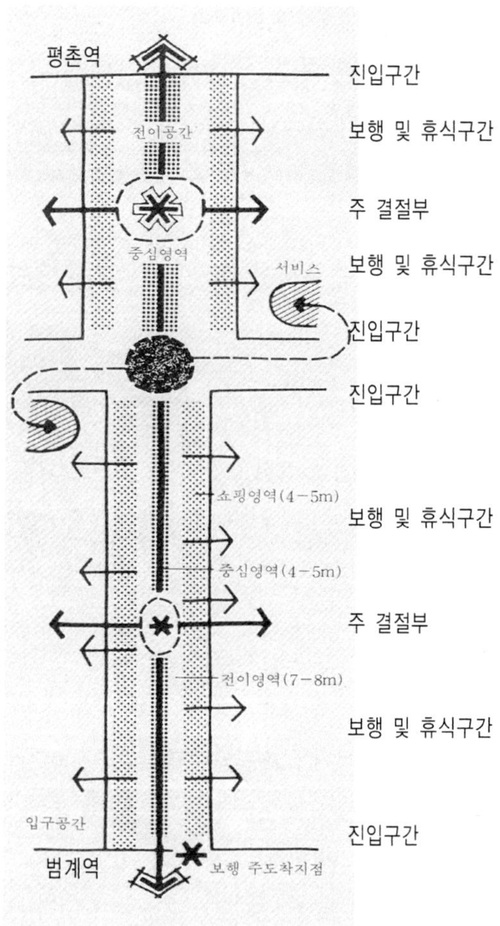

〈그림 3-24〉 20m 보행자전용도로 도시설계 구상도
(국토개발연구원, 1992.)

2) 도시설계 작성기준에 관한 연구

　도시설계 작성기준에 관한 연구[212]에서는 보행자전용도로와 관련된 기존 도시설계의 현황과 문제점으로 ①오픈스페이스 및 주요 시설과의 연계성 부족, ②보행자의 안정성의 결여, ③개성 없는 보행자도로 등을 제시하였다. 이러한 문제를 해결하기 위한 도시설계 목표로는 ①보행자전용도로와 오픈스페이스의 체계, ②보행공간으로서의 연속성, ③보행공간의 안전성, ④보행환경의 쾌적성, ⑤보행자전용도로로서의 장소감 창출 등을 설정하였다.
　이상의 도시설계 목표하에 '보행자전용도로의 유형별 공간구성에 대한 도시설계 작성방향', '도심형 보행자전용도로의 도시설계지침 작성기준', '식재, 포장, 가로시설물의 도시설계 작성방향 및 지침작성기준'을 제시하고 있다.

　보행자전용도로의 유형별 공간구성에 대한 도시설계 작성방향은 ①주변 여건에 적합한 유형별로 특화, ②기능적이고 안전한 보행공간의 설계, ③쾌적한 옥외활동의 장으로서의 보행자도로 창출, ④교차 부분의 합리적인 설계를 제시하고 있는데, 이 중 '장소만들기'와 관련해서는 보행자도로 창출과 교차 부분의 합리적인 설계가 해당된다.

　먼저 쾌적한 옥외활동의 장으로서의 보행자도로 창출에 대한 내용은 특성화된 보행공간의 조성, 이용자의견 반영, 주변공간과의 연계라고 할 수 있으며, 구체적인 내용은 다음과 같다.

- 보행자전용도로는 그 노선주변의 개발상태 및 잠재력(위치, 주변토지이용, 보행목적, 보행밀도 등)에 따라 이용형태, 공간(폭과 선형)의 형태, 조성방식

---

212) 자료, 한국토지개발공사(1994) : 321 – 334.

등이 달라지므로 이러한 주변 여건들을 고려하여 구간별, 노선별로 특성화
된 보행공간으로 조성한다.

- 보행자들의 다양한 욕구를 반영할 수 있는 공간과 시설(어린이놀이터, 보행
  자휴식장소, 비와 바람 태양으로부터 보호될 수 있는 공간, 옥외전시공간
  등)이 확보되어야 한다.
- 보행자도로와 연접해 있는 소규모 광장, 공연장, 휴식공간, 건축물의 전면
  공간 등 주변공간과 연계시켜 일체화된 보행자공간을 설계한다.

다음으로 교차부분의 합리적인 설계에 관한 내용은 결절점과 오픈스페
이스에 관한 내용이며, 구체적인 내용은 다음과 같다.

- 보행자전용도로와 간선도로가 교차하는 곳은 보행자의 안전성, 보행동선의
  연속성을 위하여 입체교차시킨다.
- 보행자전용도로가 서로 교차하는 결절점 주변에는 오픈스페이스를 계획한다.

이상의 작성방향을 바탕으로 작성된 도심형 보행자전용도로의 도시설계
지침 작성기준은 ①폭원, ②선형, ③공간구성 및 조성방식, ④쇼핑몰에 대
한 내용으로 구성되며, 이 중 '장소만들기'와 관련된 사항은 공간구성 및
조성방식과 쇼핑몰에 대한 내용이라 할 수 있다. 먼저 공간구성 및 조성
방식에 관한 내용은 다음과 같다.

- 도심형 보행자전용도로는 일반적으로 통근, 통학, 쇼핑 등의 목적통행 위주
  의 동적 공간과 사람들 간의 집회, 만남, 휴식 등을 위한 광장적 성격의 공
  간으로 구성한다.
- 보행자전용도로의 진입부에는 진입광장 혹은 휴식공간을 조성하고, 문주, 조
  각, 분수, 플랜터 등을 이용하여 상징적인 공간을 조성한다.
- 도심형 보행자전용도로는 특히 유동활동이 많은 공간이므로 내부광장, 가로
  시설물 등을 과다하게 설치하지 않도록 유의한다.
- 자전거동선과 보행자전용도로가 연계되도록 하여 자전거가 통행할 수 있는

구조로 조성한다.

다음으로 쇼핑몰에 관한 성격과 폭원에 관한 내용은 다음과 같다.

- 상업업무시설이 밀집한 지역에 몰(mall)개념을 도입하여 보행환경의 쾌적성을 높임으로써 많은 사람들을 유치하고 활발한 상행위를 유도할 수 있도록 조성한다.
- 폭원은 10m 정도로 하되, 특별히 이용객이 많은 경우에는 20m까지도 가능하며, 선형은 직선과 곡선을 조화 있게 겸용하여 조성한다.[213]

이 외에도 도심형 보행자전용도로는 통행의 목적상 목적동선이며 광장의 성격을 보유하고 있으므로, 그 선형은 방향성이 있고 명쾌한 직선 또는 완만한 곡선으로 처리해야 한다고 제시되어 있다.

보행자전용도로의 식재에 관한 도시설계 작성방향은 여건에 따른 식재의 특성 유지, 식재를 통한 연속성과 쾌적성 제고, 수목의 특성 고려한 식재를 제안하고 있다.

여건에 따른 식재의 특성 유지에 관한 내용은 다음과 같으며,

- 보행자전용도로 내의 장소별 특성에 부합되는 수종을 선정하여 식재한다.
- 기념물, 조각물 및 주변경관과 관련시켜 식재하고 펜스를 설치하는 경우 생울타리를 전면에 식재하는 것이 바람직하다.

식재를 통한 연속성과 쾌적성 제고에 관한 내용은 다음과 같다.

- 교차지점에서의 식재는 시각적인 측면을 고려하여 보행자전용도로의 연속성과 쾌적성을 도모하도록 한다.
- 화목의 개화기, 향기, 신록, 열매, 색깔 등의 미적 요소를 고려한 수종을 혼합 배식하여 계절적인 변화감을 연출할 수 있도록 한다.

---

213) 쇼핑몰의 폭이 지나치게 넓으면 상행위 공간이 보행자전용도로를 점유하게 되므로 불필요하게 넓은 것은 바람직하지 않다.

보행자전용도로의 포장에 대한 도시설계 작성방향은 지역, 장소의 성격에 적합한 포장의 설계와 보행의 안정성 및 쾌적성을 고려한 포장의 설계를 제시하고 있다.

이를 기초로 한 도시설계지침 작성기준은 포장 재료의 선정기준과 조성방식에 대해 제시하고 있는데, 이 중 조성방식에 대한 내용은 다음과 같다.

- 공간, 구간별 성격과 기능에 따라, 혹은 주변 건물이나 시설물에 따라 포장의 질감, 색채, 패턴을 특화하고, 일정 모듈을 개발하여 조성한다.
- 보행자의 특성과 보행자 이동의 유형에 따라 포장 재료의 질감을 다르게 하여 조성한다.
- 포장의 주조색은 주변건물들과 동질성을 갖도록 하는 것이 바람직하다.

보행자전용도로의 가로시설물에 대한 도시설계 작성방향은 ①편리성 및 안전성의 증진, ②주변과의 조화, ③집단화 및 통합화, ④모듈화, ⑤인식성 및 식별성의 제고를 제시하고 있다. 이 중 주변과의 조화에 대한 내용은 지역의 맥락(역사보존 지역, 해안 지역 등)과 주변 도시경관에 조화되는 재료를 선정하고 형태를 디자인하여 지역이미지를 고양시키고 조화로운 도시경관을 창출하도록 한다는 것이며, 집단화 및 통합화에 대한 내용은 다음과 같다.

- 시설물의 배치는 전체적으로 하나의 체계를 이루도록 하고, 각 시설물은 그 공간에서 예측되는 각종 활동을 수용할 수 있도록 적합한 기능을 부여한다.
- 유사시설 및 관련시설을 집단화하여 시설물 난립으로 인한 가로경관 악화를 방지한다.
- 통합지주 등을 설치하여 불필요하게 기둥이 난립하는 것을 방지한다.

인식성 및 식별성의 제고에 대한 내용은 표지판, 안내판 등의 정보시설, 볼라드 등의 경계시설, 분수나 조각 등의 조형물은 인식성과 식별성을 높인다는 것이다.

이와 더불어 가로시설물에 대한 도시설계지침 작성기준은 ①안내시설, ②보행등, ③기타 시설물에 대한 내용으로 구성된다. 먼저 안내시설은 유형별 시설종류, 상업 지역주변 설치 여부에 대한 내용을 다루고 있다.

다음으로 보행등은 광원의 종류와 조성방식에 대해서 다루고 있다. 이 중 보행등의 조성방식에 대한 내용은 다음과 같다.

- 설치장소의 특성과 기능에 따라 가로등의 높이, 형태, 배치방식, 광원 및 광원의 조도, 색상 등을 고려하여 선정한다.
- 특수 건물, 기념물, 분수, 기념비적인 수목 등에 대하여 장식조명을 이용하여 강조효과를 줄 수 있다.

마지막으로 기타 시설물에 대한 내용은 시설의 유형 및 종류, 가로시설물의 설치기준, 재료의 선정기준, 조성방식에 대한 내용으로 구성된다.

이 중 시설의 유형 및 종류는 경계시설, 휴게시설, 편익시설, 정보시설, 조경시설로 구분되며 구체적인 종류는 다음과 같다.

- 경계시설: 단주, 문주, 담장 볼라드 등
- 휴게시설: 벤치, 야외탁자, 파골라, 정자, 쉘터 등
- 편익시설: 휴지통, 우체통, 공중전화, 음수대, 자전거 보관대 등
- 정보시설: 안내판, 시계탑, 기념비, 게시판, 키오스크 등
- 조경시설: 식수대, 수목지지대, 수목보호대, 화단, 분수, 조각, 아치 등

한편 이러한 기타 시설물의 조성방식에 대한 내용은 다음과 같다.

- 보행자전용도로의 진입구, 모서리 등의 위치에 조명등, 볼라드, 수목, 벤치 등을 하나의 세팅이 되도록 전략적으로 배치하여 특별한 공간을 형성한다.
- 파골라, 쉘터 등의 휴게 및 편익시설은 보행자 흐름을 방해하지 않는 장소에 설치하며, 플랜터 및 하부의 벤치와 조합하여 점경물로서뿐만 아니라 장소성을 형성할 수 있도록 한다.
- 수목 보호홀 덮개, 상하수도, 전기통신 맨홀 등은 신도시의 독자적 형상의

제품을 개발하여 지역 이미지가 증진될 수 있도록 한다.

- 가로시설물들을 개별 요소가 아닌 가로시설물 체계의 구성요소로 보고 그룹 지어 공통된 고정 장치와 지지기둥 등을 이용하여 통합 설계되도록 한다.
- 가능한 가로시설물은 복수의 기능을 갖도록 설계하여 그 수량을 최소화시키는 것이 바람직하다.

3) 평촌1번가 문화의 거리[214] 조성사업 계획[215]

평촌신도시의 대표적인 중심가로이며, 보행자전용도로인 쇼핑몰을 '걷고 싶은 거리'로 재정비함과 동시에 시민들의 만남, 쇼핑, 휴게의 명소로서의 가로활성화를 위해서 '평촌1번가 문화의 거리 조성사업 계획'을 수립하였고, 이를 실현하기 위한 조례를 제정한 후 조성사업을 시행하였다.

조성사업에는 15억 2천만 원의 사업비가 소요되었으며, 사업연장은 357m, 폭은 20m이다. 주요 시설[216]로는 보도포장(6,479㎡), 조형분수(4개소), 레인보우 아치(7개소), 수목식재(1식), 휴게시설 및 가로장치물 등이 설치되었다.

계획의 기본 방향은 ①신도시 중심상업 지역 내에 위치한 매력적인 보행자공간으로서의 역할 부여, ②친수공간의 기능도입을 통한 공간 이용활

---

214) 문화의 거리 사업의 ①목적은 지역이 갖고 있는 독특한 문화적 개성이나 성격이 특정거리에서 특징적으로 나타나고 지속적으로 유지되는 가로를 조성하여 문화예술축제와 문화활동 공간으로 활용하고자 함이며, ②구성요소는 문화적 자원, 정보서비스, 행사와 연출, 체류와 오락, 공공서비스, 거리의 물적 환경 등을 들 수 있다. 문화의 거리 유형은 단순가로형, 광장중심형, 광장연결형으로 구분되며, 조성기법은 도시기본계획 또는 정비계획 속에 포함되는 것이 일반적이므로 시설 위주에 치중되나 문화활동 등을 활성화하는 구상을 병행해야 한다. 이는 비물리적 환경개선과 물리적 환경개선으로 구분할 수 있다.

215) 자료: 안양시 문화예술과

216) 야외무대, 이벤트무대, 가로음향시설은 기설치 완료되었다.

성화 도모, ③기존시설물인 원형무대, 야외무대, 수목, 조명시설 등을 개보수하여 시설의 중복설치 및 과잉투자의 최대한 방지, ④보행장애요소 시설 제거로 원활한 보행환경의 창출이다.

공간구상은 사업대상지 구간을 ①진입 및 만남의 공간 1, ②진입 및 만남의 공간 2, ③쇼핑 및 휴게공간, ④중앙광장, ⑤먹거리 및 축제공간으로 나누어 진행하였다.

사업기간은 2000년 8월부터 2003년 6월까지이다. 2000년 8월에서 9월까지 전문가 자문회의(2회)를 통한 문화의 거리 조성사업 대상지 및 타당성 검토, 2000년 12월 15일부터 2001년 4월 14일까지 기본계획 연구용역의 완료, 2001년 4월 11일 주민설명회(범계동 지역주민 및 평촌상가연합회) 개최, 2001년 10월 25일 기본 및 실시설계 용역 계약체결, 2002년 4월 12일 안양시 문화의 거리 조성조례의 제정 공포, 2002년 5월 25일 기본 및 실시설계의 완료, 2002년 10월 공사착공, 2003년 6월 준공의 순으로 진행되었다.

2. 현 황

1) 성 격

'평촌1번가 문화의 거리'는 택지개발사업에 의한 20m 보행자전용도로로 조성된 이후 쇼핑몰로 이용되고 있으며, 안양시에서 계획한 '문화의 거리 조성사업[217]'의 일환으로 재조정되었다. 안양시는 2002년 4월 10일자로 '안양시 문화의 거리 조례[218]'를 제정 공포(안양시 조례 제1774호)하였으

---

217) 문화의 거리 조성사업이란 1~3㎞ 정도의 가로공간에 조명, 상징조형물, 조각품, 야외소공연장, 분수대, 의자, 쓰레기통, 디자인된 보도블록 등을 설치함으로써 그 지역의 문화환경을 조성하는 것이다.(서울특별시, 2001: 13)

며, 2003년 가로조경시설 설치를 중심으로 한 '평촌1번가 문화의 거리 조
성사업'을 완료하였다.

가로 전경 (중앙공원▶주 결절부)　　　　　가로 전경 (주 결절부▶범계역)

〈그림 3-25〉 '평촌1번가 문화의 거리' 가로전경

　현재 이 거리는 '쇼핑몰'의 성격과 '문화의 거리'의 성격을 가지고 있다.
이는 초기에 계획된 상업가로로서의 쇼핑몰의 성격과 이후 걷고 싶은 거
리 조성계획에 의해서 시행된 문화의 거리 조성사업의 결과가 결합된 것
으로 볼 수 있다.

---

218) 조례의 ①목적은 안양시 관내 일정 지역을 '문화의 거리'로 지정하여 안양
　　시 문화예술의 전통을 계승·발전시키고 새로운 문화환경을 조성함으로써
　　지역문화의 향상·발전에 이바지하고자 한다는 것이며, ②주요 내용은 문화
　　의 거리 지정 및 조성 근거 마련(제2조), 문화의 거리 조성 기본계획 수립
　　공고 및 포함될 내용(제3조), 문화시설의 설치(제5조), 문화예술 관련 업종
　　의 육성 및 지원방법(제6조), 문화의 거리 조성에 따른 건물주 및 입주자에
　　대한 인센티브(제9조), 문화의 거리 육성 및 지원을 위한 '문화의 거리 육
　　성위원회'의 구성(제10조) 및 기능(제11조) 등이다.

2) 공간구성

'평촌1번가 문화의 거리'는 도시설계 조성지침과 단위보행공간 내 영역별 공간구성에 의해 〈그림 3-26〉과 같이 ①진입구간, ②결절부, ③보행 및 휴식구간으로 구성된다.

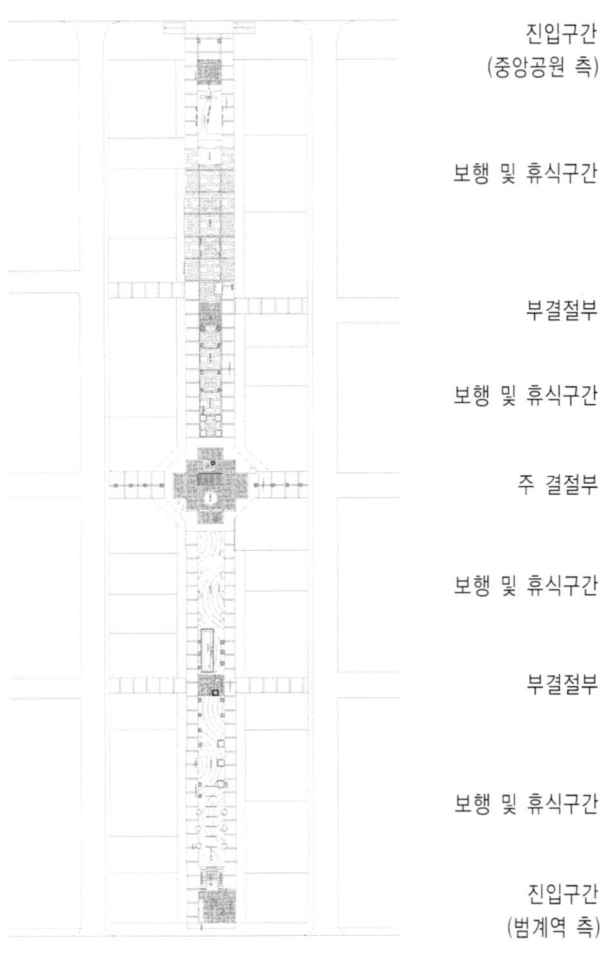

〈그림 3-26〉 '평촌1번가 문화의 거리' 평면도
(자료: 안양시 문화관광과)

진입구간 (범계역 측)　　　　　진입구간 (중앙공원 측)

주 결절부 　　　　　　　주 결절부 가각부분

보행 및 휴식구간　　　　　　　연결통로

〈그림 3-27〉 '평촌1번가 문화의 거리' 공간구성

3) 가로시설

가로시설은 택지개발사업 당시 최초로 설치되었고, 이후 '평촌1번가 문화의 거리 조성사업'을 통해 재정비되었다.

공간구성에 따른 가로의 세부시설을 살펴보면, 진입구간에는 진입 및 만남의 공간이, 결절부에는 중앙광장이, 보행 및 휴식구간에는 쇼핑 및 휴게공간 및 먹거리 축제공간이 조성되어 있다.

가로시설은 [표 3-15]와 〈그림 3-28〉 및 〈그림 3-29〉와 같이 식재, 바닥조경, 야외무대, 분수 및 조형물, 가로시설물, 휴게시설 등으로 구성되어 있다.

[표 3-15] '평촌1번가 문화의 거리' 공간구성 및 가로시설

구 분		세부시설
공간구성	진입구간	진입 및 만남의 공간
	결 절 부	중앙광장
	보행 및 휴식구간	쇼핑 및 휴게공간, 먹거리 축제공간
가로시설	식 재	
	바닥조경	
	야외무대	광장, 놀이마당, 모래사장, 야외무대, 주차장
	분수 및 조형물	조형분수, 레인보우 아치, 상징조형물 등
	가로시설물	안내판, 휴지통, 볼라드, 벤치, 파골라 등
	휴게시설	벤치 등

자료: 안양시 녹지공원과

본 거리의 경우, '평촌1번가 문화의 거리 조성사업'을 통해서 조성된 가로시설에 대한 재정비를 시행하였지만, 우리나라의 가로조성에서 전반적으로 나타나는 문제를 그대로 드러내고 있다. 즉 가로를 3차원적인 대상으로 고려하지 않고 2차원적인 바닥에 국한하여 계획하였다는 것이다.

이는 물리적인 측면에서 보았을 때, 가로의 조성이 조경 차원에서 국한된 관계로 3차원적인 요소인 바닥, 벽, 건물에 대한 총체적인 고려가 부족하다고 할 수 있다.

또한 비물리적인 측면에서 보았을 때는, 가로의 활동이 주변의 건물과 연계되어 구상되지 않고 가로차원에서만 계획되었다는 점을 들 수 있다. 이는 가로를 3차원적 공간으로 해석하지 않은 물리적인 측면과 연계된 문제인 것이다.

특히 이용자들의 휴식 및 전시시설은 가로의 바닥 면에서만 이루어지는 것이 아니므로 주변의 건물시설을 적극 활용해야 하는데, 이를 반영하지 못하였다.

진입구간 조형물 (범계역 측)

진입구간 조형물 (중앙공원 측)

부결절부 조형물 (1)

부결절부 조형물 (2)

입구 상징조형물

〈그림 3-28〉 '평촌1번가 문화의 거리' 가로시설물 (1)

중앙무대 및 바닥분수   야외무대

가로수 및 벤치   가로기둥 및 휴지통

가로등, 스피커 및 가로 안내판   지하철 환풍구 및 벤치

〈그림 3-29〉 '평촌1번가 문화의 거리' 가로시설물 (2)

4) 건축물 및 옥외광고물

'평촌1번가 문화의 거리'는 최초에 공공부문 도시설계지침을 중심으로

한 신도시 조성 당시의 지침에 의해 건설되었으며, 최근 '문화의 거리 조성사업'을 통해 장소의 성격, 공간구성, 가로시설물, 차량 없는 보행자전용도로의 운영 등 물리적 측면과 운영 측면의 내용들이 구체적으로 구현되었다고 볼 수 있다.

그러나 개별 건물의 용도와 간판 등의 옥외광고물이 도시설계지침의 권장사항을 준수하지 않음으로 인해, 공공인 안양시[219]와 이용자[220]들이 원하는 매력적인 문화거리를 조성하는 데 장애가 되고 있다. 이는 권장용도를 구현할 제도적인 장치와 옥외광고물에 대한 지침 및 실천방안이 부재한 것에서 기인한다고 할 수 있다.

가. 건축물의 용도 및 업종 관련

건축물의 용도 및 업종은 물리적인 측면과 더불어 비물리적인 측면에서 논의되어야 한다. 즉 하드웨어로서의 물리적 장치와 소프트웨어로서의 쇼핑몰의 성격을 결정짓는 중요한 요소들이 함께 고려되어야 한다.

현재 이 가로에 입주해 있는 용도는 각종 음식점, 노래방, 호텔, 유흥주점, 포장마차, 카페, 철물점, 운동구 판매점, 실내사격장, PC방, 병원, 약국, 피부관리점, 미용실, 부동산사무소, 슈퍼, 편의점, 핸드폰 판매점, 안경점, 꽃집, 시계점, 보석상, 사진점, 의류판매점 등이며, 유흥위락시설이 많음으로 인해서 쾌적한 쇼핑몰로 보이기는 어렵다고 할 수 있다.

택지개발사업 당시의 도시설계지침에 의하면 20m 보행자전용도로가 쇼핑몰로 개발되어 쾌적한 보행자 공간이 조성될 것이므로, 도로변 건물의 1층 전면에는 쇼핑몰이 활성화될 수 있는 구매, 휴식 및 문화활동에 적합한 용도[221]가 입지하도록 유도하였다. 그러나 현재 1층 전면부는 판매기

---

219) 면담조사에 의해 조사된 내용이다.

220) 설문지 조사에 의해 조사된 내용이다.

221) 유치기능은 선매 전문품 위주의 판매시설 기능, 음식점 및 위락시설 등의

능이나 문화여가기능보다는 음식점 및 위락시설 등의 서비스기능 위주의 용도가 주로 입지함으로써 쇼핑몰의 연속성을 저해하고 있다.

도시설계지침에서의 불허용도는 현재 입지하고 있지는 않으며, 1층 전면권장용도 중 소극장, 화랑 등의 문화시설 역시 전혀 입지하고 않고 있다. 1층 전면권장용도가 입지하지 않음으로 인해서 문화의 거리 조성에서 가장 중요한 요소가 빠져버린 상황이 되고 말았다.

현재 업종 분포 현황은 [표 3-16]과 같이 전체 상가 업종 가운데 음식점 20.5%, 주류 포함 유흥업 13.9%, 게임·오락실 10.9%로 이들 업종이 높은 비율을 차지하고 있는 반면, 문화업종은 전무[222]한 실정이다.

[표 3-16] '평촌1번가 문화의 거리' 상가 업종 현황

단위: 개소

계	음식점	유흥업	오락실	약·병원	의류	이·미용업	학원	잡화	화장품	사진	기타
533	109	74	58	36	32	26	18	17	15	10	138

자료: 안양시 문화예술과, 2002년 2월 현재
기타 업종(모텔 3, 안마시술소 1, 사무실 23, 고시원 4, 전통찻집 1, 부동산 3개소 등)

건물용도와 관련된 현행 법규는 택지개발촉진법,[223] 안양 평촌 지구 지구단위계획,[224] 숙박·위락시설에 대한 건축허가 제한,[225] 신규 건축물의

서비스 기능, 소극장, 화랑, 음악실 등 문화여가 기능을 제시하고 있다.

222) 전통찻집 1개소가 있지만 이는 위락 및 유흥업종의 성격이며 문화시설과는 거리가 있다.

223) 택지개발촉진법 제8조 및 시행령 제7조에 따르면 택지개발사업으로 개발, 공급된 택지는 당초 목적대로 쾌적한 주거환경으로 유지하기 위하여 택지 개발계획 수립 시 토지의 용도 등을 수립하고, 실시계획 수립 시 그 구체적인 내용을 도시계획법(현재 「국토의 계획 및 이용에 관한 법률」) 제43조 규정에 의한 지구단위계획(구 도시설계 시행지침)에 포함하도록 하고 있어 평촌신도시 내 모든 토지에 대해서는 건축규모, 건축용도, 배치 등을 '평촌 지구 지구단위계획'에 따르도록 되어 있다.

224) '평촌1번가 문화의 거리' 조성 대상지를 중심상업 지역으로 지정하고, 건축

건축허가 제한 방안[226]이라고 할 수 있다. 그러나 이를 종합적으로 검토해 볼 때 숙박 및 위락시설 등을 제한하고 문화 관련 시설을 적극적으로 유치할 수 있는 실현방안은 매우 미약하다고 할 수 있다.

즉 평촌신도시 개발 당시 도시설계지침에 의한 중심상업 지역으로 일반에 분양되어 음식, 유흥업소 등이 밀집되어 있음으로 인해서 문화의 거리로서의 가로 이미지와는 어울리지 않으나, 이를 관리하기 위한 대상지 건축물의 건축허가, 업종제한 등에 대해서는 현행 법·제도에 있어서의 한계가 있다고 할 수 있다.

효과적인 대안 중의 하나로는 문화의 거리 분위기에 적합한 문화업종의

물의 규모는 3층 이상 20m 이하 높이로 제한하고 있으며, 동 계획 제7조(건축물의 용도)에서 도심기능에 적합하지 않거나 미관저해 우려가 있는 도·소매시장, 고물상, 장의사, 정육점, 세탁소 등의 업종은 불허용하고 있으나, 거리의 문화적인 분위기 조성에 문제가 될 수 있는 모텔, 단란주점 등 숙박 및 위락시설은 허용업종으로 규정하였다.

225) 건축법 제8조 제5항에서 허가권자는 위락시설 또는 숙박시설에 해당하는 건축물의 건축을 허가하는 경우 당해 대지에 건축하고자 하는 건축물의 용도, 규모 또는 형태가 주거환경 또는 교육환경 등 주변 환경을 감안할 때 부적합하다고 인정하는 경우에는 건축위원회의 심의를 거쳐 건축허가를 하지 아니할 수 있다고 규정하여 향락업종으로 분류되는 위락, 숙박시설의 무분별한 건축을 제한토록 하고 있으며, 동법 제12조(건축허가의 제한) 제2항에서 시, 도지사는 지역계획 또는 도시계획상 특히 필요하다고 인정하는 경우에는 한시적으로(3년) 건축허가를 제한할 수 있다고 규정하여, 전통문화지역 등의 보존에 대해서는 특례를 인정하고 있다. 또한 안양시 도시계획조례 부칙 3조에서는 상업 지역에서의 일반 숙박시설, 위락시설을 주거 지역으로부터 25m 밖에 건축하도록 제한하여 주거환경을 보호토록 하고 있다.

226) 현행 건축법 및 도시계획조례상의 건축허가 제한 규정에 근거하여 시, 도지사가 지역계획 또는 도시계획상 특히 필요하다고 인정하는 경우의 한시적인 허가제한과 주거 및 교육환경 침해 우려가 있는 시건축위원회의 심의를 거쳐 숙박 및 위락시설 업종의 건축을 제한할 수 있다 하겠으나, '평촌1번가 문화의 거리'의 경우 신도시 개발 당시 지구단위계획에 의거 중심상업 지역으로 일반에게 분양되어 현재의 업종의 상권이 형성된 곳으로, 본 규정을 적용하기에는 명분이 미약하다.

유치를 위한 세제혜택 및 융자알선 등의 인센티브 제공에 대한 방안이 마련되어야 할 것이다.

이는 문화업종에 대한 시차원의 지원혜택을 주요 골자로 하는 조례제정을 통해서 가능하다. 별도 조례제정[227]은 주로 신개발방법에 의한 문화거리 조성 지역 및 자연발생적으로 문화공간화된 지역에 대한 문화업종 유치 및 보존을 위하여 시행하고 있다. 이에 반해 문화업종이 전무한 상태에서 상권이 형성된 안양시의 여건하에서는 당장 실효를 거두기는 어려울 것으로 보이나, 점진적인 문화여건 조성의 근거가 된다는 점에서 필요한 방안이라고 할 수 있다.

사람들의 이용이 많은 활성화된 가로에 문화적인 요소를 첨가하면 그 매력성은 더욱 증가할 수 있다. 이러한 효과를 '평촌1번가 문화의 거리'에서도 유치하기 위해서는 가로의 조성 초기부터 문화 관련 용도를 적극 유치해야 하며, 이를 지속적으로 유지·관리할 수 있는 구체적인 운영방안이 필요하다.

나. 건축물의 물리적 내용

건축물과 관련된 물리적 내용에는 ①아케이드, ②합벽건축, ③건축물 규모 등에 관한 것들이 있다.

먼저 아케이드의 경우, 도시설계지침에 의하면 20m 보행자전용도로변

---

[227] 2002년 3월 현재 전국적으로 73개소의 문화의 거리 조성 지역 중 별도조례를 제정·운영하는 지역은 2개시에 불과하다. 광주광역시의 경우는 자연발생적으로 조성된 충장로 문화공간의 보존차원에서 근거 조례를 제정(1987년 7월 8일: 광주광역시 예술의 거리 조성 조례)하여 운영하고 있고, 부천시의 경우에는 중동신도시 개발 당시 문화의 거리 조성 근거를 마련키 위해 조례를 제정(1993년 5월 25일: 부천시 문화의 거리 조성 조례)하였으나 이해관계 시민들의 반발로 무산되어, 현재는 적용대상지가 없는 상태로 유명무실화되었다. 조례의 주요 내용은 거리지정, 위원회 구성, 기금조성, 육성업종, 문화업종지원 등이다.

건축물은 동 건물의 1층에 도로를 따라 아케이드를 설치하여 전천후 보행자공간을 확보하고, 아울러 가로경관을 갖추도록 하였다.

아케이드의 설치는 가로의 연속성과 전천후의 양호한 보행환경을 제공하는 것을 목적으로 하고 있다. 그러나 현재는 〈그림 3-30〉에서와 같이 상인들이 개인적인 용도로 점유[228]함으로 인해서 본래의 기능을 다하지 못하고 있다.

아케이드 이용현황 (음식점)

아케이드 이용현황 (판매점)

〈그림 3-30〉 '평촌1번가 문화의 거리' 아케이드 이용현황

다음으로 합벽건축의 경우, 도시설계지침에 의하면 20m 보행자전용도로변 건축물은 인접 건축물과 합벽개발토록 하여 도로에 면하는 건축물의 전면 폭을 넓히도록 하고 있다.

현재의 상황은 〈그림 3-31〉과 같이 도시설계지침을 준수하고 있으며, 합벽건축에 의하여 가로의 연속성이 유지되고 있다. 사진을 통하여 현재 공사 중인 건축물의 경우에도 합벽건축의 지침을 준수하고 있음을 알 수 있다.

---

228) 음식점의 경우는 이동식 탁자와 의자를, 판매점의 경우는 가판대를 설치하여 점유하고 있다.

<그림 3-31> '평촌1번가 문화의 거리' 합벽건축 현황

마지막으로 건축물 규모는 현재 '평촌1번가 문화의 거리'변에 입지한 건물의 수는 총 22동이며, 높이는 5~6층(20m 이내)으로서, 3층 이상 20m 이내라는 건축물 규모에 대한 도시설계지침의 내용을 준수하고 있다.

다. 옥외광고물

현재 '평촌1번가 문화의 거리'는 <그림 3-32>와 같이 옥외광고물이 난립함으로써, 가로경관을 해치고 있다.

쾌적한 쇼핑몰 및 문화의 거리가 되기 위해서는 간판 등의 옥외광고물도 초기부터 관리하여 아름다운 도시경관이 지속되도록 하여야 한다.

택지개발사업 당시 조성된 기존의 쇼핑몰을 문화거리로 조성하기 위한 사업의 일환으로 용도와 간판 등을 교체하려 하였으나, 기존 상인들의 강력한 반대로 인해 보행전용도로의 물리적 장치만을 사업의 대상으로 다룰 수밖에 없었다. 이를 해결하기 위한 방안으로 안양시는 '평촌1번가 문화의 거리'를 '문화지구'로 지정 관리하고자 하는 구상[229]도 가지고 있다. 그러

---

[229] 이를 위한 제도방안으로 '안양시 문화의 거리 조성 조례'를 지정하였고, 광주광역시도 '광주 예술·문화의 거리를 위한 육성업종 조례'를 지정하였다. 미국의 경우 1976년 세제개혁법령을 통해 국가의 역사장소 보존에 대한 내용을 제도적으로 설치하였다.

나 지침의 제시와 더불어 이를 유도할 수 있는 좀 더 현실적인 방안에 대한 검토가 필요하다.

〈그림 3-32〉'평촌1번가 문화의 거리' 옥외광고물 현황

라. 결절부 이용현황 및 개선방향

보행자전용도로의 결절부는 사람들이 많이 모이는 장소로서, 이용자를 위한 충분한 휴식공간이 제공되어야 한다. 특히 가각부의 경우 공공성을 지닌 장소로 활용될 수 있도록 고려하여야 한다. 도시설계지침 중 도시조경에 관한 내용에서는 보행자전용도로 결절점 주변에 공지를 확보하여 보행자의 통행·휴식·만남 등의 장소를 조성토록 하고 있으나, 현재 이러한 내용은 실현되지 못하고 있다.

이러한 결절부의 장소는 전천후 이용이 가능한 실내공간을 포함하여야 하며, 문화공연이나 전시 등을 할 수 있는 시설로 조성되어야 한다. 특히 보행자전용도로변 중 광장이나 넓은 공지의 인접대지, 즉 주 결절부변의 대지에는 공연장을 권장용도로 하고 있으므로 이러한 지침은 실현되어야 할 것이다.

앞서 이론부분에서 살펴보았듯이 현재의 여건상 새로운 시설을 설치하지 못할 경우에는, 결절부의 가각부 또는 보행 및 휴식구간의 건물 또는

192

필지를 공공이 매입 또는 필요한 층의 임대를 통하여 시민 휴게시설 및 문화시설로 제공함으로써, 더욱 매력적인 거리로서 경쟁력을 갖출 수 있도록 해야 한다.

안양시에서도 이와 유사한 제안이 담당부서에서 거론되고 있으며, '안양 아트시티 21' 운동의 일환으로 검토해 볼 만한 내용이다.

5) 이용행태

도시설계기준에 의하면, '평촌1번가 문화의 거리'는 원활한 보행, 상행위, 구매, 산책, 휴식, 만남의 장소로 조성한다고 하였다. 관찰조사에 따르면 현재의 이용행태는 만남 및 모임, 위락시설의 이용, 쇼핑, 휴식, 통행 및 산책으로 조사되었다.

이용자들은 판매점 등에서 쇼핑을 하며, 아케이드의 설치와 합벽건축에 의한 보행공간의 연속성과 일체성의 도입은 이에 긍정적인 역할을 한다. 하지만, 쇼핑몰이라고 하기에는 연속적으로 구경할 수 있는 쇼윈도 등이 없고[230] 1층에 음식점이 입지하는 등의 쇼핑과 관련 없는 업종들이 입점함으로써 쇼핑몰 고유의 기웃거리는 행동을 할 수 있는 여건이 주어지지 않고 있다.

가로시설물은 이용자들의 휴식에 활용되고 있다고 볼 수 있지만, 외부공간에 제공된 벤치 등의 시설이 전부이며 전천후 이용이 가능한 실내휴식시설은 전무하다.

---

230) 이는 투시형 전면에 대한 지침은 준용하고 있으나 쇼윈도로 활용하여 전시효과를 높이는 등의 적극적인 상업가로 조성에 대한 노력으로는 미약하다고 볼 수 있다.

쇼 핑　　　　　　　　　　　휴 식

〈그림 3-33〉 '평촌1번가 문화의 거리' 이용행태 (1)

본 거리에는 술집, 노래방 등 각종 유흥 및 위락시설이 있어서, 밤이 되면 이를 이용하는 사람이 많다. 많은 사람들이 이용하는 것은 거리의 활성화에 기여하지만 지나친 유흥 및 위락시설은 쇼핑몰로서의 기능을 감소시킬 뿐 아니라, 보행환경에도 좋지 않은 영향을 준다. 이와 함께 이러한 업종이 설치한 자극적인 네온사인 등을 이용한 간판 등의 옥외광고물은 주야를 통해서 가로경관을 해치고 있다.

이용자들은 이 거리에서 친구나 연인 등을 만나기도 하고, 직장에서의 회식, 모임 및 친교 등을 갖기도 한다. 사람을 기다릴 때는 서서 기다리기도 하고 거리상에 설치한 벤치 등의 가로시설(street furniture)을 이용하기도 한다.

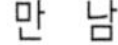

만 남　　　　　　　　　　　기다림

〈그림 3-34〉 '평촌1번가 문화의 거리' 이용행태 (2)

이용자들이 보행에 지장을 받지 않고 통행하는 것은 무엇보다도 중요하다. 이런 점에서 볼 때, 본 거리는 차량의 출입을 제한한 보행자전용도로이며, 가로식재·가로장치물·분수 등의 어메니티(amenity) 요소를 설치하여 평면적으로는 쾌적한 보행환경을 제공하려고 노력하고 있다고 볼 수 있다.

〈그림 3-35〉 '평촌1번가 문화의 거리' 이용행태 (3)

6) 설문조사 분석

가. 면담조사

안양시 관련부서[231] 담당자 등과의 면담을 통하여 '문화거리의 조성'에 대한 내용을 확인할 수 있었으며, 이를 위해서는 업종의 관리와 간판 등 옥외광고물의 정비가 가장 큰 과제로 대두되었다.

최초 가로 조성 당시부터 정비하지 못한 옥외광고물을 상업용도가 이미 자리잡은 후인 지금의 시점에서 정비하기에는 이미 늦어버린 감이 있다고도 할 수 있다.

---

231) 안양시청 문화관광과, 도시계획과 등.

한편 공공의 개입을 통한 문화시설의 설치 및 이용자가 잠시 쉴 수 있는 쌈지공원의 설치를 안양시에서는 검토하고 있다고 하였다. 이를 위한 방안으로는 보행의 결절부인 가각부 또는 거리의 중간 부분 등의 토지 및 건물을 안양시가 매입 또는 임대하여 공연, 전시 공간 등을 조성하여, 시민들의 문화 관련 용도를 제공하는 방안이 제시되었다. 이와 더불어 쌈지공원 및 라운지 등의 휴게공간을 마련하는 대안도 검토 중에 있었다. 그러나 가장 중요한 문제는 이러한 아이디어를 구체적으로 실현시킬 수 있는 실천방안에 대한 것이라 할 수 있다.

나. 설문지 조사

설문지 조사는 두 가지 방법으로 진행되었다. 설문지를 작성하여 현장에서의 일대일 직접대면을 통한 현장 설문조사 방식과 인터넷 홈페이지상에 설문항목을 게재하고 이메일을 통해 안내한 후 인터넷상에서 응답자가 해당 항목을 선택하는 형식의 인터넷을 통한 설문으로 진행하였다.

설문조사는 2005년 11월 28일부터 12월 7일까지 10일간 진행되었으며, 유효표본 수는 총 51명이다.

주요 문항은 ①거리 이용행태, ②거리에 대한 장소성, ③거리에 대한 만족도, ④거리 내 선호 시설물, ⑤거리의 문제점, ⑥거리의 개선할 사항, ⑦향후 거리에 바라는 사항으로 구성되었다.

응답자를 성별, 연령대, 거주지, 직업별로 구분해 보면 [표 3-17]과 〈그림 3-36〉과 같다. 응답자의 성별은 남자 53%, 여자 47%로 나타났다. 연령은 20대(49%), 10대(25%), 30대(12%) 순으로 나타났다. 이용범위는 안양시내 전역(93%)에 해당한다고 할 수 있다.

[표 3-17] 평촌중앙공원 설문지 응답자 구성

구 분	내 용
성 별	남(53%), 여(47%)
연 령	10대(25%), 20대(49%), 30대(12%), 40대(8%), 50대(2%), 60대 이상(4%)
거주지	거리 인근 지역(10%), 안양시내(22%), 평촌신도시(61%), 기타(7%)
직 업	학생(56%), 회사/공무원(14%), 주부(10%), 전문직(6%), 상업/서비스(4%), 기타(10%)

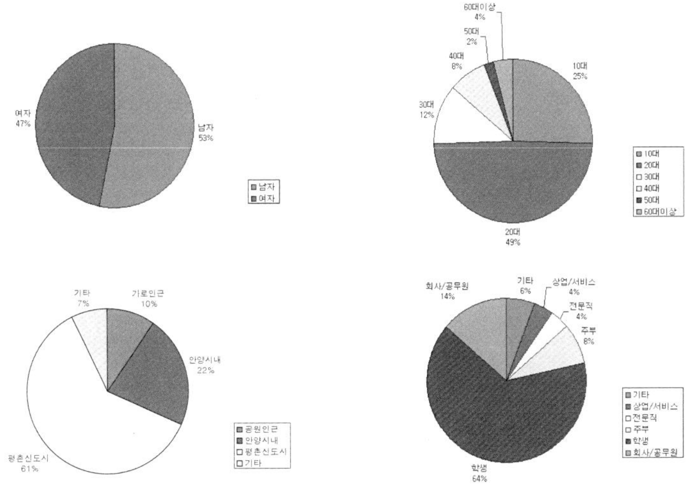

〈그림 3-36〉 '평촌1번가 문화의 거리' 설문지 응답자 구성

다. 설문조사 결과

(1) 거리이용행태

No.	구 분	%
1	만남 및 모임	54
2	쇼 핑	34
3	산 책	4
4	기 타	8

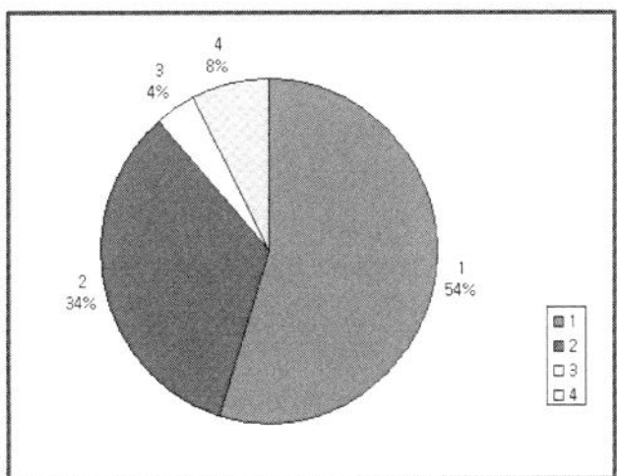

(2) 거리에 대한 장소성

No.	구　분	%
1	평촌을 대표하는 거리	39
2	쇼 핑 몰	38
3	문화의 거리	23

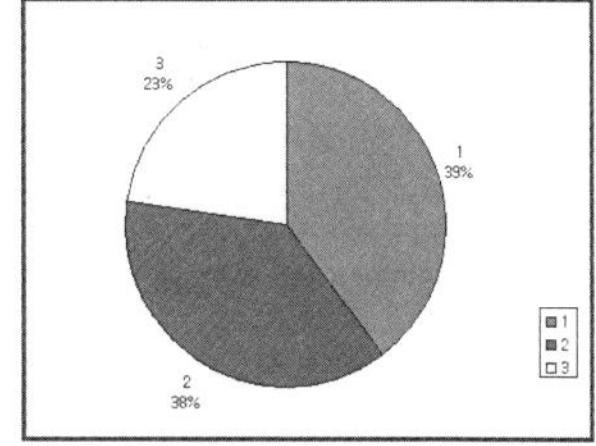

(3) 거리에 대한 만족도

No.	구　분	%
1	매우 만족	8
2	만　족	47
3	그저 그렇다	37
4	만족 안함	6
5	매우 만족 안함	2

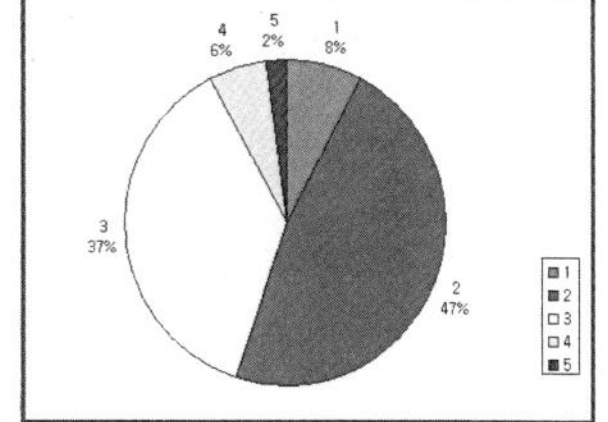

(4) 거리 내 선호 시설물

No.	구　분	%
1	보행자 거리	26
2	풍부한 상업시설	48
3	벤치, 가로수, 분수 등 가로시설물	26

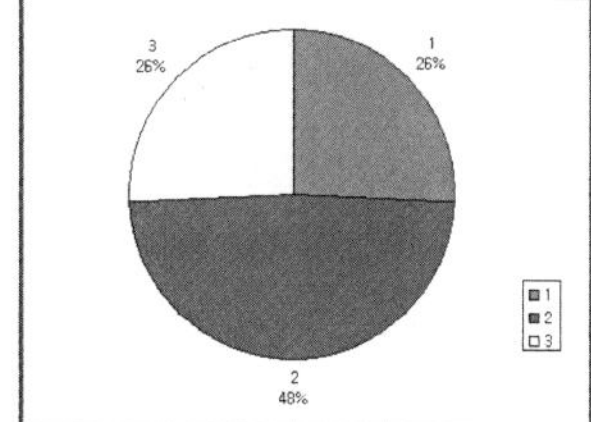

(5) 거리의 문제점

No.	구　분	%
1	벤치, 가로수, 조형물이 보행에 방해	3
2	이면도로 주차 혼잡	59
3	휴게공간 부족	23
4	보행 시 볼거리 부족	13
5	없　다	2

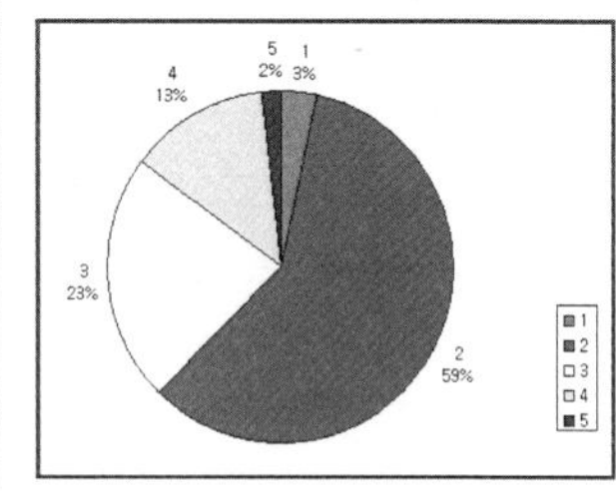

(6) 거리의 개선할 사항

No.	구 분	%
1	간판정비	36
2	유흥업종 정비	48
3	기 타	16

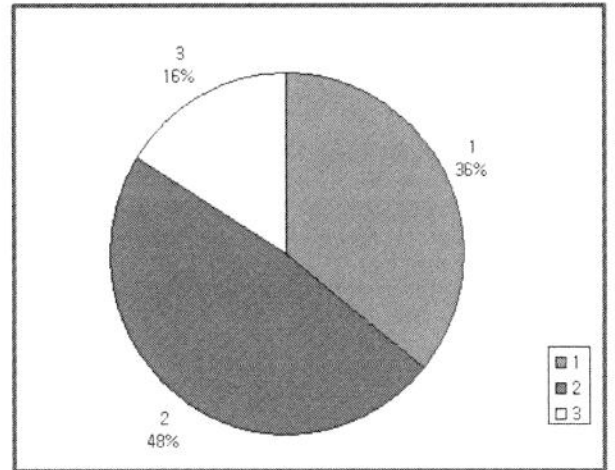

(7) 향후 거리에 바라는 사항

No.	구 분	%
1	문화의 거리로 발전	86
2	현상유지	14
3	기 타	0

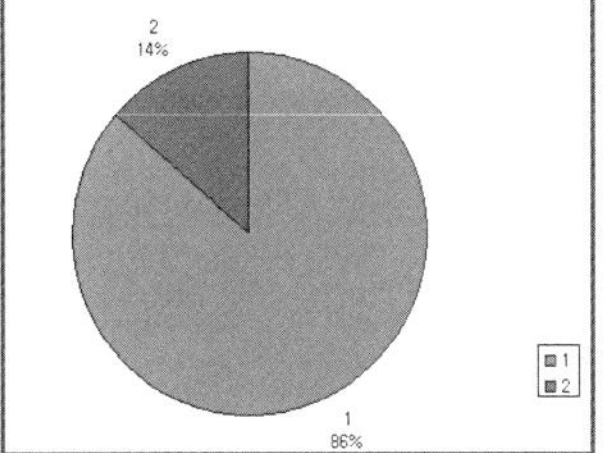

라. 설문조사 분석

거리이용행태에 대한 응답은 만남 및 모임(54%)이 가장 높게 나타났으며, 쇼핑(34%), 산책(4%)이 다음 순위를 차지하였다.

거리에 대한 장소성은 평촌을 대표하는 거리(39%)와 쇼핑몰(38%)이 가장 높게 나타났으며, 문화의 거리(23%)가 다음 순위를 차지하였다.

거리에 대한 만족도는 만족(47%)이 가장 높게 나타났으며, 그저 그렇다(37%)가 다음 순위를 차지하였다. 매우 만족(8%)을 포함하여 만족하는 의견은 55%를 차지하였으며, 만족 안함(6%)과 매우 만족 안함(2%)은 상대적으로 적었다.

거리 내 선호 시설물은 풍부한 상업시설(48%)이 가장 높게 나타났으며, 보행자 거리(26%)와 벤치, 가로수, 분수 등 가로시설물(26%)이 다음 순위를 차지하였다.

거리의 문제점으로는 이면도로 주체 혼잡(59%)이 가장 높게 나타났으며, 휴게공간 부족(23%)과 보행 시 볼거리의 부족(13%), 벤치, 가로수, 조형물이 보행에 방해(3%), 없다(2%) 순위로 조사되었다.

거리의 개선할 사항으로는 유흥업소 정비(48%)가 가장 높게 나타났으며, 간판 정비(36%)와 기타(16%) 순위로 조사되었다.

향후 거리에 바라는 사항은 문화의 거리로 발전(89%)이 가장 높게 조사되었으며, 현상유지(14%)에 비해서 상당수의 응답자가 문화의 거리의 조성을 원하고 있었다.

이상을 통해서 조사된 '평촌1번가 문화의 거리'의 장소성[232]은 평촌을 대표하는 거리로서 상업시설이 많은 쇼핑몰이라고 할 수 있다. 주요 이용 행태로는 만남과 모임이 가장 많이 이루어지고 있으나, 만족도는 약 절반의 응답자가 만족하다는 의견을 보임으로써 그리 높지 않다고 할 수 있다. 문제점으로는 이면도로의 주차문제가 심각하다는 것으로 조사되었다. 향후 유흥업소 및 간판의 정비와 문화시설의 설치를 통해서 문화의 거리로 발전되었으면 하는 기대를 받고 있는 장소이다.

3. '장소만들기' 과정

1) 배 경

'평촌1번가 문화의 거리'는 크게 두 가지 단계의 사업을 거쳐서 조성되었다.

최초에는 택지개발사업에 의해서 평촌신도시 중심상업지구 내에 폭

---

232) 이용자의 체험에 의해 가치와 의미가 붙여진 장소의 성질을 말한다.

20m, 도로 연장 357m의 규모로 조성되었으며, 이후 안양시에 의해 시행된 문화의 거리 조성사업[233]에 의해서 현재의 모습을 갖추게 되었다.

최초의 택지개발사업 시행 당시 본 거리와 관련된 계획으로는 택지개발 기본 및 실시계획과 도시설계를 들 수 있다.

택지개발계획에서는 보행환경의 쾌적성, 방향성, 편익성을 확보하여 평촌신도시의 대표적 보행자전용도로 및 쇼핑몰로 조성하는 것을 목적으로 하였다.

도시설계는 구체적 '장소만들기'의 시도라고 볼 수 있다.

본 거리에 대한 도시설계는 보행자전용도로 조성지침과 공간별 기능 부여 및 수용기능을 설정하기 위해서 작성[234]되었다.

이와 더불어 도시설계의 일환으로 도시설계지침을 실현하기 위하여 조경공사가 시행되어 가로시설물과 식재 등이 조성되었다.

이후 수도권 5대 신도시 평가 및 향후 신도시 도시설계 작성지침 제시의 필요성으로 인해 수행된 도시설계 작성기준에 관한 연구에 의해서 '신도시 도시설계 작성지침'이 수립되었다.

이는 문화의 거리 조성계획에 영향을 주었다고 할 수 있다.

가장 최근에 시행된 문화의 거리 조성계획은 매력적인 상업보행자공간 조성, 공간이용활성화, 문화의 거리 조성을 위해서 작성되었으며, 이를 실현시키기 위해서 문화의 거리 조성 조례작성 및 문화의 거리 조성사업이 시행되었다.

현재의 '평촌1번가 문화의 거리'는 이 문화의 거리 조성사업에 의해서 재정비된 모습을 보여주고 있다.

---

233) 사업기간은 2002. 10.~2003. 6.이다.

234) 특히, 공공부문 도시설계지침으로 작성되었다.

2) 요 소

 이상의 2단계의 과정을 거치면서 '평촌1번가 문화의 거리'의 요소들은 크게 변화하였다. 이를 '장소만들기' 과정에서의 물리적 요소와 비물리적 요소로 구분하여 살펴볼 수 있으며, 이러한 물리적 요소와 비물리적 요소는 최초 조성 당시와 문화의 거리 조성에 의해 변화된 내용에 적용할 수 있다.

 먼저 물리적 요소에 대해서 살펴보면 다음과 같다.
 택지개발계획에서는 다양한 식재 및 가로시설물 등의 설치와 공간구성 방향을 제시하였다.
 도시설계에서는 진입부 시설, 결절부 시설, 휴식시설 및 공간구성에 대한 지침에 관한 내용과 이와 더불어 도시설계 작성지침에서는 물리적 요소에 대한 전반적인 사항을 다루고 있다.
 문화의 거리 조성계획에서는 다양한 이벤트 관련 시설의 도입과 가로시설물의 재정비에 대한 내용을 담고 있다.
 최초의 택지개발계획 및 도시설계에서 제시된 식재, 가로시설물 등은 문화의 거리 조성계획에서 다양한 이벤트 등을 위한 내용을 수용하고, 시대변화에 따른 시설의 재정비로 이어졌다고 할 수 있다.

 다음으로 비물리적 요소에 대해서 살펴보면 다음과 같다.
 택지개발계획에서는 수용용도 및 공간용도의 설정에 관한 내용을 제시하였다.
 도시설계에서는 수용기능의 설정에 관한 내용과 이와 더불어 도시설계 작성지침에서는 용도 및 성격 등에 관한 내용 등 비물리적인 대상의 전반적인 사항을 다루고 있다.

　　문화의 거리 조성계획에서는 이벤트 도입의 시도 및 문화업종의 도입에 대한 내용을 담고 있다.

　　물리적 요소와 마찬가지로 재정비 차원에서 문화의 거리 조성계획서는 이벤트 및 문화업종에 대한 추가와 새로운 요소를 도입하였다고 볼 수 있다.

3) 과　정

　　'평촌1번가 문화의 거리'의 '장소만들기' 과정은 〈그림 3-37〉과 같다.

　　이 과정에는 시간의 변화가 기본전제가 되고, 장소가능태 및 장소현실태의 순환이 이루어진다. 이와 더불어 물리적 측면과 사업적 측면의 '장소만들기'가 작용하였고, 이용자와 공급자의 역할이 개입하였다.

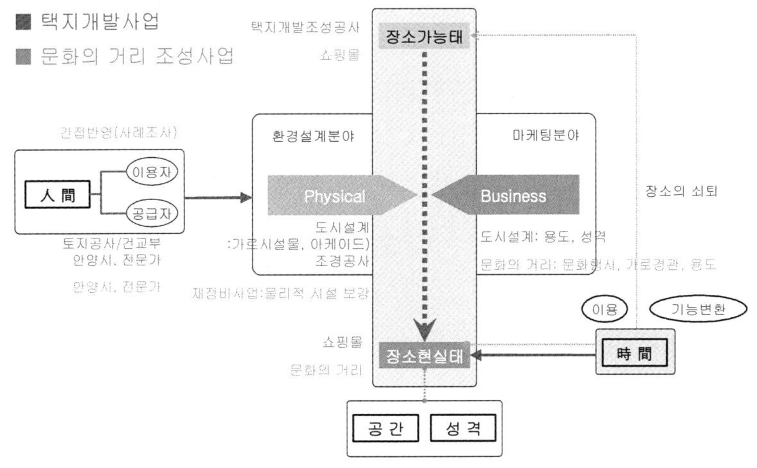

〈그림 3-37〉 '평촌1번가 문화의 거리' 장소만들기 과정

　　최초의 과정은 택지개발사업에서 나타난다. 거리조성공사에 의해서 보행자전용도로가 만들어지며 이를 장소가능태라고 할 수 있다. 여기에 물리적인 측면에서 도시설계, 조경공사 등이 작용하며, 사업적 측면에서의

도시설계가 작용한다. 이렇게 조성된 평촌중앙공원을 사람들이 이용함으로써 장소현실태가 되었다고 할 수 있다.

두 번째 과정은 '평촌1번가 문화의 거리 조성사업'에 의해서 나타난다. 시간이 흐른 후 장소가 쇠퇴하여 기존 거리에 대한 개선이 필요하게 된다. 즉 장소현실태가 장소가능태가 되어 또다시 물리적 측면의 시설물 정비와 사업적 측면의 운영 등에 관한 '장소만들기'가 작용하게 된다. 이후 사람들의 이용에 의해 새로운 장소현실태가 되었다.

4) 주 체

'평촌1번가 문화의 거리'에 대한 '장소만들기' 과정에서의 공급자는 택지개발사업 시행자, 도시설계 작성자, 평촌1번가 문화의 거리 조성사업 시행자 그리고 민간의 참여로 구분할 수 있다.

택지개발사업의 시행자는 한국토지공사로서 택지를 조성하여 분양하고, 거리를 최초 조성하는 역할까지를 담당하였다.

도시설계 작성자는 안양시이며, 도시설계 작성지침은 택지개발계획의 내용을 기초로 작성되었다. 이는 보행자전용도로와 도로변 필지규모, 건물의 층수, 용도, 건물형태 등의 쇼핑몰의 계획 및 설계지침으로 활용되었다. 공공부문 조성사업의 경우 이 도시설계 지침을 준용하여 시행되었다.

평촌1번가 쇼핑몰이 도시설계 지침에서 의도한 문화의 거리로서의 성격을 충분히 발휘하지 못하자 안양시는 가로 정비사업을 통해서 물리적인 환경을 개선하였다. 그러나 위락적인 성격의 업종과 가로환경 등 제반 문제로 인해 초기의 목적을 이루지 못하여 지금도 계속 개선을 추진 중에 있다.

한편 간판 등의 옥외광고물[235]의 경우는 도시설계 지침에서 제외되었

---

235) 우리나라의 전반적인 문제인 가로경관의 저해요인으로 작용하고 있다.

으며, 정작 문화의 거리 조성 조례 및 조성사업 등에서도 언급되어 있지 않고 있는 실정이다.

공급자의 관점에서 볼 때, 가로의 양측 벽면을 형성하는 건축적인 요소는 민간에 해당하는 부분이며, 민간이 공공의 지침을 잘 준수하여야만 개선될 수 있는 사항이다.

공공이 물리적인 시설 및 제도적인 장치를 통해서 그 기반을 마련한 바탕 위에서 민간이 상업 행위 등을 통해 장소를 조성하는 것이 일반적인 경우인데, 본 거리의 경우에는 상인들이 주체[236]가 되어서 장소를 조성한 시도를 찾을 수 없다.

본 거리의 이용자는 '평촌중앙공원'과 마찬가지로 지금까지 '장소만들기'에는 참여할 수 있는 기회가 거의 없었다. 택지개발사업부터 문화의 거리 조성사업에까지 공공에 의해 주도되었으므로, 이용자의 의견을 조사한다든지 계획 단계에 직·간접적으로 참여하는 시도는 없었다.

---

236) 앞서도 언급하였듯이 일본의 경우 '마찌쯔꾸리'가 활성화되어 있어 민간의 협약을 통한 상점활성화가 활발하다. 우리나라의 경우도 서울의 '노유거리 가꾸기'에서 공공과 민간의 협력에 의한 상업가로 활성화가 시도되었다.

제4장

제1절 분석의 종합

1. 계획내용

1) 기본 방향

택지개발계획 및 도시설계, 도시설계 작성지침, 재정비계획상의 기본 방향은 '평촌중앙공원'과 '평촌1번가 문화의 거리'의 성격, 기능, 도입시설에 관한 내용을 제시하고 있다. 그 구체적인 내용을 살펴보면 다음과 같다.

가. 성 격

'평촌중앙공원'의 성격에 관한 기본 방향은 다음의 여섯 가지로 정리되며,

① 평촌신도시의 공원·녹지체계상 중심을 담당하는 대표적인 오픈스페이스로 설정한다.

② 중앙공원－시청 앞 시민광장과 연계되도록 한다.

③ 성격별, 위치별로 다양한 주제를 설정한다.

④ 공원의 '장소성' 제고와 '독자성'을 강화한다. 이를 위하여 진입부, 중심광장부 등의 포장패턴에 변화를 주고 식재수종의 개성화를 통해 공원의 아이덴티티를 제고한다.

⑤ 공원성격을 특화 및 다양화시킨다. 이를 위해서 지역적 맥락, 주변의

토지이용, 대상지의 특성, 이용자의 특성 등의 여건에 따라서 공원의 성격이 설정되어야 하며, 이러한 성격을 반영하여 이용권마다 다양한 공원의 형태를 설계한다.

⑥ 근린공원은 지역중심, 근린중심, 지구중심에 따라 혹은 공원 입지와 주변 토지이용 등에 따라 공원의 성격을 가로공원, 체육공원, 생태공원, 교육공원 등으로 다양화한다.

'평촌1번가 문화의 거리'의 성격에 관한 기본 방향은 다음의 일곱 가지로 정리된다.

① 신도시 보행환경의 쾌적성을 제고하고, 방향성 및 편익성을 확보한다.

② 가로경관을 개선하고 기능적 연계성을 증진시킨다.

③ 진입부는 보행진입이 시작되는 곳으로서, 식별기능을 강화시켜 외부로부터의 자연스런 보행유입 및 식별성을 제고한다.

④ 결절점은 보행 및 체류·모임·행사 등 다양한 활동이 예상되는 곳이다. 광장조성이나 상징물 등의 설치를 통한 장소성과 식별성 및 상징성을 강화하여 상업업무 지역의 중심적 가로 공간을 조성하고 정체성을 고양한다.

⑤ 보행연결 및 휴식구간은 가장 전형적이고 일반적인 성격과 행태의 구간으로서, 단위보행공간 내에서는 주로 보행, 쇼핑, 휴식 등의 다양한 활동이 예상된다. 단위보행공간의 보행영역은 쇼핑영역·전이영역·중심영역으로 구분한다.

⑥ 쾌적한 옥외활동의 장으로서의 보행자도로를 창출하기 위해서 주변 여건을 고려한 특성화된 보행공간을 조성한다.

⑦ 신도시 중심상업 지역 내의 매력적인 보행자공간으로서의 역할을 부여한다.

나. 기 능

'평촌중앙공원'의 기능에 관한 기본 방향은 다음의 세 가지로 정리되며,

① 도심기능 · 휴식기능을 수용하기 위해서 공간기능별 특성을 부각시키고 지형변화를 통해서 단조로움을 극복한다.

② 주제에 따른 적정기능을 배분하여 다양한 공원이용의 기회를 제공하고 시설의 중복을 방지한다.

③ 공간의 기능 및 동선의 합리적인 설계를 위하여 주변의 도로 및 토지이용 여건에 따라 공원의 출입구, 동선과 공간기능을 설정하고, 성격이 다른 공간 간의 명확한 영역 구분을 통한 이동동선 및 활동의 상충과 공간의 혼란을 방지한다.

'평촌1번가 문화의 거리'의 기능에 관한 기본 방향은 다음의 두 가지로 정리된다.

① 수용기능은 보행, 쇼핑, 건물 진출입, 휴식과 만남, 전시 및 공연, 노상판매, 비상차량 통행 등이다.

② 친수공간의 기능도입을 통하여 공간 이용 활성화를 도모한다.

다. 도입시설

'평촌중앙공원'의 도입시설에 관한 기본 방향은 다음의 다섯 가지로 정리되며,

① 이미지 함양을 위한 상징성 강한 랜드마크를 도입한다.

② 향토수목을 최대한 이식하여, 지역성 및 향토성을 고양한다.

③ 활발한 보행이 예상되는 공원으로 조성하기 위해서는 환경조형물을 적극 도입하고 경관을 향상시킨다.

④ 기존 공원의 프로그램과 시설의 재검토를 통해서 변화되는 사회환경

에 적합한 공원을 조성하여 주민의 이용 및 활용도를 제고한다.

　⑤ 단계적인 개발전략 수립에 따른 정비를 시행한다.

　'평촌1번가 문화의 거리'의 도입시설에 관한 기본 방향은 다음의 두 가지로 정리된다.

　① 식재는 간선도로의 경우 가로수를 식재하는 것을 기준으로 하고, 낙엽교목의 모듈식재, 화관목을 밀식한다. 낙엽교목은 꽃, 열매, 단풍 등이 있어 계절감을 제공한다. 한편 주 진입부에는 대형교목을 식재하여 진입부의 상징수목으로 활용한다.

　② 포장은 장식타일, 석재타일, 활석 등을 기본으로 한다. 이때 단위보행공간 내 중심 영역은 긴급차량 통행이 가능한 포장 재료를 선택하며, 주 진입부는 벽돌, 소형 고압블록, 판석 등을 도입하여 진입분위기와 변화감을 제공한다.

　③ 가로시설물의 경우 진입부는 차량출입 방지 및 진입분위기 고양을 위해서 볼라드, 게이트 등을 설치한다. 결절부에는 구심성 강화를 위해서 수경요소 등을 도입한 상징구조물을 설치하며, 휴식시설은 모임 및 휴식구간을 중심으로 하여 배치한다. 이때 쇼핑몰 경관의 조망이 용이해야 하며, 보행동선과 상충되지 않는 지점에 집중하여 배치한다. 한편 보행자전용도로가 서로 교차하는 결절점 주변에는 오픈스페이스를 계획한다.

　④ 재정비 시 기존시설물을 개보수하여 시설의 중복설치 및 과잉투자를 최대한 방지한다.

　⑤ 보행 장애요소 및 시설을 제거하여 원활한 보행환경을 창출한다.

2) 조성지침

　기본 방향과 더불어 택지개발계획 및 도시설계, 도시설계 작성지침, 재정비계획상의 기본 방향에서는 '평촌중앙공원'과 '평촌1번가 문화의 거리'의 조성지침에 관한 내용을 장소성격, 공간구성, 시설로 구분하여 제시하고 있다.

가. 장소성격

'평촌중앙공원'의 장소성격에 관한 조성지침은 다음의 두 가지로 정리되며,
① 확 트인 공간의 상징성을 부여한다.
② 상징적 시설 및 공간을 배치하고, 문화적 요소를 도입하여 평촌신도시 중앙공원으로서의 명확한 인식을 고양한다.

'평촌1번가 문화의 거리'의 장소성격에 관한 조성지침은 다음의 세 가지로 정리된다.
① 초기계획에서는 평촌신도시의 대표적 중심가로로 계획되었다.
② '평촌1번가 문화의 거리 조성계획'에서는 '걷고 싶은 거리'로 재정비함과 동시에 가로활성화를 도모하였는데, 이를 위해서 다양한 이벤트와 관련 시설의 도입 및 확충이 필요하며, 시민들의 만남, 쇼핑, 휴게의 명소로 제공되어야 한다고 설정하였다.
③ 쇼핑몰은 상업업무시설이 밀집한 지역에 조성하여, 보행환경의 쾌적성을 높임으로써 많은 사람들을 유치하고 활발한 상행위를 유도한다.

나. 공간구성

'평촌중앙공원'의 공간구성에 관한 조성지침은 다음의 일곱 가지로 정리되며,
① '시청 – 미관광장 – 보행자전용도로'의 연결축을 강조한 공간을 구성한다.

② 시청 앞 광장과의 시각적, 기능적 연계를 위한 디자인 모티브의 연속성을 고려한 공간계획 및 동선계획을 수립한다.

③ 공간구성은 크게 동적 공간, 정적 공간, 완충 공간, 다목적 공간으로 구성된다.

④ 공원의 도입시설은 공원의 규모와 이용자의 특성 등을 감안하여 선정 도입하게 되며, 주로 다양한 놀이 및 운동공간, 녹지, 도로, 주차장, 광장 등의 시설들을 배치한다.

⑤ 지나치게 평탄한 공원녹지는 축산(mounding) 등 인공적으로 다양한 지형을 연출한다.

⑥ 내부 동선은 주 동선, 보조동선, 관리동선(비상시 차량출입)으로 분리한다. 외부로부터의 접근성을 고려하여 가능한 2-4개의 출입구를 설치하고, 보행로 조성 시에는 휠체어 등을 고려하여 낮은 경사로 처리를 병행한다.

⑦ 경계부 처리는 보행자전용도로 및 보도 등에 인접할 경우 자연스럽게 연계시켜 접근성을 높인다. 경계 부분은 수목이나 지형을 이용하여 자연스럽게 처리하여 경관요소로 조성한다.

'평촌1번가 문화의 거리'의 공간구성에 관한 조성지침은 다음의 일곱 가지로 정리된다.

① 입지여건 및 장소별 활동 특성에 따라 보행, 진출입, 휴식과 만남 등 공간별 기능을 구현한다.

② 공간구성은 진입구간, 결절부, 보행 및 휴식구간으로 구성된다. 진입구간에는 진입광장을 설치하여 진입동선, 보행 및 쇼핑동선을 효율적으로 처리한다. 결절부에는 장소의 특성을 부여(상징물, 광장 등 설치)하고 주변과 구별(식재 및 바닥포장)되게 한다. 보행 및 휴식구간에는 보행 및 쇼핑공간을 조성하여 휴식, 모임 및 가로상행위 환경을 조성한다.

③ 단위보행공간의 보행영역은 다시 쇼핑영역, 전이영역, 중심영역으로 나뉘며, 이는 시설물 설치 등 공간구성방법에 의해 서로 구분된다. 쇼핑영역에는 아케이드를 설치하고, 가능한 한 시설물 설치 배제하며, 간단한 포장으로 마감한다. 전이영역에는 모임, 휴식, 대기를 위한 휴게·편익시설과 조경시설물을 설치한다. 중심영역에는 보행의 식별성, 방향성을 제공(포장 및 식재)하고, 광장을 조성(주요 결절부)한다.

④ 도심형 보행자전용도로의 공간구성 및 조성방식은 첫째 일반적으로 통근, 통학, 쇼핑 등의 목적통행 위주의 동적 공간과 사람들 간의 집회, 만남, 휴식 등을 위한 광장적 성격의 공간으로 구성한다. 둘째 진입부에는 진입광장 혹은 휴식공간을 조성하고, 문주, 조각, 분수, 플랜터 등을 이용하여 상징적인 공간을 조성한다. 셋째 유동활동이 많은 공간이므로 내부 광장, 가로시설물 등을 과다하게 설치하지 않는다.

다. 시 설

'평촌중앙공원'의 시설에 관한 조성지침은 다음의 다섯 가지로 정리되며,

① 공원의 도입시설은 공원의 규모와 이용자의 특성 등을 감안하여 선정 도입하게 되며, 주로 다양한 놀이 및 운동공간, 녹지, 도로, 주차장, 광장 등의 시설들을 배치한다.

② 수경시설(분수연못 조성), 체력단련장, 문화공간(야외공연장)을 설치한다.

③ 공원 중심부에 대형의 상징조형물을 조성하여 중앙공원의 장소성을 강화하고, 이를 중심으로 한 각 공간의 기능적 분산배치를 시행한다.(다목적 광장, 놀이마당, 체력단련장, 산책·휴게공간 등)

④ 공원 내 야외무대의 적정시설규모 및 기준을 제시하고, 야외무대 신설에 따른 환경공해(소음) 저감 원칙을 설정한다.

⑤ 풍부한 녹음을 제공한다.

'평촌1번가 문화의 거리'의 시설에 관한 조성지침은 다양한 식재, 포장, 가로시설물 등에 관해 언급하고 있으며, 다음의 일곱 가지로 정리된다.

① 식재의 수목은 계절감을 느낄 수 있는 것을 선정하고, 장소의 성격에 따라 적절한 수종 선택 및 식재기법을 이용하여 조성한다. 구체적인 지침을 살펴보면 첫째 보행구간의 경우 낙엽활엽교목을 열식(꽃, 열매, 단풍 등이 있어 계절감 제공)하고, 둘째 모임 및 휴식공간 주위는 교목과 관목을 혼식(계절적 관상효과 큰 수종 선택)하며, 셋째 주 진입부에는 대교목을 식재(진입부의 입구상징수목 활용)한다.

② 포장의 재료는 사용에 적합한 것을 선정하고, 공간, 구간별 성격과 기능에 따라, 혹은 주변 건물이나 시설물에 따라 포장의 질감, 색태, 패턴을 특화한다. 구체적인 지침을 살펴보면 첫째 동일한 성격을 가진 공간의 포장은 통일시키며, 자연재료를 권장하고 교통안전 및 장애인 안전을 고려하여 설치한다. 둘째 쇼핑몰 입구는 거친 질감의 바닥포장 재료를 도입(입구감 강조, 공간감 변화 유도)한다. 셋째 결절부는 다른 구간과 구분되는 재료를 사용하여 포장패턴으로 장소특성을 살린다. 넷째 단위보행공간 내 중심영역은 긴급차량의 통행이 가능한 포장 재료를 선정한다.

③ 가로시설물의 종류는 안내시설, 보행등, 기타 시설물로 구분하며, 가로시설물의 설치기준, 재료의 선정기준, 조성방식을 제시한다.

④ 가로시설물에 대한 세부 지침은 첫째 안내시설의 종류는 차량안내, 보행안내, 기타 안내 시설로 한다. 둘째 보행등은 광원의 종류를 구분하고, 조성방식에 따라 적절하게 설치한다. 셋째 기타 시설물의 종류는 경계시설, 휴게시설, 편익시설, 정보시설, 조경시설로 구분한다.

⑤ 공간구성과 관련된 가로시설물에 관한 지침은 첫째 간선도로로부터의 진입부에는 볼라드를 설치한다. 둘째 보행결절점 부근 및 조각분수 등

수경요소를 활용한 상징구조물을 배치하여 구심성을 강화한다.

⑥ 보행자전용도로의 폭원은 6-8m 이상으로 최소한 4m 이상 확보되어야 하는데, 쇼핑몰의 경우는 10m 정도로 하되, 특별히 이용객이 많은 경우에는 20m까지도 가능하다.

⑦ 도심형 보행자전용도로의 선형은 방향성이 있고 명쾌한 직선 또는 완만한 곡선으로 처리하는데, 쇼핑몰의 선형은 직선과 곡선을 조화롭게 겸용하여 조성한다.

2. 현 황

1) 성 격

가. 평촌중앙공원

'평촌중앙공원'은 평촌신도시 택지개발 당시 평촌의 대표적인 공원으로 계획되어 상징성과 장소성이 강조되었으며, 시청 및 전면광장과의 연계를 중요시하였다.

현재 '평촌중앙공원'은 평촌의 대표적 공원으로 인지가 되고는 있지만, 상징성을 강조하기 위하여 설정된 개방된 공간은 본래의 의도와는 달리 이용자로 하여금 황량함을 느끼게 하고 있으며, 장소성 조성을 위해서 설치된 대형조형물은 사람들에게 제대로 인지되지 못하고 있는 실정이다.

나. 평촌1번가 문화의 거리

'평촌1번가 문화의 거리'는 평촌신도시 택지개발 당시 중심상업지 내의 20m 보행자전용도로로 계획된 평촌의 대표적인 쇼핑몰이다.

초기 조성에서 현재까지 상업 및 위락기능을 가진 쇼핑몰로 이용되고 있으며, 최근 안양시의 걷고 싶은 가로 조성계획에 의거하여 '문화의 거리'로 지정되었다. 이를 위해서 안양시는 조례를 제정하였고, 가로시설물을 정비하였다. 그러나 가로의 벽에 해당하는 건축물의 입면에 관한 문제, 특히 옥외광고물의 난립으로 인한 가로경관의 훼손과 문화용도 미비 등으로 인한 문제로 인하여 문화거리로서의 성격에 커다란 장애가 되고 있다.

2) 공간구성

가. '평촌중앙공원'의 공간구성 및 연계성

'평촌중앙공원'의 공간구성은 크게 '진입부 – 중앙광장 – 보행결절부'로 연결되며, 용도별 공간구분은 재정비계획의 내용대로 휴게공간, 친수공간, 중심공간(다목적 광장), 공연공간(놀이마당), 체육공간(축구장, 익스트림스포츠장), 산책·휴게공간(총림)으로 조성되어 있다. 한편 안양시청 및 전면광장과 평촌중앙공원과의 연계성은 현재 도로의 차량통행으로 이루어지지 못하고 있는 실정이다.

나. '평촌1번가 문화의 거리'의 공간구성

쇼핑몰 조성을 위하여 계획된 진입구간, 결절부, 보행 및 휴식구간의 공간구성은 현재에도 유지되고 있다. 한편 보행자전용도로 전체에 대한 연계성은 도로에 의해 단절되어 있으며, 이를 극복하기 위하여 설치된 지하보도는 보행의 연결성에 기여하지 못하고 있는 실정이다.

3) 시 설

가. '평촌중앙공원'의 공원시설

수용용도로는 휴식, 운동, 산책, 문화 등이 계획되었으며, 이를 위해서 중앙광장 및 야외공연장, 조각공원, 체육시설, 식재 등이 설치되었다.

초기 조성에서 현재까지 한 번의 재정비를 거쳐서 야외공연장의 재정비, 분수 등 어메니티 시설의 보강, 체육시설의 강화가 이루어졌다.

야외공연장은 재정비에도 불구하고 소음문제를 해결하지 못하여 제 기능을 발휘하지 못하고 있으며, 이를 제외한 다른 문화시설의 설치는 전무한 실정이다.

나. '평촌1번가 문화의 거리'의 가로시설, 건축물 및 옥외광고물

공간구성에 의한 진입·보행 및 휴식·결절부의 각 공간에는 벤치, 가로수, 분수 등의 가로시설물을 설치하였다. 한편 건축물에 대한 요소로는 합벽건축, 아케이드의 설치 등을 통한 가로의 연속성 및 보행환경의 제고에 중점을 두었으며, 용도의 경우 상업 및 문화시설을 권장용도로 설정하였다.

4) 이용행태

가. 평촌중앙공원

관찰조사에 의해서 조사된 '평촌중앙공원' 이용자들의 이용행태는 운동, 만남, 산책, 휴식, 통행 등으로 나타났다. 공원이용행태에 관한 설문조사에서는 운동을 한다는 응답이 44%로 가장 높았으며, 그다음으로 휴식 및 산책(38%), 만남(12%), 통행(4%) 순으로 나타났다.

나. 평촌1번가 문화의 거리

'평촌1번가 문화의 거리'에서 조사된 현재의 이용행태는 만남 및 모임, 위락시설 이용, 쇼핑, 휴식, 통행 및 산책 등이다. 한편 거리이용행태에 관한 설문조사에서는 만남 및 모임을 가진다는 응답이 54%로 가장 높았으며, 그 다음으로 쇼핑(34%), 기타(8%), 산책(4%) 순으로 조사되었다.

5) 설문조사

가. 평촌중앙공원

안양시 관련 공무원을 대상으로 한 면담조사에서 나타난 결과는 첫째 이용자의 이용행태와 선호시설의 변화로 인해 공원의 성격이 재조정되어야 하고, 둘째 현재 평촌중앙공원은 체육공원으로 특화시키고 있으며, 셋째 기존 토양을 고려한 식재가 시행되어야 한다는 것이다.

이용자를 대상으로 한 설문지조사의 결과는 다음과 같다.

공원에 대한 장소성은 평촌을 대표하는 공원이라는 응답이 가장 많았다. 공원에 대해서는 과반수가 만족하고 있었으며, 공원 내 가장 선호하는 시설물은 나무와 숲이었다. 공원의 문제점은 황량함이라는 응답이 가장 많았으며, 개선할 사항으로는 공원시설의 보강이라는 응답이 가장 많았다. 향후 새로운 시설이 도입될 것을 바라는 것으로 조사되었는데, 이는 문화시설이라 할 수 있다.

나. 평촌1번가 문화의 거리

안양시 관련 공무원을 대상으로 한 면담조사에서는 문화의 거리 조성을 위해서는 간판 등 옥외광고물의 정비와 문화 관련 시설의 유치 등 용도에 관련된 문제가 선결되어야 한다고 나타났다. 그러나 이에 대한 해결방안이 현재 미약한 실정이다.

이용자에 대한 설문지조사의 결과는 다음과 같다.

거리에 대한 장소성은 평촌을 대표하는 거리와 쇼핑몰이라는 응답이 가장 많았다. 거리에 대해서 만족하는 응답은 과반수 미만이었으며, 거리 내 가장 선호하는 시설물은 풍부한 상업시설이었다. 거리의 문제점은 이면도로의 주차 혼잡이라는 응답이 가장 많았으며, 개선할 사항으로는 유흥업소 정비라는 응답이 가장 많았다. 향후 문화의 거리로 발전해야 한다는 의견이 절대다수로 조사됨으로써 대다수의 응답자가 문화의 거리 조성을 원하고 있었다.

3. '장소만들기' 과정

1) 평촌중앙공원

'평촌중앙공원'은 평촌의 대표적 오픈스페이스 조성을 통한 도심기능, 휴식기능을 수용한다는 목표 아래 택지개발사업에 의한 근린공원으로 조성되었다. 이러한 목표를 구체화하기 위하여 도시설계가 작성되었다. 도시설계에서는 공원조성의 구체적인 지침을 제시하여 주제설정 및 적정기능 배분을 통한 공원의 '장소성' 제고 및 '독자성' 강화를 추구하였다. 이후 기존 프로그램 및 시설의 재검토를 통한 전면적 또는 부분적 재설계 및 조정을 목적으로 하는 재정비계획이 수립되었다. 재정비에서는 기존 수목식재 교체, 각종 분수 등 수경시설의 설치, 야외무대 정비, 체육시설의 강화 등이 이루어졌으며, 이를 통해서 시민이 이용하는 도시중앙공원으로서의 기능을 강화하였다.

'장소만들기'의 물리적 요소에 대해서 살펴보면 다음과 같이 4단계로 구분해 볼 수 있다. ①'택지개발계획'에서는 중심광장, 잔디광장 및 화단, 수경시설, 체력단련장, 야외공연장을, ②'도시설계'에서는 공간 및 동선계획,

상징적 시설 공간배치, 다목적 광장(놀이마당), 체력단련장, 산책, 휴게공간 등을, ③'도시설계 작성지침'에서는 물리적 요소 전반적 사항을, ④'재정비계획'에서는 공원 내 야외무대의 재정비를 중심으로 풍부한 녹음제공, 환경조각물로의 성격전환 등을 다루고 있다.

한편 '장소만들기'의 비물리적 요소에 대해서 살펴보면, ①'택지개발계획'에서는 시청-전면광장-공원의 연계를, ②'도시설계'에서는 문화적 요소의 도입을, ③'도시설계 작성지침'에서는 용도 및 성격 등에 관한 내용을, ④'재정비계획'에서는 조성 당시의 계획개념의 계승 원칙 등을 다루고 있다.

이상의 물리적 및 비물리적 요소의 변화를 통해 초기 조성 당시의 요소들이 시간이 흐름에 따라 이용자들로부터 재평가되고, 이를 통해 요소의 변화가 이루어지고 있음을 알 수 있다. 공원조성에 있어서 공급자[237]가 주요 역할을 담당하였으며, 이용자의 참여는 거의 없었다.[238]

2) 평촌1번가 문화의 거리

최초의 '장소만들기'는 택지개발사업 당시 보행환경의 쾌적성, 방향성, 편익성 확보와 평촌신도시의 대표적 보행자전용도로 및 쇼핑몰 조성을 목적으로 이루어졌다. 택지개발계획의 목적을 구체화시키기 위해서 작성된 도시설계지침에서는 공공부문 도시설계지침의 일환으로 보행자전용도로 조성지침과 조경공사에 대한 지침이 수립되었으며, 공간별 기능 부여 및 수용기능과 조경시설에 대한 내용을 제시하였다.

---

237) 공급자의 역할은 ①'택지개발계획'에서는 한국토지공사, 전문가, 안양시, 건설교통부, ②'도시설계'에서는 안양시(작성자)와 전문가(국토연구원), ③'재정비계획'에서는 안양시와 전문가(주. 에버랜드)가 담당하였다.

238) 재정비계획 시에는 설문조사 등을 통한 간접적인 참여가 있었으나, 극히 제한적이었다.

이후 매력적인 상업보행공간조성, 공간이용의 활성화, 문화의 거리 조성을 목적으로 하여 문화의 거리 조성 조례 작성 및 문화의 거리 조성사업이 시행되었다. 공공의 가로조성사업에 의한 분수, 가로수, 가로장치물, 바닥 포장 등 문화적 측면의 물리적인 기반이 더욱 강화되면서 사람들이 더 많이 찾는 장소가 되었다. 그러나 문화의 거리 조성에 필요한 용도와 간판 등의 옥외광고물 정비 및 관리에는 실패하였다.

'장소만들기'의 물리적 요소에 대해서 살펴보면 '평촌중앙공원'과 마찬가지로 다음과 같이 크게 4단계로 구분할 수 있다. ①'택지개발계획'에서는 다양한 식재 및 가로시설물 등의 설치와 공간구성 방향을, ②'도시설계'에서는 진입부 시설, 결절부 시설, 휴식시설에 대한 지침과 공간구성 지침을, ③'도시설계 작성지침'에서는 물리적 요소에 대한 전반적인 사항을, ④'평촌1번가 문화의 거리 조성계획'에서는 다양한 이벤트 관련 시설의 도입과 가로시설물 재정비에 대한 내용을 다루고 있다.

한편, '장소만들기'의 비물리적 요소에 대해서 살펴보면, ①'택지개발계획'에서는 수용용도 및 공간용도의 설정을, ②'도시설계'에서는 수용기능의 설정을, ③'도시설계 작성지침'에서는 용도 및 성격 등에 관한 내용을, ④'평촌1번가 문화의 거리 조성계획'에서는 이벤트 도입의 시도와 문화업종의 도입에 대한 내용을 다루고 있다.

'평촌1번가 문화의 거리'도 '평촌중앙공원'과 같이 공급자[239]가 '장소만들기' 과정의 주요 역할을 담당하였고, 이용자의 참여는 거의 없었다. 다만, 문화의 거리 조성계획의 경우 상인회의 계획공청회 참석을 통하여 간접적인 참여가 이루어졌다.

---

239) 공급자의 역할은 ①'택지개발계획'에서는 한국토지공사, 전문가, 안양시, 건설교통부, ②'도시설계'에서는 안양시(작성자)와 전문가(국토연구원), ③'문화의 거리 조성계획'에서는 안양시와 전문가(한국조경학회)가 담당하였다.

제2절 계획 및 현황평가

1. 계획평가

1) 평가항목

계획평가는 앞서 이론적 고찰[240]에서 살펴본 '장소만들기'를 통한 신도시 개발 방향과 관련하여 실시한다. 기본 방향, 신도시 개발의 결과물, 신도시 개발의 과정이라는 세 가지 측면에서 설정한 평가항목을 계획내용[241]과 비교한다. 이를 통하여 반영된 내용과 미반영된 내용을 추출하여 이에 대해서 논의하기로 한다.

신도시 개발의 결과물에 관한 평가항목은 [표 4-1]과 같이 물리적 대상에 대한 1개 항목과 물리적 환경의 성격 및 요소에 대한 7개 항목으로 세분할 수 있으며, 신도시 개발의 과정에 관한 평가항목은 '장소만들기' 과정에 대한 3개 항목과 신도시 개발 관련 제도에 대한 3개 항목으로 다시 세분할 수 있다.

---

240) 2장 이론적 고찰의 3절 '장소만들기'를 통한 신도시 개발 방향에서 논의된 내용이다.

241) 계획내용에 대한 비교자료는 3장 사례연구에서 계획의 자료로 활용하였던 ①택지개발계획 및 도시설계, ②도시설계 작성지침, ③재정비계획을 바탕으로 하였다.

[표 4-1] 계획 평가 항목

구 분		평가항목
기본 방향		양적 확보와 더불어 질적 충족의 달성
		도시경제 활성화 측면에서 중심상업가로의 수용 및 조성
		지속가능한 신도시 개발을 위한 환경적, 사회적, 경제적 지속가능성의 충족
신도시 개발의 결과물	물리적 대상	광장, 가로, 공원, 문화시설의 도입여부
	물리적 환경의 성격 및 요소	정체성 및 귀속감의 고양
		인간적 요소 및 안정성 확보
		재미있고 지속가능한 장소의 조성
		주민 건강 및 휴양증진
		도시 앵커시설 도입을 통한 신도시의 조기정착
		도시중심가로의 활성화
		물리적 계획과 비물리적 계획의 조화
신도시 개발의 과정	'장소만들기' 과정	신도시 개발의 진행과정
		신도시 개발과정의 참여자
		사회의식의 성숙
	신도시 개발 관련 제도	도시설계제도의 확대 및 정비
		주민참여제도의 도입
		질적 향상을 위한 시설기준의 설정

2) 반영된 내용

가. 기본 방향

계획평가 세 가지 항목 중 반영된 기본 방향은 도시경제 활성화 측면에서 중심상업가로의 수용이다. 평촌1번가 문화의 거리는 최초에 쇼핑몰로 계획되어 활성화된 중심상업가로를 지향했다고 할 수 있다. 이를 위해서 보행자전용도로로 지정하고 가로의 조성, 주요 시설물에 대한 계획 및 가로변 건축물에 대한 계획 등을 수립하였다.

그러나 이러한 노력에도 불구하고 몇 가지 미흡한 측면을 발견할 수 있다. 먼저 가로를 3차원적인 공간으로 조성하기 위해서 가로변 건축물의 입면에 대한 높이, 전면구성, 아케이드 조성 등에 대해서는 계획하였지만, 간판 등의 옥외광고물에 대한 조성지침은 부재하였다. 이로 인해서 가로 경관을 해치는 원인이 되고 말았다.

이와 더불어 가로변 건축물의 용도는 설정하였지만,[242] 이에 대한 구체적인 유치 및 관리계획은 없었다. 그 결과로 계획에서 의도하였던 용도의 수용은 그 목적을 달성하지 못하였다고 할 수 있다.

나. 신도시 개발의 결과물

(1) 물리적 대상

기본계획의 성격에서 제시된 아래의 내용은 '평촌중앙공원'을 신도시의 대표적인 오픈스페이스로, '평촌1번가 문화의 거리'의 경우 매력적인 보행자공간으로서 도입하였음을 알 수 있게 한다.

- 평촌신도시의 공원·녹지체계상 중심을 담당하는 대표적인 오픈스페이스로 설정한다.
- 신도시 중심상업 지역 내의 매력적인 보행자공간으로서의 역할을 부여한다.

이상과 같이 광장, 가로, 공원을 도입함[243]으로써 계획평가항목이 계획안에 반영되었다고 할 수 있다. 그러나 문화시설의 설치에 대한 측면이 부족하였고, 이러한 물리적 대상의 활성화에 대해서는 다루어지지 않았다.

(2) 물리적 환경의 성격 및 요소

물리적 환경의 성격 및 요소에 있어서는 7개 전 항목에 대하여 제시되었다. 하지만 항목별로 일부만이 반영되었다고 할 수 있으며, 부족한 측면

---

242) 권장용도를 설정하여 해당 용도의 유치를 유도하였다.

243) 광장은 안양시청 앞 광장을, 가로는 '평촌1번가 문화의 거리'(당시 보행자전용도로), 공원은 '평촌중앙공원'이 해당된다.

은 다음에 논의될 미반영된 내용에서 좀 더 구체적으로 다루기로 한다.

반영된 내용을 구체적으로 살펴보면 다음과 같다.

㉮ 정체성 및 귀속감의 고양

기본계획의 성격을 통해서 공원의 특화 및 다양화, 중심가로로서의 장소성·식별성·상징성 강화 및 정체성 고양을 통해서 정체성 구현에 노력하였음을 알 수 있다.

- 공원성격을 특화 및 다양화시킨다.
- 가로의 결절점은 광장 조성이나 상징물 등의 설치를 통한 장소성과 식별성 및 상징성을 강화하여 상업업무 지역의 중심적 가로 공간을 조성하고 정체성을 고양한다.

기본계획의 도입시설과 조성지침의 시설을 통해서 중앙공원의 장소성 강화와 가로의 장소특성을 강조하였다는 것을 알 수 있다.

- 가로의 포장 재료는 사용에 적합한 것을 선정하고, 공간, 구간별 성격에 기능에 따라, 혹은 주변 건물이나 시설물에 따라 포장의 질감, 색태, 패턴을 특화한다.
- 공원 중심부에 대형의 상징조형물을 조성하여 중앙공원의 장소성을 강화하고, 이를 중심으로 한 각 공간의 기능적 분산배치를 시행한다.

㉯ 인간적 요소 및 안정성 확보

기본계획의 성격과 도입시설에서는 다음과 같이 가로에 대한 보행환경의 쾌적성 조성 및 보행환경 창출을 제시하고 있다.

- 신도시 보행환경의 쾌적성을 제고하고, 방향성 및 편익성을 확보한다.
- 보행 장애요소 및 시설을 제거하여 원활한 보행환경을 창출한다.

한편 조성지침의 공간구성에서는 다음과 같이 공원의 보행환경 조성과 보행로와의 연계성 강화를 제시하고 있다.

- 공원의 내부동선은 주동선, 보조동선, 관리동선(비상시 차량출입)으로 분리한다.
- 공원의 경계부 처리는 보행자전용도로 및 보도 등에 인접할 경우 자연스럽게 연계시켜 접근성을 높인다.

㉰ 재미있고 지속가능한 장소의 조성

기본계획의 성격에서는 다음과 같이 공원에 대한 주제 설정, 가로의 쾌적성 및 매력성 증진, 이용활성화에 대한 내용이 제시되고 있다.

- 공원에는 성격별, 위치별로 다양한 주제를 설정한다.
- 가로의 단위보행공간의 보행영역은 쇼핑영역, 전이영역, 중심영역으로 구분한다.
- 가로는 쾌적한 옥외활동의 장으로서의 보행자도로를 창출하기 위해서 주변여건을 고려한 특성화된 보행공간을 조성한다.
- 가로는 신도시 중심상업 지역 내의 매력적인 보행자공간으로서의 역할을 부여한다.
- 가로에 친수공간의 기능도입을 통하여 공간 이용활성화를 도모한다.

한편 조성지침의 장소성격, 공간구성, 시설에서는 다음과 같이 가로활성화를 위한 방안이 제시되고 있다.

먼저 가로에 관련된 내용을 살펴보면 다음과 같다.

- '걷고 싶은 거리'로서의 가로활성화를 위해서 다양한 이벤트와 관련 시설의 도입 및 확충이 필요하며, 시민들의 만남, 쇼핑, 휴게의 명소로 제공되어야 한다.
- 쇼핑몰은 상업업무시설이 밀집한 지역에 조성하여, 보행환경의 쾌적성을 높임으로써 많은 사람들을 유치하고 활발한 상행위를 유도한다.
- 가로의 입지여건 및 장소별 활동특성에 따라 보행, 진출입, 휴식과 만남 등 공간별 기능을 구현한다.
- 가로의 공간구성은 진입구간, 결절부, 보행 및 휴식구간으로 구성된다.

- 가로에 대한 단위보행공간의 보행영역은 다시 쇼핑영역, 전이영역, 중심영역으로 나뉘며, 이는 시설물 설치 등 공간구성방법에 의해 서로 구분된다.
- 도심형 보행자전용도로의 공간구성 및 조성방식 세 가지를 제시하고 이에 따라 조성한다.
- 가로식재의 수목은 계절감을 느낄 수 있는 것을 선정하고, 장소의 성격에 따라 적절한 수종 선택 및 식재기법을 이용하여 조성한다.

다음으로 공원에 관련된 내용을 살펴보면 다음과 같다.

- 공원 내 야외무대의 적정시설규모 및 기준을 제시하고, 야외무대 신설에 따른 환경공해(소음) 저감 원칙을 설정한다.
- 공원에는 풍부한 녹음을 제공한다.
- 공원의 도입시설은 공원의 규모와 이용자의 특성 등을 감안하여 선정 도입하게 되며, 주로 다양한 놀이 및 운동 공간, 녹지, 도로, 주차장, 광장 등의 시설들을 배치한다.
- 공원에는 확 트인 공간의 상징성을 부여한다.
- 공원에는 수경시설(분수연못 조성), 체력단련장, 문화공간(야외공연장)을 설치한다.
- 지나치게 평탄한 공원녹지는 축산(mounding) 등 인공적으로 다양한 지형을 연출한다.

㉣ 주민 건강 및 휴양 증진

기본계획의 성격에서는 주민의 건강 및 휴양 증진을 위하여 다음과 같이 이용목적에 따른 다양한 근린공원의 유형을 제시하고 있다.

- 근린공원은 지역중심, 근린중심, 지구중심에 따라 혹은 공원 입지와 주변 토지이용 등에 따라 공원의 성격을 가로공원, 체육공원, 생태공원, 교육공원 등으로 다양화한다.

㉘ 도시 앵커시설 도입을 통한 신도시의 조기 정착

기본계획의 성격, 기능, 도입시설에서는 도시 앵커시설인 중앙공원이 그 기능을 수행할 수 있도록 공원의 연계성, 공간기능별 특성 부각, 주제설정, 효율적인 동선의 설치, 랜드마크의 도입, 환경조형물의 도입에 대한 내용을 다음과 같이 설정하고 있다.

- 중앙공원은 시청 앞 시민광장과 연계되도록 한다.
- 도심기능·휴식기능을 수용하기 위해서 공원의 공간기능별 특성을 부각시키고 지형변화를 통해서 단조로움을 극복한다.
- 주제에 따른 적정기능을 배분하여 다양한 공원이용의 기회를 제공하고 시설의 중복을 방지한다.
- 공원 공간의 기능 및 동선의 합리적인 설계를 위해 노력한다.
- 공원의 이미지 함양을 위한 상징성 강한 랜드마크를 도입한다.
- 활발한 보행이 예상되는 공원으로 조성하기 위해서는 환경조형물을 적극 도입하고 경관을 향상시킨다.

한편 조성지침의 장소성격, 공간구성, 시설에서도 다음과 같이 중앙공원이 도시 앵커시설로서의 역할강화를 위한 상징성 강화, 문화적 요소의 도입, 공공공간의 연계성 강조, 도입시설에 대한 내용을 포함하고 있다.

- 상징적 시설 및 공간을 배치하고, 문화적 요소를 도입하여 평촌신도시 중앙공원으로서의 명확한 인식을 고양한다.
- '시청 – 미관광장 – 보행자전용도로'의 연결축을 강조한 공간을 구성한다.
- 시청 앞 광장과의 시각적, 기능적 연계를 위한 디자인 모티브의 연속성을 고려한 공간계획 및 동선계획을 수립한다.
- 공간구성은 크게 동적 공간, 정적 공간, 완충 공간, 다목적 공간으로 구성된다.
- 공원의 도입시설은 공원의 규모와 이용자의 특성 등을 감안하여 선정 도입하게 되며, 주로 다양한 놀이 및 운동 공간, 녹지, 도로, 주차장, 광장 등의 시설들을 배치한다.

㉑ 도시중심가로의 활성화

기본계획의 성격과 도입시설에서는 다음과 같이 가로의 연계성, 보행유입 및 식별성 증진, 바닥포장을 통한 분위기 조성, 보행자를 위한 가로 설치물에 대한 내용이 포함되어 있다.

- 가로경관을 개선하고 기능적 연계성을 증진시킨다.
- 가로의 진입부는 보행진입이 시작되는 곳으로서, 식별기능을 강화시켜 외부로부터의 자연스런 보행유입 및 식별성을 제고한다.
- 가로의 식재는 간선도로의 경우 가로수를 식재하는 것을 기준으로 하고, 낙엽교목의 모듈식재, 화관목을 밀식하며, 주 진입부에는 진입부의 상징수목으로 대형교목을 식재한다.
- 가로의 바닥포장은 장식타일, 석재타일, 할석 등을 기본으로 한다.
- 가로시설물은 진입부는 차량출입 방지 및 진입분위기 고양을 위해서 볼라드, 게이트 등을 설치한다. 결절부에는 구심성 강화를 위해서 수경요소 등을 도입한 상징구조물을 설치하며, 휴식시설은 모임 및 휴식구간을 중심으로 하여 배치한다.

한편 조성지침의 장소성격, 시설에서는 다음과 같이 대표적 중심가로로서의 성격부여와 공간구성, 가로시설물 관련 지침, 가로의 제원에 대한 내용을 포함하고 있다.

- 초기계획에서는 평촌신도시의 대표적 중심가로로 계획되었다.
- 가로시설물의 종류는 안내시설, 보행등, 기타 시설물로 구분하며, 가로시설물의 설치기준, 재료의 선정기준, 조성방식을 제시한다.
- 가로시설물에 대한 세부지침은 안내시설의 종류, 보행등, 기타 시설물 세 가지에 대해 제시하고 이에 따라 조성한다.
- 공간구성과 관련된 가로시설물에 관한 지침은 첫째 간선도로로부터의 진입부에는 볼라드를 설치한다. 둘째 보행결절점 부근 및 조각분수 등 수경요소를 활용한 상징구조물을 배치하여 구심성을 강화한다.

- 보행자전용도로의 폭원은 6-8m 이상으로 최소한 4m 이상 확보되어야 하는데, 쇼핑몰의 경우는 10m 정도로 하되, 특별히 이용객이 많은 경우에는 20m까지도 가능하다.
- 도심형 보행자전용도로의 선형은 방향성이 있고 명쾌한 직선 또는 완만한 곡선으로 처리하는데, 쇼핑몰의 선형은 직선과 곡선을 조화롭게 겸용하여 조성한다.

㉠ 물리적 계획과 비물리적 계획의 조화

기본 방향의 기능과 도입시설에서는 다음과 같이 가로의 수용기능과 시설투자에 대한 내용을 일부 제시하고 있다.

- 가로의 수용기능은 보행, 쇼핑, 건물 진출입, 휴식과 만남, 전시 및 공연, 노상판매, 비상차량 통행 등이다.
- 가로의 재정비 시 기존시설물을 개보수하여 시설의 중복설치 및 과잉투자를 방지한다.

이상을 정리해 보면 주민의 건강 및 휴양 증진을 위해서 평촌중앙공원을 계획하였다고 할 수 있다. 특히 체육시설 등의 도입은 현재 각광받고 있는 체육공원의 시도라고 할 수 있다.

다음으로 도시앵커시설로 쇼핑몰,[244] 평촌중앙공원을 계획하여 신도시의 조기정착을 시도하려 하였다. 그러나 문화시설 도입에 대한 내용은 부족하다고 할 수 있다.

마지막으로 쇼핑몰을 포함한 보행자전용도로를 도입하여 도시중심가로의 활성화를 시도하였다. 그러나 도로에 의한 단절을 극복하는 보행자전용도로의 전체적인 연계에 대한 계획은 부족[245]하다고 볼 수 있다.

---

244) 현재 '평촌1번가 문화의 거리'를 말한다.

245) 계획상으로는 도로 하부의 지하보행로를 통해서 도로에 의한 단절을 극복하고, 보행자전용도로를 연결하려고 시도하였지만 적극적인 대안이라고 보기는 어렵다.

다. 신도시 개발의 과정

(1) '장소만들기' 과정

'장소만들기' 과정 평가항목에서는 ①신도시 개발의 진행과정과 ②신도시 개발과정의 참여자 등 2개 항목에 대한 일부 내용이 계획에 수록되어 있다.

먼저 신도시 개발의 진행과정 항목에서는 기본 방향의 공간구성에서 다음과 같이 단계적인 개발전략의 수립에 대하여 언급하고 있다.

- 공원의 단계적인 개발전략 수립에 따른 정비를 시행한다.

다음으로 신도시 개발과정의 참여자 항목에서는 기본 방향의 공간구성에서 다음과 같이 주민의 이용 및 활용도를 제고하여 공원조성에 반영한다는 내용이 있다.

- 기존 공원의 프로그램과 시설의 재검토를 통해서 변화되는 사회환경에 적합한 공원을 조성하여 주민의 이용 및 활용도를 제고한다.

한편 신도시 개발의 과정 중 신도시 개발 관련 제도와 관련한 조항은 계획내용에 포함되어 있지 않음으로써 반영된 내용이 없다고 할 수 있다. 그 구체적인 논의는 미반영된 내용에서 구체적으로 다루기로 한다.

3) 미반영된 내용

가. 기본 방향

계획평가항목 세 가지 중 반영되지 않은 기본 방향은 ①양적 확보와 더불어 질적 충족의 달성과 ②지속가능한 신도시 개발을 위한 환경적, 사회적, 경제적 지속가능성의 충족을 들 수 있다. 이를 구체적으로 살펴보면, 평촌 신도시 개발 당시는 주택의 양적 확보가 최우선 과제로서 질적 충족에 대한 고려가 없었다. 이로 인해서 계획내용에도 양적인 확보의 내용만 제시되고, 질적인 측면에 대한 내용은 포함되지 않았다.

최근 지속가능한 도시개발이 대두됨으로써 신도시 개발에 있어서의 지속가능성 확보에 대한 기준이 제시되고 있지만, 평촌신도시 개발 당시에는 이러한 기준이 없음으로써 계획내용에도 반영되지 못했다고 할 수 있다.

나. 신도시 개발의 결과물

물리적 대상으로는 앞서도 언급하였듯이 광장, 가로, 공원은 도입되었으나, 문화시설의 설치에 대한 측면은 부족하였다. 물리적 대상의 활성화 측면에서 볼 때 안양시청 앞 광장은 중앙공원과 연계되어 신도시의 도시중앙광장의 역할을 수행하도록 계획하였으나, 중앙공원과의 연계성 부족 및 현재 인라인스케이트장으로 이용됨으로써 원래 의도한 시민광장의 성격은 사라져버렸다고 할 수 있다.

성격 및 요소에 대한 계획평가항목 일곱 가지에 대한 기본적인 내용은 일부 반영되었지만, 부족한 측면으로 ①정체성 및 귀속감의 고양, ②인간적 요소 및 안정성 확보, ③재미있고 지속가능한 장소의 조성, ④물리적 계획과 비물리적 계획의 조화 등의 네 가지 항목을 들 수 있다.

이를 좀 더 구체적으로 살펴보면 다음과 같다. 먼저 신도시 개발에 있어서 기존 장소의 여건 및 특성을 고려하는 계획내용이 부족하였고, 중앙공원의 장소성 조성을 통해서 정체성을 구현한다고 하였지만 이에 대한 구체적인 실천계획이 없었으며, 도시의 귀속감을 유도하는 내용도 계획에 포함되지 않았다고 할 수 있다.

두 번째로 생활가로 및 보행의 안전성 등에 대한 내용이 없음으로써 인간적 요소 및 안전성 확보가 이루어지지 않았다고 볼 수 있다.

세 번째로 도시 어메니티를 제공하는 매력적인 장소와 도시경쟁력 확보를 위한 문화시설에 대한 계획과 이에 대한 조성 및 운영방안에 대한 내용이 없다. 그 결과 재미있고 지속가능한 장소의 조성에 대한 측면도 부족하다고 할 수 있다.

마지막으로 장소마케팅[246] 등의 사업적 측면과 장소의 운영 및 유지에 대한 프로그램 등의 비물리적 계획 측면의 계획내용이 없음으로써 물리적 계획과 비물리적 계획의 조화에 대한 내용이 도입되지 않았다고 볼 수 있다.

다. 신도시 개발의 과정

'장소만들기' 과정에서 반영되지 않은 내용은 사회의식의 성숙 항목이며, 일부 반영되었다고 하는 신도시 개발의 진행과정과 신도시 개발과정의 참여자 항목에서도 일부 부족한 측면이 있다.

사회의식의 성숙에 대해서 살펴보면, 공공성 확보에 대한 계획 및 신도시 개발을 바라보는 의식[247]의 개선에 대한 노력의 부족으로 인해 사회의식의 성숙을 기대할 수 없었다. 이와 더불어 간판 및 옥외광고물 조성지침이 부족하였으며, 가로환경 개선에 대한 주민참여의 유도 및 운영에 대한 주민협정 등이 도입되지 않았다.

신도시 개발의 진행과정에 있어서도 계획·건설 단계에 관한 계획만이 존재하며, 향후 유지·관리 단계에 대한 계획의 부재로 인하여 전체적인 연속성이 결여되어 있다. 이와 더불어 신도시 개발 과정에서는 공급자의 역할 및 참여에 대한 내용은 있으나, 사용자 및 수요자의 참여내용은 전혀 없다.

---

246) 최근 계획되어 조성되고 있는 '동탄신도시'의 경우에는 개발계획의 사업적 측면에서 장소마케팅 계획이 수립되어 초기 토지이용계획 수립에도 커다란 역할을 하였다.

247) 신도시 개발을 주거환경의 공급 및 개선 측면이 아니라, 부동산 가치의 상승이라는 편향된 측면에서만 바라보는 의식 등으로 인하여 사용 및 수용방식에 대한 토지소유자 및 주민과의 마찰 등의 문제가 발생하고 있다.

신도시 개발 관련 제도에서는 ①도시설계제도의 확대 및 정비, ②주민
참여제도의 도입, ③질적 향상을 위한 시설기준의 설정 등 3개 항목 모두
가 반영되지 않았다.

당시 신도시 개발에서는 도시설계제도를 도입하여 좀 더 구체적인 신도
시 조성지침을 마련하고자 하였다. 그러나 도시설계제도의 기능이 미약하
여 구체적인 실천방안을 갖추기 못하였고, 개발계획 초기부터 도시설계가
작성되지 못함으로써 그 역할을 제도도입의 목적만큼 해내지 못한 것은
아쉬운 점이라 할 수 있다.

이와 더불어 계획내용에 주민참여제도에 대한 내용이 없으며, 질적 충
족에 대한 고려가 없음으로써 질적 향상을 위한 시설기준의 설정이 부재
하였다고 볼 수 있다.

2. 현황평가

1) 평가항목

현황평가는 계획내용과 현황을 비교하여,[248] 반영된 내용과 미반영된
내용에 대해서 논의하기로 한다. 평가항목은 [표 4-2]와 같이 기본 방
향과 조성지침에 대한 평가항목을 설정하여 그 반영 여부를 살펴보기로
한다.

---

[248] 계획내용에 대한 비교자료는 앞서 계획평가와 마찬가지로 Ⅲ장 사례연구에
서 계획내용의 자료로 활용하였던 ①택지개발계획 및 도시설계, ②도시설계
작성지침, ③재정비계획을 바탕으로 하였고, 현황에 대한 비교자료는 사례
연구에서 조사 및 분석된 현황자료를 기초로 하였다.

[표 4-2] 현황평가 항목

구 분	평가항목
기본 방향	성 격
	기 능
	도입시설
조성지침	장소성격
	공간구성
	시 설

2) 반영된 내용[249]

가. 성 격

성격에 대해 반영된 내용은 기본 방향과 조성지침으로 나누어 살펴볼 수 있으며, 이는 평가항목에서 설정한 계획내용에 대한 세 가지 비교자료[250]에서 추출하였다.

(1) 기본 방향

㉮ 평촌중앙공원

'평촌중앙공원'의 성격에 관한 기본 방향은 총 6개이며, 이 중 다음의 5개 항목(①, ②, ④, ⑤, ⑥)이 반영되었다고 볼 수 있다.

① 평촌중앙공원은 설문지 조사결과 평촌을 대표하는 공원으로 자리잡았다.

② 체육, 광장, 공연장 등 적정기능의 배분에 의해서 다양한 주제가 설

---

249) 본 평가항목에서의 해당조항의 각 번호(①, ②, ③……)는 앞서 1절 분석의 종합 중 계획내용의 번호와 동일하게 적용하였으므로, 이를 참조하여 비교하면 계획내용과 반영 여부를 확인할 수 있다.

250) ①택지개발계획 및 도시설계, ②도시설계 작성지침, ③재정비계획을 말한다.

정되어 있다.

④ 진입부, 보행결절부 등 물리적 '장소만들기' 요소의 도입(현장조사결과) 및 강화에 의해 공원의 '장소성' 제고 및 '독자성'이 이루어졌다.

⑤ 현재 평촌중앙공원의 성격은 평촌의 대표적인 중앙공원이다.

⑥ 평촌중앙공원은 지역중심의 체육공원의 성격을 강하게 가지고 있다.

㉯ 평촌1번가 문화의 거리

'평촌1번가 문화의 거리'의 성격에 관한 기본 방향은 총 7개이며, 이 중 다음의 2개 항목(③, ④)이 반영되었다고 볼 수 있다. 그 구체적인 내용을 살펴보면 다음과 같다.

③ 진입부에 상징물을 배치하고 진입공간을 설치하여 보행유입 및 식별성을 제고하였다.

④ 결절점에는 광장조성과 상징물 등을 설치하여 장소성, 식별성, 상징성을 강화하려고 노력하였다.

(2) 조성지침

㉮ 평촌중앙공원

'평촌중앙공원'의 장소성격에 관한 조성지침은 총 2개이며, 이 중 반영된 항목은 하나도 없었다.

㉯ 평촌1번가 문화의 거리

'평촌1번가 문화의 거리'의 장소성격에 관한 조성지침은 총 3개이며, 이 중 다음의 1개 항목(①)만이 반영되었다고 볼 수 있다. 그 구체적인 내용은 다음과 같다.

① 설문지조사결과 평촌신도시의 대표적 중심가로로는 인지되고 있다.

나. 기능 및 공간구성

기능 및 공간구성 있어서 반영된 내용 또한 기본 방향과 조성지침으로 나누어 살펴볼 수 있으며, 이 역시 성격과 마찬가지로 평가항목에서 설정한 계획내용에 대한 세 가지 비교자료에서 추출하였다.

(1) 기본 방향

㉮ 평촌중앙공원

'평촌중앙공원'의 기능에 관한 기본 방향은 총 3개이며, 이 중 3개 모든 항목이 다음의 내용과 같이 반영되었다고 볼 수 있다.

① 도심기능 및 휴식기능을 수용하는 도심휴식공원으로 이용되고 있다.

② 체육, 광장, 공연장 등으로 주제에 따른 기능이 배분되어 있다.

③ 기본 방향의 내용대로 조성되어 있다.

㉯ 평촌1번가 문화의 거리

'평촌1번가 문화의 거리'의 기능에 관한 기본 방향은 총 2개이며, 이 중 다음의 1개 항목(②)만이 반영되었다고 볼 수 있다.

② 현재 주 결절부의 분수시설은 이용자들에게 큰 호응을 받고 있다.

(2) 조성지침

㉮ 평촌중앙공원

'평촌중앙공원'의 공간구성에 관한 조성지침은 총 6개이며, 이 중 다음의 3개 항목(⑤, ⑥, ⑦)이 반영되었다고 볼 수 있다.

⑤ 중앙공원의 원래 지형이 평탄하므로 축산(mounding) 등 인공적 지형을 연출했다.

⑥ 내부동선, 출입구, 보행로는 조성지침의 내용대로 조성되어 있다.

⑦ 경계부 처리는 보행자전용도로 및 보도 등에 인접할 경우 자연스럽게 연계시켜 접근성을 높였으며, 경계부분은 수목이나 지형을 이용하여 처리하였다.

㉯ 평촌1번가 문화의 거리

'평촌1번가 문화의 거리'의 공간구성에 관한 조성지침은 총 4개이며, 모든 항목이 반영되었다고 볼 수 있다.

① 관찰조사결과 보행, 진출입, 휴식과 만남 등 가로공간구성은 잘 이루어졌다.

② 공간구성은 조성지침내용대로 진입구간, 결절부, 보행 및 휴식구간으로 구성되어 있다.

③ 단위보행공간의 보행영역은 조성지침 내용대로 조성되어 있다.

④ 지침에 의해 보행자전용도로 및 진입광장을 조성하였다.

다. 시 설

시설에 대해 반영된 내용 또한 성격, 기능 및 공간구성과 마찬가지로 기본 방향과 조성지침으로 나누어 살펴볼 수 있다.

(1) 기본 방향

㉮ 평촌중앙공원

'평촌중앙공원'의 시설에 관한 기본 방향은 총 5개이며, 이 중 하나의 항목(③)만이 반영되었다고 볼 수 있다.

③ 활발한 보행이 예상되는 공원으로 조성하기 위해서 환경조형물과 수경시설 등의 물리적 요소를 강화하였다.

㉯ 평촌1번가 문화의 거리

'평촌1번가 문화의 거리'의 시설에 관한 기본 방향은 총 5개이며, 모든 항목이 반영되었다고 볼 수 있다.

① 식재는 기본 방향에 의해서 간선도로에 가로수, 주 진입부 대형교목 등을 식재하였다.

② 바닥포장은 기본 방향에 의한 재료에 의해서 시공되었다.

③ 진입부의 가로시설물은 기본 방향에 의해서 설치되었으며, 주 결절부 및 부결절부의 경우 오픈스페이스를 설치하였다.

④ 평촌1번가 문화의 거리 조성사업에서는 기존시설물을 개보수하여 경제성을 추구하였다.

⑤ 현재 특별한 보행 장애요소 및 시설은 없다.

(2) 조성지침

㉮ 평촌중앙공원

'평촌중앙공원'의 시설에 관한 조성지침은 총 5개이며, 이 중 다음의 2개 항목(①, ②)이 반영되었다고 볼 수 있다.

① 공원의 도입시설은 공원의 규모와 이용자의 특성 등을 감안하여 선정 도입하게 되며, 주로 다양한 놀이 및 운동공간, 녹지, 도로, 주차장, 광장 등의 시설들을 배치한다.

② 공원의 최초 조성 시 식재한 수목이 고사함에 따라 재정비사업에 의해 새로 식재함으로써 이용자들에게 녹음을 제공하고 있다.

㉯ 평촌1번가 문화의 거리

'평촌1번가 문화의 거리'의 시설에 관한 조성지침은 총 7개이며, 모든 항목이 반영되었다고 볼 수 있다.

① 식재의 수목은 조성지침의 내용대로 식재되어 있다.

② 가로포장은 조성지침의 내용대로 시행되어 있다.

③ 가로시설물은 지침에 따라 설치되었다.

④ 가로시설물에 대한 세부지침에 의해 안내시설, 보행등, 기타 시설물은 종류별로 구분되어 설치되었다.

⑤ 진입부에는 볼라드가 설치되어 있다. 주 결절부에는 수경요소를 활용한 상징구조물이, 부결절부에는 상징구조물이 설치되어 있다.

⑥ '평촌1번가 문화의 거리'는 폭 20m의 쇼핑몰로 조성되어 있어 지침에 적합하다.

⑦ 보행자도로의 현재 선형은 지침대로 직선으로 조성되어 있다.

3) 미반영된 내용[251]

가. 성 격

성격에 대해 미반영된 내용은 기본 방향과 조성지침으로 나누어 살펴볼 수 있으며, 반영된 내용과 마찬가지로 평가항목에서 설정한 계획내용에 대한 세 가지 비교자료에서 추출하였다.

(1) 기본 방향

㉮ 평촌중앙공원

'평촌중앙공원'의 기본 방향에 관한 조성지침은 총 6개이며, 이 중 다음의 1개 항목(②)만이 반영되지 않았다고 볼 수 있다.

---

251) 본 평가항목에서의 해당조항의 각 번호(①, ②, ③……)는 앞서 1절 분석의 종합 중 계획내용의 번호와 동일하게 적용하였으므로, 이를 참조하여 비교하면 계획내용과 반영 여부를 확인할 수 있다.

② 중앙공원과 시청 앞 시민광장은 차량통행을 위한 도로에 의해 단절되어 있다.

㉯ 평촌1번가 문화의 거리

'평촌1번가 문화의 거리'의 성격에 관한 기본 방향은 총 7개이며, 이 중 다음의 5개 항목(①, ②, ⑤, ⑥, ⑦)이 반영되지 않았다고 볼 수 있다.

① 설문지조사 결과 현재 휴식공간이 부족하므로 휴게시설의 신설이 필요하다. 한편 보행자전용도로 및 가로조성을 통해 바닥 면의 보행환경은 계획대로 조성되어 있으나, 아케이드는 상인들의 사적인 점유에 의해 보행환경은 열악하다.

② 현재 간판 등의 옥외광고물의 난립으로 인하여 가로경관이 크게 악화되어 있으므로 옥외광고물에 대한 관리가 필요하다. 한편 유흥업종에 의해서 쇼핑기능의 연속성이 단절되어 있으므로 용도에 관한 관리가 필요하다. 즉 쇼핑, 문화상품, 문화용도의 도입이 필요하다.

⑤ 설문지조사 결과 이 구간에서는 만남 및 모임, 쇼핑 중심의 활동이 일어나고 있으나, 휴식을 수용하는 시설은 부족하므로, 앞서의 편익성 측면과 연계하여 휴게시설의 설치가 필요하다.

⑥ '평촌1번가 문화의 거리'는 쇼핑몰로 특성화된 보행공간으로 조성되었지만, 보행자 휴식 및 보호공간과 옥외전시공간은 확보되지 않았다. 현재 휴식공간의 부족 및 건축물의 전면공간과의 부조화로 인해 3차원적인 일체화된 보행자공간은 조성되지 않고 있으므로 가로경관의 정비와 아케이드의 활성화 등이 필요하다.

⑦ 설문지조사 결과 평촌신도시의 대표적인 쇼핑몰로 조사되었으나, 매력성 증진을 위해서는 유흥업소의 정비와 간판 등의 옥외광고물 정비가 필요하다고 조사되었다.

(2) 조성지침

㉮ 평촌중앙공원

'평촌중앙공원'의 장소성격에 관한 조성지침은 총 2개이며, 2개 모두가 반영되지 않았다고 볼 수 있다.

① 확 트인 공간의 상징성은 설문지조사 결과 오히려 황량함을 느끼게 한다.

② 상징적 시설 및 공간의 배치를 위해서 대형 상징조형물을 설치하였으나 설문지조사 결과 상징성에 대한 인지도가 낮게 나타났다. 한편 문화적 요소로서 도입된 야외공연장의 경우는 소음문제로 제 기능을 다하지 못하고 있다.

㉯ 평촌1번가 문화의 거리

'평촌1번가 문화의 거리'의 장소성격에 관한 조성지침은 총 3개이며, 이 중 다음의 2개 항목(②, ③)이 반영되지 않았다고 볼 수 있다.

② 걷고 싶은 거리로의 재정비에는 어려움이 있다. 용도 및 옥외광고물 관련 문제, 문화시설의 도입에 대한 어려움, 휴게시설의 부족 등이 그 이유이다.

③ 쇼핑몰 보행환경의 쾌적성을 높이기 위해서는 앞으로 편익시설 및 휴게시설의 확보 및 가로경관의 개선과 문화시설의 유치가 필요하다.

나. 기능 및 공간구성

기능 및 공간구성에 대해 반영된 내용 또한 성격과 마찬가지로 기본 방향과 조성지침으로 나누어 살펴볼 수 있다.

(1) 기본 방향

㉮ 평촌중앙공원

'평촌중앙공원'의 기능에 관한 조성지침은 총 3개이며, 미반영된 항목은 하나도 없이 모든 항목이 반영되었다고 볼 수 있다.

㉯ 평촌1번가 문화의 거리

'평촌1번가 문화의 거리'의 기능에 관한 기본 방향은 총 2개이며, 이 중 다음의 1개 항목(①)이 반영되지 않았다고 볼 수 있다.

① 현재 전시 및 공연기능이 부족하다. 설문지조사 결과 휴식과 만남의 목적으로 가장 많이 이용되고 있으나, 이를 수용할 시설이 부족하므로 추가설치가 필요하다.

(2) 조성지침

㉮ 평촌중앙공원

'평촌중앙공원'의 공간구성에 관한 조성지침은 총 6개이며, 이 중 다음의 3개 항목(①, ②, ③)이 반영되지 않았다고 볼 수 있다.

① '시청-미관광장-보행자전용도로'의 연결축을 강조한 공간의 구성과 시각적, 기능적 연계를 지향하였지만, 미관광장과 중앙공원은 도로에 의해 단절됨으로써 주말 차 없는 거리가 운영될 때 외에는 연계성이 없다고 볼 수 있다. 한편 보행자전용도로의 경우도 도로에 의한 단절 및 지하보도에 의한 연결 등으로 인해서 중앙공원과 전면광장과의 연계가 원활하지 못하다.

② 시청 앞 광장과의 시각적 연계는 형성되었지만, 기능적 연계는 도로에 의해 단절되어 있다.

③ 공간구성상 동적 운동공간 및 정적 휴게공간은 설치되어 있으나, 완충공간인 문화시설은 부족하므로 확충이 필요하다.

㉯ 평촌1번가 문화의 거리

'평촌1번가 문화의 거리'의 공간구성에 관한 조성지침은 총 4개이며, 모든 항목이 반영되었다고 볼 수 있다.

다. 시 설

시설에 대해 반영된 내용 또한 성격, 기능 및 공간구성과 마찬가지로 ①기본 방향, ②조성지침으로 나누어 살펴볼 수 있다.

(1) 기본 방향

㉮ 평촌중앙공원

'평촌중앙공원'의 시설에 대한 기본 방향은 총 5개이며, 이 중 다음의 4개 항목(①, ②, ④, ⑤)이 반영되지 않았다고 볼 수 있다.

① 이미지 함양을 위해 중앙상징조형물과 분수가 랜드마크로 설치되었으나, 기존의 랜드마크만으로는 이미지 함양에는 부족하며 이용자에 기반을 둔 이미지 함양이 필요하다.

② 향토수목의 이식에 있어서는 원래의 토양을 고려하지 못한 식재로 인하여 초기에 식재한 수목의 대부분이 고사하였다.

④ 기존 공원의 프로그램과 시설의 재검토를 통해서 변화되는 사회환경에 적합한 공원을 조성하기 위하여 사회여건 변화 및 주민이용 및 활동도에 따른 재정비를 시행하였으나, 아직 이용자 등 다양한 주체의 참여 확대는 더 필요하다.

⑤ 단계적인 개발전략 수립에 따른 정비의 시행은 '장소만들기'의 과정으로 해석되며, 이는 현재 향후 지속적으로 추진되어야 한다.

㉯ 평촌1번가 문화의 거리

'평촌1번가 문화의 거리'의 시설에 관한 기본 방향은 총 5개 모두 반영되었다.

(2) 조성지침

㉮ 평촌중앙공원

'평촌중앙공원'의 시설에 관한 조성지침은 총 5개이며, 이 중 다음의 3개 항목(②, ③, ④)이 반영되지 않았다고 볼 수 있다.

② 수경시설(분수연못 조성)은 시민들이 선호하는 시설로서 이를 강화하여 어메니티 시설의 역할을 증대하였고, 체육시설을 강화하여 이용객을 증가시켰다. 문화공간(야외공연장)은 재정비사업에 의해서 정비되었지만, 소음문제를 해결하지 못하여 주민민원의 발생 등으로 인하여 제 기능을 다하지 못하고 있다.

③ 공원 중심부에 대형의 상징조형물을 조성하였으나 중앙공원의 장소성에 기여하지 못하고 있다.

④ 야외무대에 대해서는 재정비를 통해서도 환경공해(소음)문제를 해결하지 못하고 있다.

㉯ 평촌1번가 문화의 거리

'평촌1번가 문화의 거리'의 시설에 관한 조성지침 총 6개 모두가 반영되었다.

제3절 시사점

1. 장소성과 가로경관

최근 들어 장소와 경관에 대한 관심과 중요성이 더욱 증대되고 있으므로, 본 연구의 사례대상인 '평촌중앙공원'과 '평촌1번가 문화의 거리'에 대해서도 장소성과 가로경관 측면에서 시사점을 정리해 볼 필요가 있다고 본다.

장소성과 가로경관은 앞서 이론적 고찰[252]에서 살펴보았듯이 장소는 경험요소로서, 경관은 시각요소로서 서로 매우 밀접한 상관관계를 가지고 있으므로 함께 논의할 수 있다.

1) 장소성

택지개발계획 및 도시설계 등에서 '평촌중앙공원'과 '평촌1번가 문화의 거리'에 대한 장소성 조성을 위한 계획내용이 제시되었으며, 재정비계획에서는 이에 대한 재조정이 이루어졌다.

'평촌중앙공원'은 중앙공원의 이미지 함양을 위해서 랜드마크를 도입하고, 공원의 장소성 제고와 독자성 강화를 위하여 중앙광장에 대형 상징조형물을 조성한다고 하였으며, 확 트인 공간을 통해서 상징성을 나타낸다고 하였다.

그러나 설문조사 결과 중앙광장의 대형조형물은 그다지 인지도를 나타내지 못하였으며, 확 트인 공간은 오히려 황량함을 느끼게 하고 있다.

오히려, 재정비사업 시에 도입된 수경시설인 분수의 운영을 통해서 이

---

[252] 2장 이론적 고찰 제2절 '장소만들기' 관련 이론에서 장소와 경관의 개념구분에 대해서 논의한 바 있다.

용자들에게 매력적인 장소를 제공하여 장소성을 고양하고 있다고 할 수 있다. 특히 야간에 조명과 더불어 음악분수 및 조명분수의 운영은 더욱 그 효과를 높이고 있다.

'평촌1번가 문화의 거리'의 경우 결절점을 중심으로 광장을 조성하고 상징물 등을 설치하여 장소성을 조성하려고 시도하였다.

그러나 사람들의 활동을 유도하는 좀 더 구체적인 프로그램 등의 소프트웨어가 없음으로 인하여 기대만큼의 효과를 거두었다고는 볼 수 없다.

이상의 경우는 모두 이용자가 원하는 것과 그들의 행태를 예측하지 못함으로써 발생한 결과라고 할 수 있다.

장소의 상징성 및 장소성은 인간을 압도하거나, 인간의 행태를 이해하지 못한 상태에서 이를 유도하기 위해 설치되는 건조물이나 가로시설물에 의해 형성되는 것이 아니다. 그 장소를 이용하는 사람들의 활동에서 기인함을 고려해야 한다.

'평촌중앙공원' 조성 당시 조각공원으로 조성되었던 조형물들이 재정비계획에 의해 환경조형물로 전환된 것도, '평촌1번가 문화의 거리'의 결절점에 공연 등을 할 수 있는 무대 및 분수대를 설치한 것도, 모두 이러한 맥락을 반영한 것이라고 볼 수 있다.

즉 물리적인 조형물의 설치에 그쳐서는 안 되고, 이용자의 활동을 유발시킬 수 있는 시설의 도입이 전제되어야 한다는 것이다.

2) 가로경관

보행자전용도로로서의 '평촌1번가 문화의 거리'는 가로 조경과 건축물에 대한 제안[253] 등이 보행 및 상업 활동의 활성화에 기여하였다. 그러나 간

---

253) 아케이드의 설치 및 합벽개발을 통한 입면의 연속성과 통일성 조성을 들 수 있다.

판 등의 옥외광고물이 난립함으로 인해서 가로경관을 해치게 되었으며,
현재 안양시가 지속적으로 추진하고 있는 '문화의 거리' 조성에까지 가장
큰 걸림돌로 작용하고 있다.

'평촌1번가 문화의 거리'에 대한 가로조성계획 역시 가로의 바닥 면에
해당하는 2차원적인 계획 수준에서 벗어나지 못하고 있다. 가로가 3차원
의 외부 공간[254]이라는 점을 다시 한번 상기할 때, '도시의 벽'으로서의
가로입면에 대한 고려가 필수적으로 고려되어야 함에도 불구하고 현실은
그렇지 못한 실정이다.

현황분석에서와 같이 간판 등 옥외광고물의 난립은 '평촌1번가 문화의
거리'의 가로경관을 저해하는 가장 큰 원인이라고 할 수 있다. 이를 극복
하고 우수한 가로경관으로 유도하기 위해서는 신도시 조성 당시부터 옥외
광고물 관리지침을 작성하여 주민협정 등을 통한 유도 및 공공의 지원 등
의 제도적 장치를 확보하여 강력하게 실현하도록 해야 할 것이다.

2. '장소만들기' 요소

1) 물리적 요소

가) 성 격

현재 '평촌중앙공원'은 모든 기능을 가진 전형적인[255] 도시중앙공원의
성격을 가지고 있다. 그러나 주제를 가진 공원으로의 특화라는 측면에서

---

254) '바닥 면'으로서의 가로포장과 '벽면'으로서의 건축물 입면 및 간판 등에 의
해서 구성된다.

255) 미국 뉴욕의 센트럴 파크(Central Park)에서 볼 수 있는 형태로서, 초기에
는 도시민의 위생과 휴식을 위한 인위적인 자연요소의 도입에서 시작하여
새로운 요구가 요청될 때마다 추가로 수용함으로써 종합선물세트 같은 성
격을 갖는다.

볼 때, 향후 이용객의 행태와 시대적인 요구를 고려한 체육공원 등으로의 전환이 필요하다고 할 수 있다.

'평촌1번가 문화의 거리'는 초기에는 쇼핑몰로 조성되었고, 재정비계획에서는 문화의 거리로 계획되었다. 이러한 두 가지 성격을 충족시키기 위해서는 상업과 문화가 접목된 활성화된 거리로 유도하는 것이 바람직하다고 본다.

나) 공간구성

평촌신도시 도시설계 작성지침에서는 '평촌중앙공원'의 공간구성을 동적 운동, 정적휴게, 완충공간으로 제안하였다. 이와 더불어 시대적인 추세에 의하여 동적인 체육시설이 강화되었고, 분수 등 수경시설과 수목의 재식재를 통한 휴게시설이 부가되었다. 그러나 도시설계 작성지침에서 제안된 완충공간으로서의 음악당, 도서관, 박물관 등의 문화시설에 대한 설치는 부족하다[256]고 할 수 있다.

'평촌1번가 문화의 거리'는 진입공간, 보행 및 휴식공간, 결절부로 공간구성이 제안되었고 이에 의해서 조성되었다.

그러나 현재 구체적인 영역감을 느낄 수 없으며, 결절부는 활성화되었다고 할 수 없는 상황이다. 이를 해결하기 위해서는 공간의 영역을 구분하는 결절부의 활성화[257]가 선행되어야 할 것이며, 이와 더불어 진입공간과 보행 및 휴식공간은 그 기능을 충분히 발휘하여 장소성을 형성할 수 있도록 해야 할 것이다.

---

256) 특히 야외공연장의 소음처리는 재정비계획에서도 해결하지 못하였다.

257) 결절부의 활성화를 위해서는 상업공간 사이에 공공서비스 차원의 문화기능이 도입되어 가로의 쾌적성을 더욱 높여야 한다. 이를 통해서 거리의 매력성은 더욱 증대되며, 상업을 더욱 활성화시키는 촉매제로도 작용할 수 있다.

다) 시 설

'평촌중앙공원'의 경우 공원과 연계된 문화시설의 확충이 공원의 이용도 증가 및 문화행사 유치에 필요한 전제가 될 것이고, 운동시설의 확충은 공원의 이용을 더욱 증대시키고 있으며, 이를 통해서 커뮤니티시설로서의 역할을 기대할 수 있다.

문화적 요소의 도입 측면에서 볼 때, 현재 '평촌중앙공원' 내에 설치된 야외무대에서 공연이 있을 때는 소음에 대한 인근 주민의 민원[258]이 다수 발생한다고 한다. 이러한 점을 극복하기 위해서는 실내공연시설의 설치가 필요하다.[259]

'평촌1번가 문화의 거리'에는 상업시설과 연계된 문화시설의 확보가 가로 활성화에 큰 기여를 할 수 있을 것이며, 이를 통해서 도시 커뮤니티장으로서의 역할을 할 수 있을 것이다. 문화시설은 문화 관련 용도 등의 볼거리와 함께 참여할 수 있는 요소가 있어야 하며, 이에 따른 휴식 및 편익시설이 지원되어야 한다. 이를 위해서는 보행자를 위한 아케이드, 전천후 휴식·편익시설, 문화 관련 전시 및 공연시설이 필요하다.

라) 주요 장소 간의 연계

'평촌중앙공원'의 공간구성상 커다란 축은 '안양시청－미관광장－공원－보행자전용도로'의 연계성이다. 그러나 현재 차량에 의한 보행의 단절로 이러한 연계성은 이루어지지 않고 있다. 또한 위치적으로는 평촌신도시의 중심이지만, 공원 주변이 차로로 둘러싸여 있는 등 접근성이 불리하여 이용을 저하시킨다.

---

258) 안양시 녹지공원과 담당자에 의하면 주변 아파트 주민들이 소음에 대해 다수의 민원을 제시하여, 행사가 원활히 진행되지 못하는 경우가 많다고 한다.
259) 전천후 이용이 가능하고 방음시설이 갖추어진 실내시설로의 전환도 검토해 볼 필요가 있다.

'평촌1번가 문화의 거리'를 포함한 보행자전용도로 연계 시스템에 의하면 평촌역과 범계역 사이의 구간은 안양시청 앞 광장을 중심으로 연계되어야 하며, 이 광장을 통하여 '평촌중앙공원'과도 연계되어야 한다. 그러나 이 역시 지하보행통로를 통해서만 연결되어 있음으로 인하여 보행의 활성화를 단절하고 있다.

인간을 위한 도시[260]는 차량이 아닌 인간의 보행이 위주가 되는 도시가 되어야 한다. 이를 위해서는 좋은 장소의 조성과 더불어 이러한 주요 장소 간의 시각적·보행적 연계가 전제되어야 한다.

2) 용도 및 운영 프로그램

가) 상업가로의 용도

'평촌1번가 문화의 거리'는 보행자전용도로로 조성되어 쇼핑몰로서의 활성화에 기여하였다. 그러나 현재 문화 관련 용도는 거의 없으며 판매용도에 비해 위락시설이 과다하게 입지하고 있다. 도시설계에서는 권장 사항으로 문화 관련 용도를 제시하였지만, 문화업종의 유치에 실패하여 현재 안양시가 추진하고 있는 '문화거리' 조성에 저해요소[261]로 작용하고 있다. 도시설계에서 제안된 권장용도와 함께 현재 안양시에서 추진하고 있는 문화 관련 용도의 실현 여부가 문화의 거리 조성에 있어서 중요한 열쇠라고 할 수 있다.

---

260) 시각적 연계성은 차량에 의해 단절되고, 보행동선의 연계성이 지하를 통해서 이루어져야 하는 도시를 인간을 위한 도시라고 말하기는 어렵다고 본다.

261) 건물용도의 경우 이미 상업용도의 업종이 들어와 영업을 하고 있으므로, 문화의 거리에 적당한 용도로의 전환이 불가능하였고, 인사동의 경우처럼 문화지구로 지정하여 문화용도를 지정하고자 하는 것이 안양시의 계획이지만 조성 초기부터 강력한 의지로 시행하지 못하였기에 현시점에서 이를 변경하기는 쉽지 않으리라 예상된다.

설문조사 결과에 의하면, 평촌을 대표하는 가로로서 쇼핑과 문화의 거리라고 이용자들에게 인지되고 있으며, 안양시도 정책적으로 이를 지향하고 있다.[262] 가로가 매력적이기 위해서는 가로경관과 쾌적성의 양 측면에서 이용자들에게 만족감을 느끼게 해야 하고, 사람들이 좋아하고 즐겨 찾는 용도가 있어야 하며, 이용에 편리해야 한다.

나) 다양한 운영 프로그램의 도입

'평촌중앙공원'은 주말의 차 없는 거리 운영에 의해 일시적이나마 시청 전면광장과 연계된다. 이러한 이용자를 위한 프로그램은 보행과 공간의 연계성을 확보할 수 있다. 한편 인근 주민 및 시민들을 대상으로 한 문화공연 및 행사 등의 프로그램과 이의 적극적인 홍보를 통한 참여 확대는 더 많은 이용을 유도할 수 있다.

'평촌1번가 문화의 거리'는 물리적 시설 외에 문화행사 등이 없음으로써 재미있는 거리로 보이기는 어려우며, 최근 재정비사업에서 설치된 야외무대의 활용방안에 대한 운영 프로그램도 필요하다.

이러한 운영 프로그램을 통한 상업과 문화행사 등 각종 이벤트의 결합은 더 많은 사람들이 찾는 활성화된 거리를 조성할 수 있을 것이며, 그 바탕에는 상인들을 중심으로 한 주민협약제도 등이 전제되어야 할 것이다.

3) 물리적 계획과 비물리적 계획의 조화

가) 배 경

'장소만들기'에 있어서는 '공간 및 시설 측면'의 물리적인 기반의 설치와

---

262) 특히, 문화의 거리조성사업의 주된 방향이 매력적인 상업보행자공간의 조성이라고 한다.

더불어 '용도 및 운영체계 측면'의 성격 부여가 미리 고려되어야 한다.[263]

'평촌중앙공원'은 문화시설 측면에서는 아쉬운 점이 있으나, 지속적인 시설의 정비 및 확충을 통하여 물리적 계획의 측면에는 많은 노력을 기울여 왔다. 그러나 앞서 살펴보았듯이 공원의 운영 프로그램 등이 부재하므로, 이러한 측면에서의 물리적 계획과 비물리적 계획의 조화가 이루어져야 할 것이다.

쇼핑몰로서의 '평촌1번가 문화의 거리'는 상업적인 측면을 고려해야 한다.[264] 상업시설로 인하여 많은 사람들이 모이게 되고, 이를 통해서 더 활성화되어 상업과 문화 두 마리의 토끼를 잡을 수 있는 방향으로 나아가야 한다. 즉 그 장소를 이용하는 사람들의 경우 어메니티와 구매활동을 한꺼번에 해결할 수 있게 하는 것이다.

문화시설과 체육시설 그리고 상업시설의 복합화추세는 향후 더 가속화될 것으로 예상되며, '장소만들기'에 있어서 반드시 고려되어야 할 점이라 할 수 있다.

나) 양적 확보와 질적 충족

기존의 신도시 개발은 주거공급의 양적인 측면을 목표로 하는 공급의 논리로서 물리적 요소(hardware)의 설치에 중요성을 두었다.

그러나 최근 주거의 질에 대한 관심이 높아짐으로써 문화와 어메니티 등 비물리적 측면(software)[265]이 대두되고 있다. 즉 과거에는 양적 목표를 달성하기 위해서 최소 기준의 시설확보가 현안과제였지만, 지금은 더

---

263) 이는 물리적 계획의 측면이 강한 '장소만들기'와 비물리적 계획의 측면이 강한 '장소마케팅'의 통합적 측면에서도 볼 수 있다.

264) 이러한 상업적인 요소에 대한 고려는 오늘날 '장소만들기'의 추세라고 할 수 있다.

265) 문화 측면에는 시설의 용도가 해당되며, 쾌적성 측면에는 미관, 경관 등이 해당된다.

다양한 만족을 추구함에 따라 양적 확보와 더불어 삶의 질을 향상시킬 문화적 측면과 주거환경의 비물리적 요소 등의 질적 충족에 대한 요구가 증대되고 있다.

이를 위해서는 질적 충족에 대한 요소 및 확보방안에 대해서 심도 있게 논의하고, 이에 대한 기준을 작성하여 신도시 개발과정에 도입해야 할 것이다.

3. '장소만들기' 과정

1) '장소만들기' 과정의 연속성

'장소만들기'는 단기적인 개발행위가 아닌 지속적인 개발과정으로 인식되어야 한다.

즉 신도시 개발과정은 단기간에 끝나는 사업행위가 아니라, 오랜 시간을 두고 진행되는 과정으로서 해석되어야 한다. 개발 주체의 경우도 일시적인 역할을 하는 것이 아니라, 일관되게 개발과정에 참여해야 한다.

그러나 기존의 신도시 개발은 택지개발사업의 준공이 신도시 개발의 끝이라고 생각하는 경향이 있었으며, 개발 주체도 이와 동시에 사업을 끝냄으로써 향후의 도시 관리와는 연계가 이루어지지 않았다.

앞서 이론연구에서 살펴본 바와 같이 '장소만들기' 과정은 장소가능태와 장소현실태의 지속적인 반복과정이며, 이러한 반복을 통해서 지속가능한 장소가 유지된다. '평촌중앙공원'과 '평촌1번가 문화의 거리'에 대한 재정비도 이러한 맥락에서 진행되는 과정이므로, 지속적인 모니터링을 통해서 유지·관리가 이루어져야 한다.

2) 이용자의 참여

지금까지의 '장소만들기'의 주체는 공급자 위주로 이루어졌지만, 이론에서 고찰하였듯이 이용자의 참여가 적극적으로 요구되고 있다. 이를 위한 방법으로 다음의 세 가지 조건이 제시되어야 할 것이다.

첫째, '장소만들기'의 주체를 확대하여 공급자와 이용자의 협동 작업을 통한 상호적 교류에 의해서 '장소만들기'가 진행되어야 한다.

둘째, 의사결정 주체가 '장소만들기'에 참여할 수 있는 이용자 참여 확대방법과 개선방향에 대해서 논의되어야 한다.

이를 위해서는 이용자들이 항상 의견을 제시하고 계획과정에 공급자와 이용자가 함께 협력체를 구성하여 참여할 수 있는 방안[266]이 필요하다.

셋째, 이용자의 의견을 반영한 재정비가 이루어져야 한다. 즉 재정비와 같은 사업을 시행할 때에는 설문조사 등을 통한 이용자의 지속적인 의견조사가 전제되어야 하며 이를 적극적으로 반영하여야 한다.

실제적으로 '평촌중앙공원'은 시설의 변화에 따라 초기의 상징성과 휴식 및 산책을 위한 시설에 운동시설은 강화되었으나, 이용자에 대한 의견조사와 이용자의 의견인 문화시설의 확충은 충분하지 못하였다. '평촌1번가 문화의 거리'도 가로시설물의 정비는 이루어졌으나, 아케이드의 활용도, 문화시설의 신설, 옥외광고물의 정비는 이루어지지 못하였다.

3) 사회적 기반 조성

사회적 기반 조성을 위해서는 신도시 개발과 공원 및 가로 가꾸기에 대

---

266) 구체적인 방안으로는 온라인(인터넷을 이용한 방법 등)·오프라인의 커뮤니티의 운영, 주민참여 워크숍을 통한 커뮤니티 활성화, 입주자 모임, 지속적인 모니터링 등을 들 수 있다.

한 사람들의 의식의 개선 및 문화가 전제되어야 한다.

신도시 개발에 대한 사람들의 의식은 앞서 이론적 고찰[267]에서도 지적하였듯이 부동산적 가치에만 국한되어 개발이익의 향방에 관심을 갖는 경향이 강하였다.[268] 앞으로는 주거환경의 개선 및 보급이라는 방향으로 의식이 전환되어야 하겠다.

이를 위해서는 주민의 입장에서는 공익에 대한 이해와 이에 대한 권리와 의무를 확보해야 하고, 개발자의 입장에서는 개발이익의 환원을 기본 전제로 하여 개발의 투명성을 확보해야 한다. 이러한 의식의 개선을 통하여 신도시 개발이 주거환경의 양적 확보와 질적인 충족을 동시에 이룰 수 있는 수단으로 정착되어야 할 것이다.

공원 및 가로 가꾸기는 주민, 이용자, 상인 등의 주체적인 참여가 전제되어야 한다.

특히, '평촌1번가 문화의 거리'의 경우에는 쾌적성을 유지하고 매력성을 증가시키는 가로 가꾸기에 대한 사회적 기반이 조성되어야 한다. 이를 위해서는 상업가로의 용도,[269] 옥외광고물 지침, 가로활동에 대한 상인들의 적극적인 협력[270]이 필요하다.

---

267) 2장 이론적 고찰, 제3절 신도시 개발과 '장소만들기'의 3. '장소만들기'를 통한 신도시 개발 방향 중 4) 신도시 개발 관련 제도의 정립에서 언급하였다.

268) 이로 인해서 구역지정에서부터 많은 집단민원을 발생하고, 공익보다는 사익에 치중하는 부작용이 발생하였다고 볼 수 있다.

269) 안양시가 '문화거리'의 모델로 삼고 있는 서울의 '인사동 길'의 경우도 '인사동 정체성 운동'을 야기한 '12가게 살리기 운동' 및 '스타벅스 반대운동' 등을 통하여 상업화의 가속화를 반대하였다. 그러나 '인사동 도시설계' 및 정비사업은 용도 측면을 고려하지 않아 기존 문화업종의 유지에 기여하지 못하고, 가로의 바닥포장과 가로 장치물에 국한된 정비 차원에서만 머물러 인사동 길의 장소정체성을 제대로 살리지 못하고 오히려 상업화를 가속화시키는 부작용이 발생하게 된다.

270) 서울의 '인사동 길'의 경우도 그 정체성을 살리지 못하고 상업화의 거센 침투로 인하여 고전하고 있는데, 이는 우리에게 가로 가꾸기에 얼마나 많은

4. '장소만들기' 계획제도

1) 도시설계제도의 확대 및 재정립

가) 계획단계 초기부터의 도시설계 참여

본 연구의 대상인 평촌신도시에 대한 도시설계의 경우도 계획단계 초기인 개발계획수립 단계에서는 참여하지 못하고, 기본계획이 확정된 후 실시계획의 한 부문으로 수립됨으로써 원래 도입 취지와는 달리 형식적인 역할에 그치고 있다.

이를 개선하기 위해서는 택지개발촉진법, 도시개발법 등에서 규정하고 있는 기본계획 작성단계부터 도시설계를 포함[271]시키는 방향으로 관련 제도를 개선해야 한다.

나) 민간부문 도시설계의 실행방안 확보

민간부문 도시설계의 경우 법적 구속력이 없음으로 인해서 실행방안이 없는 실정이다. '평촌1번가 문화의 거리'에 대한 도시설계에서 제안되었던 권장용도의 경우도 대부분 실현되지 못한 실정이며, 건물 입면도 상인들에 의해서 많이 변형되어 초기 의도한 효과를 내지 못하고 있다.

이러한 실태를 개선하기 위해서는 민간부문 도시설계에 대한 실행방안의 제도적 도입 등 실현 장치가 뒷받침되어야 한다.

노력이 필요한가를 보여준다.

[271] 도시설계 내용에는 '장소만들기' 기법과 요소를 최대한 활용하여 반영하여야 한다.

다) 가로경관 관리방안

'평촌1번가 문화의 거리'는 간판의 난립 등으로 인하여 현재 가로경관이 심각한 수준에 놓여 있다. 그 주요한 이유는 옥외광고물에 대한 관리수단이 없음에 기인한다고 볼 수 있다. 이로 인해서 공공이 설치한 가로의 바닥포장, 가로시설물 등 가로조성에 대한 노력이 그 효과를 나타내지 못하고 있다.

가로경관의 개선을 위해서는 신도시 조성 당시부터 집행력을 갖춘 옥외광고물과 건물입면에 대한 지침을 작성하고 이를 제도화하는 것이 필요하다.

특히 이러한 제도에는 주민협정 등의 장치를 포함하여 관계자들의 자발적인 참여를 유도한 지속적 관리방안으로 정착시켜야 한다.

2) '장소만들기' 과정에서의 참여자 확대

가) 이용자 참여방안의 제도화

앞서 '장소만들기' 과정의 연속성에서 지속적인 모니터링을 통한 유지·관리를 제시하였고, 이용자의 참여에서는 '장소만들기' 과정에 있어서 이용자의 참여방안을 실현시키기 위한 제도적 장치를 논의하였으나, 현재 매우 부족한 현실이다.

이용자 참여방안은 앞서 살펴보았듯이 온라인 및 오프라인을 통한 의견 제시, 공급자와 이용자의 협력체 운영 등을 통한 실질적인 개발과정에의 참여 등이 있다.

이러한 이용자의 참여방안을 실현시키기 위해서는 신도시 계획·설계단계부터, 개발사업의 진행과정, 개발사업 완료 후의 유지·관리 단계에 있어서 이용자의 참여를 보장하는 방안을 제도적으로 도입하여야 한다.

나) 참여 주체의 확대

앞서 이론적 고찰[272]에서 살펴보았듯이 평촌신도시 개발과정은 공급자 위주로 진행되었다. 이로 인하여 '평촌중앙공원' 및 '평촌1번가 문화의 거리'의 계획·설계단계에서는 주민 및 해당 지자체의 의견이 반영되지 못하였고, 재정비를 포함한 유지·관리단계에서도 주민 및 이용자의 참여가 배제되었다고 할 수 있다.

향후 공급자와 이용자가 함께 참여하는 '공공 – 민간 – 사회단체 – 전문가'로 구성된 거버넌스 등의 협의체의 제도화를 통한 참여가 필요하다.

다) 상향식 개발

평촌신도시를 포함한 기존의 신도시 개발은 택지개발촉진법에 의해서 중앙정부의 주도하에 이루어지는 하향식(top-down) 개발방식으로서, 주민은 물론 해당 지방자치단체의 의견이 반영되지 않았다.

이를 개선하기 위해서는 신도시 개발과 관련된 택지개발촉진법, 도시개발법 등에서 최초 지구지정단계에서부터 해당 지방단체와 주민 및 이해 당사자의 의견이 반영되고 함께 참여하는 상향식(bottom-up) 개발이 될 수 있도록 관련 제도를 개정하여야 할 것이다.

---

272) 2장 이론적 고찰: 제3절 신도시 개발과 '장소만들기'; 3. '장소만들기'를 통한 신도시 개발방향 중 3) '장소만들기' 과정에서 살펴보았다.

제 5 장

결　론

1. 결 론

본 연구는 신도시 개발과정에서 장소를 기반으로 한 '장소만들기'가 시도되었으나 그 역할을 충분히 수행하지 못하였다는 가설하에, 수도권 5대 신도시 중 하나인 평촌신도시를 대상으로 하여 그 이유를 찾아보고자 하는 데서 출발하였다.

이를 위해서 평촌신도시의 대표적인 장소라 할 수 있는 '평촌중앙공원'과 '평촌1번가 문화의 거리'에 대한 '장소만들기'와 관련된 각종 계획 및 설계요소와 현황을 비교하였다. 이를 통하여 계획평가 및 현황평가를 시도하였고, 이와 함께 '장소만들기' 과정도 검토하였다.

'평촌중앙공원'과 '평촌1번가 문화의 거리'는 현재 우리나라의 '중앙공원'과 '도시가로'의 보편적인 모습을 보여주고 있다고 할 수 있으며, 본 연구를 통해서 도출된 신도시 '장소만들기'의 개선방향은 크게 다음의 네 가지라고 할 수 있다.

첫째, 장소성과 가로경관에 관한 개선방향이다. 장소성을 형성하기 위해서는 이용자가 원하는 것을 파악하고 이용자의 행태를 예측할 수 있어야 하며, 장소를 이용하는 사람들의 활동을 지원하는 시설의 도입이 전제되어야 한다. 가로경관의 조성 및 관리를 위해서는 신도시 조성 당시부터 옥외광고물 관리지침을 작성하고, 이를 실현하기 위한 수단으로서 주민 측면의 '주민협정' 등을 통한 유도장치와 공공 측면의 지원방안 등이 포함된 제도적 장치를 함께 마련하여야 한다.

둘째, ‘장소만들기’ 요소에 관한 개선방향은 물리적 요소, 용도 및 운영 프로그램에 관해서 제시될 수 있다. 먼저 물리적 요소에 관한 내용이다. 장소의 성격은 이용자의 행태와 시대적인 요구를 고려하여 설정되어야 하고, 공간구성은 장소가 활성화되어 장소성을 형성할 수 있도록 하여야 하며, 안전하고 쾌적한 보행환경 및 휴식과 문화를 접할 수 있는 시설이 필요하다. 그리고 이러한 주요 장소 간의 시각적·보행적 연계가 이루어져야 한다. 다음으로 용도 및 운영 프로그램 관련한 개선방향으로는 상업가로의 용도, 다양한 운영 프로그램의 도입을 들 수 있다. 마지막으로 이러한 물리적 계획과 비물리적 계획은 서로 조화를 이루어야 한다.

셋째, ‘장소만들기’ 과정에 대한 개선방향은 ‘장소만들기’는 단기적인 개발행위가 아닌 지속적인 개발과정이므로 연속성이 확보되어야 하고, 공급자와 이용자의 협동작업 및 협력체 구성 등을 통한 이용자 의견 반영 등의 적극적인 참여가 이루어져야 하며, 신도시 개발에 대한 사람들의 인식과 공원 및 가로 가꾸기에 대한 사람들의 의식개선 및 문화에 대한 사회적 기반이 조성되어야 한다는 것이다.

넷째, ‘장소만들기’ 계획제도에 대한 개선방향으로 도시설계 제도의 확대 및 재정립과 ‘장소만들기’ 과정에서의 참여자 확대에 대한 제도의 확보를 제안할 수 있다. 도시설계 제도의 확대는 계획단계의 초기부터 도시설계가 포함되어야 하고, 민간부문 도시설계의 실행방안이 확보되어야 하며, 가로경관 관리방안을 제도화해야 한다. ‘장소만들기’ 과정에서의 참여자 확대에 대한 제도방안에는 이용자 참여, 참여 주체의 확대, 상향식 개발 등에 관한 제도가 포함되어야 할 것이다.

근대화를 넘어선 새로운 시대에 있어서 인간화된 환경에 대한 패러다임으로 등장한 장소는 환경과 인간과의 관계이며, 인간존재의 의미라고 할 수 있다. 이러한 장소가 많아질 때 우리가 사는 환경의 질은 증진될 것이며, 도시환경을 만드는 도시개발은 이러한 장소를 목표로 이루어져야 할 것이다.

이러한 '장소만들기'의 기존 개념은 주로 도시설계 분야에서 대두되었는데, 공간보다는 장소를 만들어야겠다는 것이다. 한편 장소마케팅 분야에서는 마케팅 대상으로서의 매력적인 장소를 만드는 것이라 할 수 있다.[273] 그래서 각각 독특한 개성을 가진 개별적인 장소들이 많이 조성되었으나, 이들 장소들이 서로 연계되어 도시 차원에서 인지되지는 못하고 있는 실정이다. 장소를 목걸이의 구슬에 비유한다면 이를 엮는 끈[274]으로서의 연계체계가 필요하다. 이를 통해서 기존의 산발적인 커뮤니티를 도시통합 차원에서 잘 연결시킬 수 있을 것이다.

'장소만들기'의 주체는 역시 사람이다. 즉 장소를 만들고, 지키고, 쇠퇴하게 만드는 그 모든 것의 주체는 바로 사람인 것이다. 이러한 사람이 살아가는 방식을 '문화'라고 보았을 때, '장소만들기'가 앞으로 역할을 담당할 기술적 측면,[275] 도시행정 측면,[276] 시민생활 측면[277] 역시 문화로 풀어야 할 것이다.

좋은 장소를 만들기 위해서는 '장소만들기' 과정에서 공급자와 이용자가 함께 참여하는 열린 과정으로서의 '장소만들기 지침'을 만들어나가야 한다. 또한 공공시설의 설치와 운영을 담당하는 공공과 더불어, '장소만들기의 지침'을 준수하는 민간의 참여가 함께 이루어지는 것은 그 무엇보다도 중요하다고 할 수 있다.

---

273) 이는 안양시의 경우도 '평촌중앙공원'과 특히 '평촌1번가 문화의 거리'의 경우 매력적인 문화의 거리로 조성하려는 것이 현재의 목표이다.

274) 이 끈은 소모품으로서 수시로 갈아 끼울 수 있는 것이 아니라, 오랜 시간 사람들에 의해 조성된 가로와 같은 장소라고 할 수 있다.

275) 도시설계, 도시계획, 건축, 조경, 토목 등 환경설계 분야가 해당된다.

276) 도시관광버스(City Tour Bus) 등 도시 차원의 장소연계사업을 기반으로 하는 도시행정적인 연계내용의 도출을 통해 시 차원에서 사업이 될 만한 대상을 선정하여 추진하는 것이 해당된다.

277) 일하고, 즐기고, 생활하는 장소로서의 도시체험을 통한 삶의 질 증진이 해당된다.

2. 연구의 한계 및 향후과제

'장소만들기'는 시간의 경과에 따라 점진적으로, 자생적인 사람의 행위에 의해서 이루어진다는 특성을 가지고 있다. 이 특성은 '장소만들기'에 있어서 필수적으로 요구되는 사항이다.

이러한 관점에서 비추어 볼 때, 장소는 짧은 시간에 인위적으로 만들수 있는 대상이 아니라, 오랜 시간을 거치면서 서서히 만들어지는 대상이라고 할 수 있다. 즉 '조성한다'라기보다는 '형성된다'는 표현이 더 적합한 것이다.

국가의 통제가 가능한 체제하에서의 물리적 요소, 용도, 제도 등 모든 것이 갖추어진 경우나 또는 주제공원(theme park)에서처럼 정해진 시나리오에 의해 장소가 운영되는 경우가 아닌 이상, 장소를 인위적으로 짧은 시간 내에 조성한다는 것은 불가능한 일이다.

현행 '장소만들기'에서 나타나는 한계는 첫째가 단기간 내에 속성으로 장소를 조성하겠다는 것이며, 둘째가 장소의 하드웨어적 측면과 소프트웨어적 측면에 대한 충분한 이해가 이루어지고 있지 않다는 것이다.

단기간 속성으로 장소를 조성하겠다는 점에 대한 문제는 전국에 걸쳐 시행되었던 '걷고 싶은 가로 조성사업'의 실패 이유에서 찾을 수 있다.

이와 더불어 신시가지나 신도시에 조성되는 중심상업가로 쇼핑몰의 경우는 가로의 3차원적인 요소 중 벽을 이루는 건물에 대한 내용은 다루지 않은 채 바닥에 대한 조경설계만을 주된 내용으로 하여 이루어졌다. 이러한 가로조성에서 발생하는 하드웨어 측면의 문제점과 쇼핑몰에 입주하는 업종과 같은 소프트웨어 측면의 구성요소들에 대한 충분한 이해가 이루어지지 않는 상태에서 진행되고 있는 실정이다.

본 연구는 '장소란 숙성되는 것이다'라는 '장소만들기'의 근본적인 한계를 인식하면서도 사람들에게 반드시 필요한 대상이기에 그만큼의 노력이 필요하다는 요구에서 시작하였다.

왜 '장소만들기'가 필요한 것인가라는 본질적인 질문으로 다시 돌아간다면 다음과 같이 대답할 수 있을 것이다. 공간과 달리 장소를 만들 수는 없지만, 장소의 필요요소들을 미리 고려하여 조성한다면 장소형성에 훨씬 수월할 것이라고 할 수 있다.

이를 전제로 하여 '장소만들기'를 통한 도시개발이 필요하다는 것을 주장하며, '장소만들기'를 통한 도시개발의 필요성과 가능성을 제시했다는 것에 본 연구의 의의를 둘 수 있다.

'장소만들기'를 통한 신도시 개발을 위한 기초연구로서, 관련 분야에 관한 연구가 아직 일천한 시점에서 본 연구는 신도시 개발과정에 있어서의 '장소만들기'의 필요성과 가능성에 대해서 논의하였다.

향후 연구과제에 대해서 언급하면, 주거지를 중심으로 한 커뮤니티에 대한 측면 및 근린주구와 관련한 측면은 향후 별도의 연구가 이루어져야 할 것이다.

신도시도 시간이 지나면 기성시가지가 되고, 신도시뿐 아니라 기성시가지에도 '장소만들기'는 필요하다. 이러한 측면에서 기성시가지를 대상으로 하는 '장소만들기'에 관한 연구가 이루어져야 할 것이다. 특히 사례를 통한 실천적인 측면에 관한 연구가 요구되며, 이를 통한 '장소만들기' 주요 대상인 장소의 하드웨어적 측면과 소프트웨어적 측면에 대한 논의가 이루어지기를 기대한다.

특히 성공적인 사례와 실패한 사례 등 시사점을 갖는 구체적 장소를 대상으로 하는 하드웨어와 소프트웨어적인 측면에 대한 충분한 사례연구를 통한 실제 도시의 계획 및 설계와 관리에서 활용될 수 있는 방법론에 대한 연구가 활발히 이루어져야 할 것이다.

참고문헌

■ 국내문헌

[단행본 및 보고서]

건설교통부(2004). 『지속가능한 신도시 계획기준』. 과천: 건설교통부 복합도
　　시기획단.
경기개발연구원(2000). 『경기도 택지개발사업 평가 및 개선방안』. 수원: 경기
　　개발연구원.
경기개발연구원(1998). 『수도권 신도시 도시설계 운영방안에 관한 연구』. 수
　　원: 경기개발연구원.
경기도(2004). 『환경친화형 경기도 신도시 개발의 계획기준 수립에 관한 연구』.
　　수원: 경기도.
경실련 도시개혁센터(1999). 『도시계획의 새로운 패러다임』. 서울: 보성각.
계기석 · 천현숙(2001). 『지방화시대의 도시정체성 확립 방안 연구』. 안양: 국
　　토연구원.
국토연구원(1997). 『수도권신도시 종합평가분석 연구』. 경기도: 한국토지공사.
국토연구원(2004). 『신도시 개발방향에 대한 주민의식 조사연구』. 경기도: 한
　　국토지공사.
국토개발연구원(1992). 『안양평촌지구 도시설계』. 안양: 안양시.
김용웅 외(1999). 『경쟁력을 갖춘 개성 있는 지역창출』. 안양: 국토연구원.
김정탁 역(1998). 『이미지 파워』(Bruce, Brendan., Image of Power). 서울:
　　커뮤니케이션북스.
김한배(1998). 『우리 도시의 얼굴찾기: 한국 도시의 경관변천과 정체성 연구』.
　　서울: 태림문화사.
김형국(2002). 『고장의 문화판촉: 세계화시대에 지방이 살 길』. 서울: 학고재.

서울대학교 환경계획연구소(1992). 『시상정립기본계획』. 전라북도 정주시.

서울시정개발연구원(2001). 『기성상업지 환경개선 도시설계: 주민이 함께하는 거리 가꾸기』. 서울: 서울특별시.

서울시정개발연구원(2001). 『서울시 도심재개발 기본계획』. 서울: 서울특별시.

서울시정개발연구원(2001). 『서울시 문화지구 지정 및 운영방안 연구』. 서울: 서울특별시.

서울시정개발연구원(2000). 『월드컵 전략지역 장소마케팅: 홍대지역 문화활성화 방안』. 서울: 서울시정개발연구원.

서울시정개발연구원 월드컵지원연구단(2001). 『이태원 장소마케팅 전략 연구』. 서울: 서울시정개발연구원.

안양시(2001). 『평촌중앙공원 정비안』. 안양: 안양시.

유병림·황기원(1992). 『도시 문화환경 개선방안 연구』. 서울: 한국문화예술진흥원 문화발전연구소.

유재훈, 진영효, 김형국(2000). 『도시문화산업의 육성방안: 도시마케팅적 접근을 중심으로』. 안양: 국토연구원.

유평근·진형준(2002). 『이미지』. 서울: (주)살림출판사.

안건혁·온영태 역(2003). 『뉴어바니즘 헌장』(Congress for the New Urbanism, Chapter of the New Urbanism). 서울: 한울 아카데미.

이종영·구동모 역(1997). 『내고장 마케팅』(Kotler, Philip., et al., Marketing Places). 서울: 삼영사.

이규목(2002). 『한국의 도시경관』. 서울: 열화당.

이석환(2002). 『도시공간 확보 계획에서 장소성을 지향하는 계획으로』, 경실련 도시개혁센터(1999). 『도시계획의 새로운 패러다임』. pp.201~223, 서울: 보성각.

이종규(1997). 『서울 관광마케팅 지원전략 연구』. 서울: 서울시정개발연구원.

인천발전연구원(2003). 『인천시 구도심 장소마케팅 전략 연구』. 인천: 인천발전연구원.

조한욱(20057). 『문화로 보면 역사가 달라진다』. 서울: 책세상.

존 버거·伊勝俊治(1993). 『이미지』(Berger, John., Ways of Seeing). 서울:

동문선.

최강림 외 역(2001). 『장소의 혼』(Norberg-Schulz, Christian., Genius Loci).
  서울: 태림문화사.

한국토지공사(1994). 『도시설계 작성기준에 관한 연구』. 경기도: 한국토지공사.

한국토지공사(1997). 『평촌신도시 개발사』. 경기도: 한국토지공사.

한일수(1994). 『이미지 마케팅』. 서울: 한국경제신문사.

황기원(1995). 『책같은 도시 도시같은 책』. 서울: 열화당.

황기원(1997). 『도시락 맛보기』. 황기원.

[학위논문]

김도년(1994). "신도시 중심상업지역의 도시설계에 관한 연구." 서울대학교
  대학원 건축학과 박사학위논문.

김현호(2002). "정보기술산업의 장소특성적 입지에 관한 연구: 서울시를 사례
  로." 서울대학교 환경대학원 환경계획학과 박사학위논문.

신용재(1991). "도시주택지 골목공간의 장소적 특성에 관한 연구." 계명대학
  교 대학원 건축공학과 박사학위논문.

이규목(1986). "도시상징성의 역사적 변천에 관한 연구." 서울대학교 대학원
  박사학위논문.

이무용(2003). "장소마케팅전략에 관한 문화정치론적 연구: 서울 홍대지역 클
  럽문화를 사례로." 서울대학교 대학원 지리학과 박사학위논문.

이석환(1998). "도시 가로의 장소성 연구: 대학로의 사례를 중심으로." 서울
  대학교 대학원 협동과정조경학 도시·환경설계전공 박사학위논문.

장동수(1994). "한국 전통도시조경의 장소적 특성에 관한 연구." 서울시립대
  학교 대학원 조경학과 박사학위논문.

조희철(1992). "건축적 체험의 본질과 장소의 성격에 관한 연구." 서울대학교
  대학원 건축학과 박사학위논문.

하재명(1986). "물리적 환경의 아이덴티티에 관한 연구." 서울대학교 대학원
  도시공학과 박사학위논문.

[학술지논문]

공자원(2001). "문화관광거리 대학로의 장소마케팅에 관한 연구." 「관광학 연구」, 제25권 1호: 통권34호. 한국관광학회

권경득 외(2004). "신도시 개발과정에서의 주민참여 활성화 방안." 「한국지역개발학회지」, 제16권 3호. 한국지역개발학회

김덕현·정숙임(2000). "자치지역의 문화관광 정책과 장소개발: 진주시를 사례로." 「문화역사지리」, 제12권 1호. 한국문화역사지리학회

김영철(1991). "건축공간의 운동성에 관한 현상학적 고찰." 「대한건축학회논문집」, 제7권 1호: 통권33호. 대한건축학회

김영환(1994). "ESSD와 신도시 개발." 「국토정보」, 1994년 5월. 국토개발연구원

김인순(1996). "건축에 있어서 장소의 현상에 관한 연구: 달동네 골목길을 중심으로." 「대한건축학회학술발표논문집」, 제16권 2호. 대한건축학회

김정호, 이규목(2001). "사건의 관점에서 조망한 장소의 의미." 「한국조경학회지」, 제29권 제4호. 한국조형학회

김진균, 권영상(2002). "신도시 개발에 의한 도시공간의 구조적 이분화에 대한 연구: 안양시와 평촌신도시를 대상으로." 「대한건축학회논문집 계획계」, 제18권 9호: 통권167호. 대한건축학회

김현호(2003). "장소판촉적 지역발전을 위한 장소자산형성에 관한 연구." 「대한지리학회지」, 제39권 제6호. 대한지리학회

남지현(2000). "도심지 대학 캠퍼스 확장의 대안으로서 장소 표기에 관한 연구." 「대한건축학회 학술발표논문집」, 제20권 제2호. 대한건축학회

박수영(1993). "민간기업에 의한 신도시 개발." 「도시문제」, 1993. 대한지방행정공제회

박영춘(2002). "도시의 이미지 측정에 관한 연구." 「대한국토·국토도시계획학회지 국토계획」, 제37권 4호. 대한국토·도시계획학회

박인수·최재필(2004). "대규모 택지개발 주변지역의 도시공간구조 변화와 토지이용변화에 관한 연구: 평촌신도시 개발사례를 중심으로." 「대한건축학회 학술발표논문집」, 제24권 1호 대한건축학회

백선혜(2004). "소도시의 문화예술축제 도입과 장소성의 인위적 형성." 「국토연구」, 제36권 국토연구원

손세관(1987). "Places in Urban Neighborhoods: A Study on Values and Environmental Factors of Place-Attached Urban Life." 「대한국토·국토도시계획학회지 국토계획」, 제22권 2호: 통권48호. 대한국토·도시계획학회

손세관(1989). "도시주거지역에서의 장소형성의 특성에 관한 연구." 「대한건축학회논문집」, 제5권 3호: 통권23호. 대한건축학회

손세관(1990). "주거의 의미에 관한 현상학적 고찰." 「대한건축학회논문집」, 제6권 2호: 통권28호. 대한건축학회

신남수·오세규(1999). "도시 주거지의 도로체계 및 근린시설 입지특성에 따른 주거 장소형성에 관한 연구: 광주광역시 단독주거지역을 중심으로." 「대한건축학회논문집」, 제15권 8호: 통권130호. 대한건축학회

신윤창, 안치순(1999). "지방도시의 지역이벤트에 관한 실증연구: 장소마케팅 개념을 중심으로." 「문화경제연구」, 제2권 2호. 한국문화경제학회

신혜란(1998). "장소 마케팅 전략 형성 과정에 대한 비교 연구: 태박, 부산, 광주를 사례로." 「대한국토·국토도시계획학회지 국토계획」, 제33권 6호: 통권98호. 대한국토·도시계획학회

안건혁, 서준원(2002). "상업가로에서 나타나는 만남의 장소의 특성과 결정요인에 관한 연구." 「대한국토·도시계획학회지 국토계획」, 제37권 4호. 대한국토·도시계획학회

양진희 외(2002). "공원관리에 있어서 자소 귀속감에 따른 주민참여의식 비교: 쉼터 어린이공원을 사례로" 「한국조경학회지」, 제30권 5호. 한국조경학회

이경훈, 김진균(1993). "장소적 특성을 고려한 아이덴티티 성립에 관한 연구." 「대한건축학회논문집」, 제9권 7호: 통권57호. 대한건축학회

이규목(1990). "제2의 오픈스페이스 유형과 사회적 공간으로서의 장소성." 「한국조경학회지」, 제18권 3호. 한국조경학회

이규목(1983). "A Study on the Sense of Place in York." 「한국조경학회지」,

제11권 1호. 한국조경학회

이규목(1998). "현상학적 접근을 통한 도시장소의 구조." 「건설기술논문집」, 제17권 1호. 충북대학교 건설기술연구소

이규목(1988). "인간과 환경의 관계에 대한 현상학적 접근방법연구." 「대한건축학회논문집」, 제4권 1호: 통권15호. 대한건축학회

이기봉(2005). "지역과 공간 그리고 장소." 「문화역사지리」, 제17권 1호. 한국문화역사지리학회

이무용(1997). "도시공간의 문화정치: 공간, 주체, 권력의 통합론을 위하여", 「현대도시이론의 전환」, 한울, 한국공간환경학회

이무용(2002). "도시마케팅 전략에 대한 문화적 재고찰: 도시공간의 문화적 가치 강화를 위한 장소마케팅 전략을 중심으로." 「도시정보」, 제247권. 대한국토·도시계획학회

이상문 외(2004). "제3기 신도시의 지속가능한 개발방향과 과제." 「도시정보」, 2004년 6월호. 대한국토·도시계획학회

이석환, 김영환(1996). "도시의 현대성 극복을 위한 장소론." 「영동공과대학교 연구논총」, 제2권. 영동공과대학교

이석환, 황기원(1997). "장소와 장소성의 다의적 개념에 관한 연구." 「대한국토·국토도시계획학회지 국토계획」, 제32권 5호: 통권91호. 대한국토·도시계획학회

이석환(1997). "장소만들기의 구성 요체로 본 「마로니에 공원」의 장소만들기." 「대한국토·국토도시계획학회지 국토계획」, 제32권 5호: 통권91호. 대한국토·도시계획학회

이수련(1987). "장소 이론의 연구." 「새얼어문논집」, 제3권

이수범(2004). "도시 이미지 제고를 위한 장소마케팅 전략: 인천을 중심으로." 「커뮤니케이션학 연구」, 제12-1호. 한국커뮤니케이션학회

이영민(2001). "구도심 활성화를 위한 장소의 역사·지리적 의미의 재구성: 인천 도심지를 사례로." 「한국도시지리학회지」, 제4권 2호. 한국도시지리학회

이정훈(2002). "공간정책수단으로서 부동산개발과 장소마케팅전략: 동경대도

시권을 사례로." 「대한지리학회지」, 제37권 1호. 대한지리학회

이정훈(2004). "지역개발에서 차별화된 장소이미지 설정을 위한 장소분석 방법론 재구축." 「지리학연구」, 제38권 4호. 대한지리학회

이흥재(2001). "도시마케팅: 도시와 장소판촉." 「도시문제」, 제36권 394호: 통권91호. 대한지방행정공제회

장옥연(1999). "장소, 장소성, 장소마케팅, CI." 「도시문제」, 대한지방행정공제회, 제34권: 통권363호. 대한지방행정공제회

정근식(1997). "지역 활성화와 장소 마케팅: 일본 오이타현 유후인의 이미지 전략." 「아시아태평양지역연구」, 제1권 1호

정석희(2001). "21세기 신도시 개발 방향." 「도시문제」, 2001. 대한지방행정공제회

조명래(1996). "지역정체성과 지역운동", 「공간과 사회」, 제7호, 한울. 한국공간환경학회

진양교, 허미선, 홍윤순(2000). "거주상인의 내부적 관점에서 본 재래시장 공간의 장소적 의미: 청량이시장과 황학동시장을 사례로." 「한국조경학회지」, 제28권 1호. 한국조경학회

최막중(1998). "도시마케팅 전략과 과제", 「국토」 1998. 9. 국토연구원

최막중·김미옥(2001). "장소성의 형성요인과 경제적 가치에 관한 실증분석: 대학로와 로데오거리 사례를 중심으로." 「대한국토·국토도시계획학회지 국토계획」, 제36권 2호. 대한국토·도시계획학회

최막중, 나강열(1999). "기능수복형 도시재개발: 신림동 순대음식업 사례연구." 「대한국토·국토도시계획학회지 국토계획」, 제34권 4호: 통권103호. 대한국토·도시계획학회

최병두(2001). "자본주의 사회에서 장소성의 상실과 복원." 「도시연구」, 제8호. 한국도시연구소

최열·임하경(2005). "장소애착 인지 및 결정요인 분석." 「대한국토·국토도시계획학회지 국토계획」, 제40권 2호. 대한국토·도시계획학회

하혜영(1998). '영국도시들의 장소마케팅'. 김익수, 오연천 편. 「전환기의 지역경제정책: IMF 위기의 도전과 극복을 위한 정책가이드」, 삼성경제연

구소, 528-544

한상일(2002). "관광지 장소성의 커뮤니케이션 전략에 관한 연구: 땅끝마을의
사례를 중심으로." 「문화관광연구」, 제4권 2호. 한국문화관광학회

황기원(1997). "한국 도시가로의 형태 해석." 「한국의 도시가로환경 개선에
관한 국제심포지엄」, 한국조경학회. pp.15-34. 한국조경학회

황재훈, 박상필(1998). "현상학적 접근을 통한 도시장소의 구조." 「건설기술논
문집」, 제17권 1호. 충북대학교 건설기술연구소

[학술발표, 세미나 및 월간지]

한국도시설계학회(2005). "지속가능한 신도시 조성을 위한 세미나"

박소현(2005). "도시설계 경향과 역사적 도시건축의 보전" 「건축」, 제49권 7
호. pp.101-105. 대한건축학회

이우종(2005). "좋은 도시만들기를 위한 단상" 「건축」, 제49권 8호. pp.55-60.
대한건축학회

제해성(2005). "우리가 바라는 미래도시" 「건축」, 제49권 8호. pp.48-51. 대한
건축학회

■ 국외문헌

[단행본]

Ashworth, G. J. and Voogd., H.(1990). *Selling the City: Marketing
Approaches in Public Sector Urban Planning*. London: Belhaven.

Bailey, J. T.(1989). *Marketing Cities in the 1980's and Beyond*.
Chicago: American Economic Development Council.

Banerjee, Tridib and Michael Southworth, ed(1990). *City Sense and City*

Design: Writings and projects of Kevin Lynch. Cambridge, Massachusetts: The MIT Press.

Barke, Michael and Ken Harrop(1994). "Selling the industrial town: identity, image and illusion", *Place Promotion*. p.93-114.

Behrens, Roger and Vanessa Watson(1996). *Making Urban Places: Principles and Guidelines for Layout Planning*. Rondebosch, South Africa: University of Cape Town Press.

Bianchini, F. and Parkinson, M.(1993). *Cultural Policy and Urban Regeneration: The West European Experience*. Manchester: Manchester University Press.

Bohl, Chales C.(2002). *Place Making: Developing Town Centers, Main Streets, and Urban Villages*. Washington, D. C.: ULI-the Urban Land Institute.

Boyer, M. Christine(1994). *The City of Collective Memory: Its Historical Imagery and Architectural Entertainments*. Cambridge, MA: The MIT Press.

Brownill, Sue(1994). "Selling the inner city: regeneration and place marketing in London's Docklands", *Place Promotion*. p.133-152.

Bunnell, Gene(2002). *Making Places Special: Stories of Real Places Made Better by Planning*. Chicago, IL: American Planning Association.

Casey, Edward S.(1998). *The Fate of Place: A Philosophical History*. Berkeley and Los Angeles, CA: University of California Press.

Duffy, H.(1995). *Competitive Cities: Succeeding in the Global Economy*. London: Spon.

Gold, John Robert & Stephen V. Ward(1994). *Place Promotion: the use of publicity and marketing to sell towns and regions*. Chichester: Wiley.

Gold, J. R. and Gold, M. M.(1995). *Imagining Scotland: Tradition,*

Representation and Promotion Scottish Tourism since 1750. Aldershot: Scolar.

Goldsten, Joel B. and Cecil D. Elliott(1994). *Designing America: Creating Uran Identity.* New York, NY: Van Nostrand Reinhold.

Habraken, N. J.(2000). *The Structure of the Ordinary: Form and Control in the Built Environment.* Cambridge, Massachusetts: The MIT Press.

Harvey, D.(1989a). *The Urban Experience.* Oxford: Blackwell.

Harvey, D.(1989b). *The Condition of Postmodernity.* Oxford: Blackwell.

Hayward, Ricard and Sue McGlynn(1993). *Making Better Places: Urban Design Now.* Oxford, England: Butterworth Architecture.

Healey, P., Davoudi, S., O' Toole, M. Tavsanoglu and Usher, D., ed.(1992). *Rebuilding the City: Property-led Urban Regeneration.* London: Spon.

Hiss, Tony(1990). *The Experience of Place.* New York, NY: Vintage Books, a division of Random Hose, Inc.

Holcomb, Briavel(1994). "City make-overs: marketing the post-industrial city", *Place Promotion.* p.115-131.

Imrie, R. and Thomas, H., ed.(1993). *British Urban Policy and the Urban Development Corporation.* London: Paul Chapman.

Jacobs, Allan B.(1995). *Great Street.* Cambridge: MIT Press.

Kearns, G. and Philo, C., ed.(1993). *Selling Places: The City as Cultural Capital, Post and Present.* Oxford: Pergamon.

Kelbaugh, Douglas(1999). *Common Place: Toward Neighborhood and Regional Design.* Seattle: the University of Washington Press.

Kotler, Philip, Donald H. Haider and Irving Rein(1993). *Marketing Places: Attracting Investment, Industry, and Tourism to Cities, States, and Nations.* New York, NY: The Free Press.

Kotler, Philip, Michael Alan Hamlin, Irving Rein and Donald H.

276

Haider(2002). *Marketing Asia Places: Attracting Investment, Industry, and Tourism to Cities, States, and Nations.* Singapore: John Wiley & Sons (Asia) Pte Ltd.

Lang, John(1993). *Urban Design: The American Experience.* New York, NY: Van Nostrand Reinhold.

Law, C. M.(1993). *Urban Tourism: Attracting Visitors To Large Cities.* London: Methuen.

Logan, J. R. and Molotch, H. L.(1987). *Urban Fortunes: The Political Economy of Place.* Berkeley, CA: University of California.

Lynch, Kevin(1960). *The Image of The City.* Cambridge, Massachusetts: The MIT Press.

Madanipour, Ali, Angela Hull and Patsy Healey., ed.(2001). *The Governance of Place: Space and planning processes.* Hampshire, England: Ashgate Publishing Limited.

Marshall, Richard., ed.(2001). *Waterfronts in Post-industrial Cities.* London, England: Spon Press.

Moe, Richard and Carter Wilkie(1997). *Changing Places: Rebuilding Community in the Age of Sprawl.* New York, NY: Henry Holt and Company.

Moughtin, Cliff(1992). *Urban Design: Street and Square.* Oxford: Butterworth Architecture.

Murray, Chris(2001). *Making Sense of Place: New Approach to Place Marketing.* Bournes Green, England. Comedia Publications.

Nasar, Jack L.(1998). *The Evaluative Image of the City.* Thousand Oaks, CA: Sage Publication, Inc.

Neary, S. J., M. S. Symes and F. E. Brown(1994). *The Urban Experience: A people-environment perspective.* London, England: E & FN Spon.

Norberg-Schulz, Christian(1980). *Genius Loci: Towards a Phenomenology of Architecture.* London, England: Academy Editions.

Neil, W. J. V., Fitzsimmons, D. S. and Murtagh, B.(1995). *Reimaging the Pariah City: Urban Development in Belfast and Detroit.* Aldershot: Avebury.

Rapoport, Amos(1982). *The Meaning of the Built Environment.* London: Pion.

Relph, Edward(1976). *Place and Placelessness.* London: Pion.

Rutheiser, C.(1996). *Imagineering Atlanta.* London: Verso.

Sack, Robert David(1992). "Places of Consumption" *Place, Modernity and the Consumer's World: A Relational Framework for Geographical Analysis.* The Johns Hopkins University Press.

Schneekloth, Lynda H. and Robert G. Shibley(1995). *Placemaking: The Art of Building Communities.* New York: John Wiley & Sons.

Sumiko Tan(1999). *Home. Work. Play.* Singapore: Urban Redevelopment Authority.

Smyth, H.(1994). *Marketing the City: Flagship Development in Urban Regeneration.* London: Spon.

Tuan, Yi-Fu(1977). *Space and Place.* Minneapolis, Minnesota: the University of Minnesota Press.

Urban Redevelopment Authority(2001). *The Concept Plan 2001.* Singapore: Urban Redevelopment Authority.

Ward, Stephen V.(1998). *Selling Places.* New York, NY: Routledge.

Walters, David and Linda L. Brown(2004). *Design First: Design-based Planning for Communities.* Oxford, UK: Elsevier and Architectural Press.

Williamson, Thad, David Imbroscio, and Gar Alperovitz(2002). *Making a Place for Community: Local Democracy in a Global Era.* New York, NY: Routledge.

[논 문]

Aravot, Iris(2002). "Back to Phenomenological Placemaking." *Journal of Urban Design*, Vol.7, No.2, pp.201－212.

Arefi, Mahyar(1999). "Non－place and Placelessness as Narratives of Loss: Rethinking the Notion of Place." *Journal of Urban Design*, Vol.4, No.2, pp.179－193.

Ben－Ari, Eyal(1995). "Contested Identities and Models of Action in Japanese Discourses of Place－making." *Anthropological quarterly*, Vol.68, No.4, pp.203－218.

Bramwell, Bill and Liz Rawding(1996). "Tourism Marketing Images of Industrial Cities." *Annals of Tourism Research*, Vol.23, No.1, pp.201－221.

Bulliard, Patrice(1999). "Regeneration of Public squares in Fribourg, Switzerland: process and results." *Urban Design International*, Vol.4, No.3－4, pp.167－180.

Deitrick, Sabina and Cliff Ellis(2004). "New Urbanism in the Inner City: A Case Study of Pittsburgh." *Journal of the American Planning Association*, Vol.70, No.4, pp.426－442.

Dunn, Kevin M., Pauline M. McGuirk and Hilary P. M. Winchester(1995). "Place Making: the Social Construction of Newcastle." *Australian Geographical Studies*, Vol.33, No.2, pp.149－166.

Ellis, Cliff(2002). "The New Urbanism: Critiques and Rebuttals." *Journal of Urban Design*, Vol.7, No.3.

Giuliani, Maria Vittoria(1992). "Place Recognition and Wayfinding: Making Sense of Place." *Geoforum*, Vol.23, No.2, pp.199－214.

Golledge, Reginald G.(1992). "Toward an Analysis of Mental Representations of Attachment to the Home." *The Journal of Architecture and Planning Research*, Vol.8, No.2, Summer.

Healey, Patsy(1999). "Institutionalist Analysis, Communicative Planning, and Shapping Places." *Journal of Planning Education and Rsearch*, Vol.19, pp.111-121.

Heng, C. K. and V. Chan(2000). "The making of successful public space: a case study of People's Park Square." *Urban Design International*, Vol.5, No.1, pp.47-55.

Hull Ⅳ, R. Bruce, Mark Lam & Gabriela Vigo(1994). "Place Identity: Symbols of Self in the Urban Fabric." *ULandscape and Urban Planning*, 28.

Isaacs, Raymond(2001). "The Subjective Duration of Time in the Experience of Urban Places." *Journal of Urban Design*, Vol.6, No.2, pp.109-127.

Jivén, Gunila & Peter J. Larkhan(2003). "Sense of Place, Authenticity and Character: A Commentary." *Journal of Urban Design*, Vol.8, No.1, pp.67-81.

Karimi, Kayvan(2000). "Urban conservation and spatial transformation: preserving the fragments or maintaining the 'spatial spirit'." *Urban Design International*, Vol.5, No.3-4, pp.221-231.

Kenny, Judith T.(1995). "Making Milwaukee Famous: Cultural Capital, Urban Image, and the Politics of Place." *Urban Geography*, Vol.16, No.5, pp.440-458.

Lepofsky, Jonathan and James C. Fraser(2003). "Building Community Citizens: Claiming the Right to Place-making in the City." *Urban Studies*, Vol.40, No.1, pp.127-142.

Macdonald, Elizabeth(2002). "Structuring a Landscape, Structuring a Sense of Places: The Enduring Complexity of Olmsted and Vaux's Blooklyn Parkways." *Journal of Urban Design*, Vol.7, No.2, pp.117-143.

Neill, William J. V.(2001). "Marketing the Urban Experience: Reflections on the Place of Fear in the Promotional Strategies of Belfast,

Detroit and Berlin." *Urban Studies*, Vol.38, No.5-6, pp.815-828.

Ouf, Ahamed M. Salah(2001). "Authenticity and the Sense of Place in Urban Design." *Journal of Urban Design*, Vol.6, No.1, pp.73-86.

Page, Stephen J.(1996). "Place marketing and town centre management." *Cities*, Vol.13, No.3, pp.153-164.

Roberts, Marion, Tony Lloyd-Jones, Bill Erickson & Stephen Nice(1999). "Place and Space in the Networked City: Conceptualizing the Integrated Metropolis." *Journal of Urban Design*, Vol.4, No.1, pp.51-66.

Robinson, Tony(1996). "Inner-city innovator: the non-profit community development corporation", *Urban Studies*, Nov. 1996 v33 n9 p.1647(24).

Rutheiser, Charles(1997). "Making Place in The Nonplace Urban Realm: Notes on The Revitalization of Downtown Atlanta", *Urban Anthropology*, Vol.26(1), p.9-41.

Selby, Martin and Nigel J. Morgan(1996). "Reconstructing place image: A case study of its role in destination market research." *Tourism Management*, Vol.17, No.4, pp.287-294.

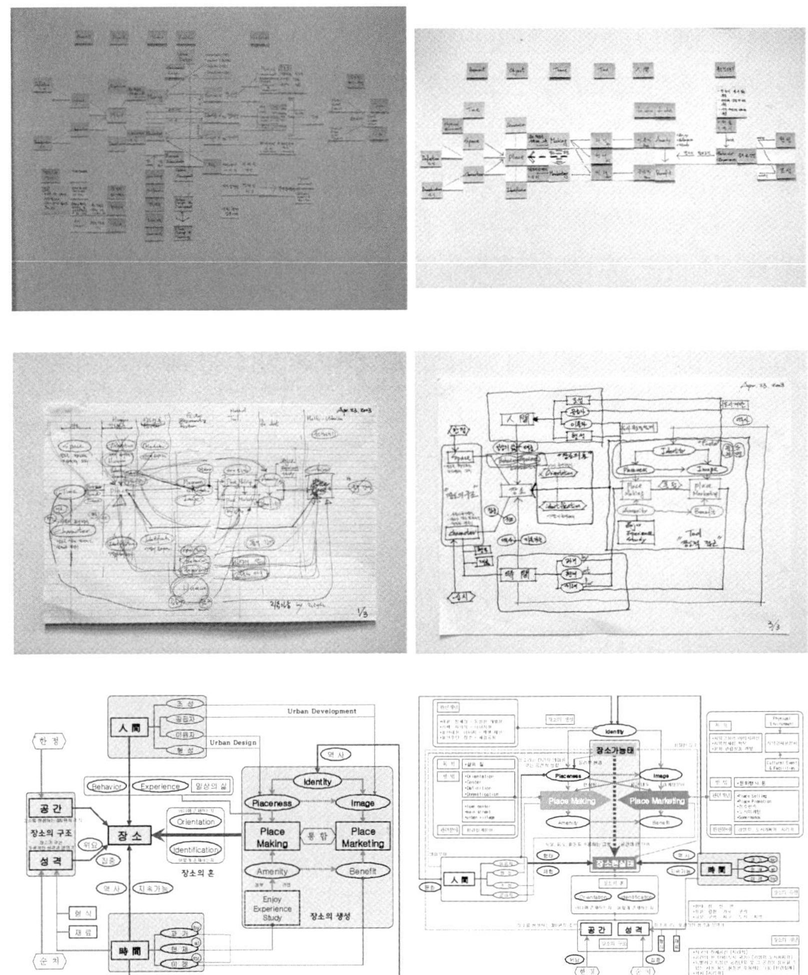

〈그림 6-1〉'장소만들기' 과정 도출을 위한 Intellectual Map 작성과정

『신도시 개발과정에서의 장소만들기에 관한 연구』를 위한

설 문 조 사

안녕하십니까?

본 연구는 학술연구를 위한 것으로, 안양시 평촌신도시를 대상으로 하여 향후 '장소만들기'를 통해 신도시 및 신시가지 조성 및 관리에 있어 효과적인 계획 및 설계방법을 제안하는 데 그 목적이 있습니다.

이 설문은 귀하가 이 장소에 대해 평소에 갖고 있던 의견을 듣기 위해 실시하는 것으로, 답변하신 내용은 연구의 기초 자료로만 활용될 것이며, 다른 어떠한 목적으로도 사용되지 않을 것입니다.

시민 여러분들의 의견이 최대한 반영될 수 있도록, 바쁘시더라도 도와주시기를 부탁드립니다.

본 설문에 대한 문의사항이 있으신 분은 아래의 연락처로 연락주시기 바랍니다.

서울대학교 대학원 협동과정조경학 도시설계전공 박사과정
연구자: 최 강 림(tiger345@snu.ac.kr)

지하철 '범계역' 앞 보행자전용도로 쇼핑몰인 '문화의 거리'에 관한 질문입니다. (해당 번호에 √표 해주시기 바랍니다.)

1. 귀하는 이 거리에서 주로 무엇을 하십니까?(해당 사항 모두 선택 가능)
   ① 만남 및 모임   ② 쇼핑   ③ 산책   ④ 기타(   )

2. 귀하는 이 거리를 어떤 곳이라고 생각하십니까?(해당 사항 모두 선택 가능)
   ① 평촌을 대표하는 거리   ② 쇼핑몰   ③ 문화의 거리

3. 귀하는 이 거리에 얼마나 만족하십니까?(1개만 선택)

　① 아주 만족하다　　② 만족하다　　③ 그저 그렇다

　④ 만족하지 않다　　⑤ 아주 만족하지 않다

4. 이 거리에서 마음에 드는 점은 무엇입니까?(해당 사항 모두 선택 가능)

　① 차 없는 거리　　② 상업시설이 많음　　③ 벤치, 가로수, 분수 등의 시설

5. 이 거리의 문제점은 무엇이라고 생각하십니까?(해당 사항 모두 선택 가능)

　① 벤치, 가로수, 조형물 등이 오히려 걸어가는 데 방해가 됨.

　② 뒷골목의 주차문제와 혼잡함.

　③ 잠시 앉아서 쉴만한 곳이 부족함.

　④ 걸어가면서 볼만한 구경거리(쇼윈도 등)가 없음

6. 이 거리에서 개선되어야 할 점은 무엇입니까?(해당 사항 모두 선택 가능)

　① 간판 등의 정비　　② 유흥업종의 정비　　③ 기타(　　　)

7. 앞으로 이 거리는 어떻게 되었으면 좋겠습니까?(1개만 선택)

　① 문화시설이 있는 '문화의 거리'

　② 현재와 같은 모습 유지

　③ 기타(　　　)

　안양시청 앞 '중앙공원'에 관한 질문입니다.

　(해당 번호에 √표 해주시기 바랍니다.)

1. 귀하는 이 공원에서 주로 무엇을 하십니까?(해당 사항 모두 선택 가능)

　① 운동　　② 휴식 및 산책　　③ 만남　　④ 통행　　⑤ 기타(　　　)

2. 귀하는 이 공원을 어떤 곳이라고 생각하십니까?(해당 사항 모두 선택 가능)

　① 평촌을 대표하는 공원　　② 도시의 숲

　③ 볼거리가 있는 곳　　④ 운동장소

3. 귀하는 이 공원에 얼마나 만족하십니까?(1개만 선택)

① 아주 만족하다   ② 만족하다   ③ 그저 그렇다

④ 만족하지 않다   ⑤ 아주 만족하지 않다

4. 이 공원에서 마음에 드는 점은 무엇입니까?(해당 사항 모두 선택 가능)

  ① 나무와 숲   ② 분수   ③ 상징조형물   ④ 운동시설   ⑤ 야외무대

5. 이 공원의 문제점은 무엇이라고 생각하십니까?(해당 사항 모두 선택 가능)

  ① 평촌을 대표하는 공원으로서는 부족함

  ② 공원에 접근하기가 불편함

  ③ 황량한 느낌이 듦

  ④ 이용자가 적음

6. 이 공원에서 개선되어야 할 점은 무엇입니까?(해당 사항 모두 선택 가능)

  ① 사람들의 이용부족   ② 공원관리

  ③ 공원시설 보강   ④ 기타(   )

7. 앞으로 이 공원은 어떻게 되었으면 좋겠습니까?(1개만 선택)

  ① 새로운 시설의 도입   ② 현재와 같은 모습 유지   ③ 기타(   )

귀하의 나이는? ①10대 ②20대 ③30대 ④40대 ⑤50대 ⑥60대 이상

귀하의 성별은? ①남자 ②여자

귀하의 직업은? ①농/임/어업 ②주부 ③상업/서비스업

　　　　　　　④학생 ⑤회사/공무원 전문직

생활 지역은?   ①인근 지역 ②평촌신도시내 ③안양시내 ④안양시

외부 지역(   )

• 저자 •

최강림   • 약　력 •
(崔江林)   성균관대학교 공과대학 건축공학과 졸업 (공학사: 건축전공)
          서울대학교 환경대학원 환경조경학과 졸업 (조경학석사: 도시설계전공)
          서울대학교 대학원 협동과정 조경학 졸업 (공학박사: 도시설계전공)
          현) 인천광역시 도시계획상임기획단장. 인하대학교 대학원 도시계획전공 겸임교수
          전) 서울대학교 환경계획연구소 연구원
              (주) 아키플랜 종합건축사사무소·(주)경화엔지니어링 과장
              화성시청 택지개발팀장
              서울대학교 조교·협성대학교 강의교수
              청주대·협성대·인하대 출강

          • 주요논저 •
          「서울대학교 관악캠퍼스 확충계획: 정문일대를 중심으로」
          「신도시 개발과정에서의 '장소만들기'에 관한 연구: 수도권 평촌신도시를 중심으로」
          『장소의 혼』(공역)

          • 주요참여작품 •
          「서울대학교 관악캠퍼스 발전관리기본계획」
          「수도권 신국제공항 국제업무지구 도시설계」
          「해운대 신도시 도시설계」
          「전주아중지구 아트토피아 기본계획」
          외 다수

신도시개발과 장소만들기

• 초판 인쇄	2008년 2월 29일
• 초판 발행	2008년 2월 29일
• 지 은 이	최강림
• 펴 낸 이	채종준
• 펴 낸 곳	한국학술정보㈜
	경기도 파주시 교하읍 문발리 513-5
	파주출판문화정보산업단지
	전화 031) 908－3181(대표)·팩스 031) 908－3189
	홈페이지 http://www.kstudy.com
	e－mail(출판사업부) publish@kstudy.com
• 등 록	제일산－115호(2000. 6. 19)
• 가 격	19,000원

ISBN 978-89-534-8189-3 93500 (Paper Book)
     978-89-534-8190-9 98500 (e－Book)